21世纪高校网络与新媒体专业规划教材

编 委 会

21世纪高校网络与新媒体专业规划教材

丛 书 主 编 石长顺
丛书副主编 郭 可 支庭荣

网络与新媒体评论

杨娟 著

北京大学出版社
PEKING UNIVERSITY PRESS

图书在版编目 (CIP) 数据

网络与新媒体评论 / 杨娟著 . —北京：北京大学出版社，2015. 6
（21 世纪高校网络与新媒体专业规划教材）
ISBN 978-7-301-25886-6

Ⅰ . ①网… Ⅱ . ①杨… Ⅲ . ①计算机网络—传播媒介—高等学校—教材 Ⅳ . ① G206.2 ② TP393

中国版本图书馆 CIP 数据核字 (2015) 第 112833 号

书　　名　网络与新媒体评论
著作责任者　杨　娟　著
责 任 编 辑　李淑方
标 准 书 号　ISBN 978-7-301-25886-6
出 版 发 行　北京大学出版社
地　　址　北京市海淀区成府路 205 号　100871
网　　址　http://www. pup. cn　　新浪微博：@ 北京大学出版社
电 子 信 箱　zyl@ pup. pku. edu. cn
电　　话　邮购部 62752015　发行部 62750672　编辑部 62767857
印 刷 者　北京市科星印刷有限责任公司
经 销 者　新华书店
787 毫米 ×1092 毫米　16 开本　15.5 印张　240 千字
2015 年 6 月第 1 版　2022 年 8 月第 5 次印刷
定　　价　58. 00 元

总　序

教育部在2012年公布的本科专业目录中，首次在新闻传播学学科中列入特设专业“网络与新媒体”，这是自1998年以来为适应社会发展需要，该学科新增的两个专业之一（另一个为数字出版专业）。实际上，早在1998年，华中科技大学就面对互联网新媒体的迅速崛起和新闻传播业界对网络新媒体人才的急迫需求，率先在全国开办了网络新闻专业（方向）。当时，该校新闻与信息传播学院在新闻学本科专业中采取“2＋2”方式，开办了一个网络新闻专业（方向）班，面向华中科技大学理工科招考二年级学生，然后在新闻与信息传播学院继续学习两年专业课程。首届毕业学生受到了业界的青睐。

在教育部新颁布《普通高等学校本科专业目录（2012）》之后，全国首次有28所高校申办了网络与新媒体专业并获得教育部批准，继而开始正式招生。招生学校涵盖“985”高校、“211”高校和省属高校、独立学院四个层次。这28所高校的网络与新媒体专业，不包括同期批准的45个相关专业——数字媒体艺术和此前全国高校业已存在的31个基本偏向网络新闻方向的传播学专业。2014年、2015年、2016年、2017年又先后批准了20、29、47和36所高校网络与新媒体专业招生，加上2011年和2012年批准的9所高校新媒体与信息网络专业招生，到2018年全国已有169所高校开设了网络与新媒体专业。

媒体已成为当代人们生活的一部分，并逐渐走向21世纪的商业和文化中心。数字化媒体不但改变了世界，改变了人们的通信手段和习惯，也改变了媒介传播生态，推动着基于网络与新媒体的新闻传播学教育改革与发展，成为当代社会与高等教育研究的重要领域。尼葛洛庞帝于《数字化生存》一书中提出的“数字化将决定我们的生存”的著名预言（1995年），在网络与新媒体的快速发展中得到应验。

据中国互联网络信息中心（CNNIC）2019年8月发布的《第44次中国互联网络发展状况统计报告》显示，截至2019年6月，我国网民规模已达8.54亿，较

2018 年年底增长 2598 万，互联网普及率达 61.2%，较 2018 年底提升 1.6 个百分点。互联网用户规模的迅速发展，标志着网络与新媒体技术正处在一个不断变化的流动状态，且其低门槛的进入使人与人之间的交往变得更为便捷，世界已从“地球村”走向了“小木屋”，时空概念的消解正在打破国家与跨地域之间的界限。加上我国手机网民数量持续增长，手机网民规模已达 8.47 亿，较 2018 年年底增长 2984 万，网民使用手机上网的比例达 99.1%，较 2018 年年底提升 0.5 个百分点。这是否更加证明移动互联网时代已经到来，“人人都是记者”已成为现实？

网络与新媒体的发展重新定义了新媒体形态。新媒体作为一个相对的概念，已从早期的广播与电视转向互联网。随着数字技术的发展，新媒体更新的速度与形态的变化时间越来越短（见图 1）。当代新媒体的内涵与外延已从单一的互联网发展到网络广播电视、手机电视、微博、微信、互联网电视等。在网络环境下，一种新的媒体格局正在出现。

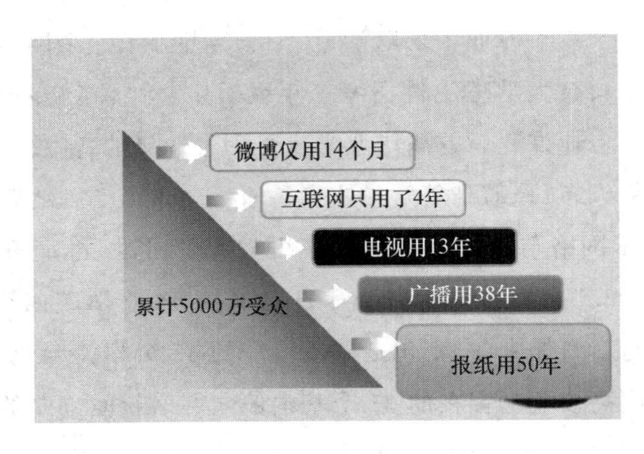

图 1　各类媒体形成“规模”的标志时间

基于网络与新媒体的全媒体转型也正在迅速推行，并在四个方面改变着新闻业，即改变着新闻内容、改变着记者的工作方式、改变着新闻编辑室和新闻业的结构、改变着新闻机构与公众和政府之间的关系。相应地也改变着新闻和大众传播教育，包括新闻和大众传播教育的结构、教育者的工作方式和新闻传播学专业讲授的内容。

为使新设的“网络与新媒体”专业从一开始就走向规范化、科学化的发展建设之路，加强和完善课程体系建设，探索新专业人才培养模式，促进学界之间的教学交流，共同推进网络与新媒体专业教育，由华中科技大学广播电视与新媒体研究院及华中科技大学武昌分校（现更名为“武昌首义学院”）主办，北京大学出版社承办的“全国高校网络与新媒体专业学科建设”研讨会，于2013年5月25—26日在武汉举行。参加会议的70多名高校代表就议题网络与新媒体专业培养模式、网络与新媒体专业主干课程体系等展开了研讨，通过全国高校之间的学习对话，在网络与新媒体专业主干课和专业选修课的设置方面初步达成一致意见，形成了网络与新媒体专业新建课程体系。

网络与新媒体主干课程共14门：网络与新媒体（传播）概论、网络与新媒体发展史、网络与新媒体研究方法、网络与新媒体技术、网页设计与制作、网络与新媒体编辑、全媒体新闻采写、视听新媒体节目制作教程、融合新闻学、网络与新媒体运营与管理、网络与新媒体用户分析、网络与新媒体广告策划、网络法规与伦理、新媒体与社会等。

选修课程初定8门：西方网络与新媒体理论、网络与新媒体舆情监测、网络与新媒体经典案例、网络与新媒体文学、动画设计、数字出版、数据新闻挖掘与报道、网络媒介数据分析与应用等。

这些课程的设计是基于当时全国28所高校网络与新媒体专业申报目录、网络与新媒体专业的社会调查，以及长期相关教学研究的经验讨论而形成的，也算是首届会议的一大收获。新专业建设应教材先行，因此，在这次会议上应各高校的要求，组建了全国高校网络与新媒体专业“十二五”规划教材编写委员会，全国参会的26所高校中有50多位学者申报参编教材。在北京大学出版社领导和李淑方编辑的大力支持下，经过个人申报、会议集体审议，初步确立了30余种教材编写计划。这套网络与新媒体专业“十二五”规划系列教材包括：

《网络与新媒体概论》《西方网络与新媒体理论》《新媒体研究方法》《融合新闻学》《网页设计与制作》《全媒体新闻采写》《网络与新媒体编辑》《网络与新媒体评论》《新媒体视听节目制作》《视听评论》《视听新媒体导论》《出镜记者案例分析》《网络与新媒体技术应用》《网络与新媒体经营》《网络与新媒体广告》《网络与新媒体用户分析》《网络法规与伦理》《新媒体与社会》《数字媒体导论》《数字出版导论》《网络与新媒体游戏导论》《网络媒体实务》《网络舆情监测与分析》《网络与新媒体经典案例评析》《网络媒介数据分析与应用》《网络播音主持》《网络与新媒体文学》《网络与新媒体营销传播》《网络与新媒体实验教学》《网络文化教程》《全媒体动画设计赏析》《突发新闻教程》《文化产业概论》等。

这套教材是我国高校新闻教育工作者探索“网络与新媒体”专业建设规范化的初步尝试，它将在网络与新媒体的高等教育中不断创新和实践，不断修订完善。希望广大师生、业界人士不吝赐教，以便这套教材更加符合网络与新媒体的发展规律和教学改革理念。

石长顺

2014 年 7 月

2019 年 9 月修改

（作者系华中科技大学广播电视与新媒体研究院院长、教授；

武昌首义学院副校长，兼任新闻与文法学院院长）

序

赵振宇
华中科技大学新闻评论研究中心主任、教授、博士生导师

在经济全球化、政治民主化的大势下，信息的网络化发展迅猛。据新华社2015年2月3日电，中国互联网信息中心发布的互联网发展报告显示，截至2014年底，我国网民规模已达6.49亿人，其中手机网民规模达5.57亿人，占总网民数的85.8%。网络应用已从生活娱乐逐步向社会经济领域渗透，网民对网络信任和安全的要求也日渐提高。在“可用”的基础之上，构建“可信”的网络环境则是未来的必然趋势。在这种形势下，网络评论、微博评论、微信评论……人们随时随地都能接收意见、表达意见，无论是新闻评论表达的方式，还是新闻评论传播的方式，抑或新闻评论表达的主体，都发生了翻天覆地的变化。

变化着的中国新闻评论，呼唤着能反映这种变化的新教材。杨娟所著的《网络与新媒体评论》一书，便是对这种需求和期待的积极回应。她在这本教材中描述新闻评论的最新变化，总结新闻评论的新规律，与时俱进地补充了新闻评论教学的新内容：

一是内容体例新。以往的新闻评论教材，大多以报纸新闻评论为主要内容，按照报纸新闻评论文体分章节；而这本教材以网络、新媒体评论为主要内容，按照传播方式或传播符号分类，同时将报纸新闻评论用少量篇幅作为基础知识讲解。全书分八章，对新闻评论的基本规律、网络与新媒体评论的个性特征、网络评论频道、网络专题评论、微博评论、微信评论、网络与新媒体影音评论、网络与新媒体评论编辑策划——进行了深入细致的讲解。

二是应用性强。以社会视角和需要研究并发展新闻理论，以新闻的理论和实践说明并服务于社会，是新闻人和从事新闻教学者的社会责任。新闻评论是大学新闻院系的一门业务课程，但它又要求有较强的思辨色彩。作者杨娟在大学从事新闻评论教学十多年，一直密切关注新闻评论的业界发展动态。在本书中结合业界的需要，将理论与实践相结合，突出实用性。如对网络时评

写作、网络专题评论制作等实际工作中运用广泛的技能进行专门讲解；对微博微信评论，不仅介绍基本情况，还设有微博评论实务、微信评论实务等应用性较强的章节。

三是原创性强。本书中融入了作者自己十多年来对新闻评论教学和研究的思考，如提出新闻评论概念理解的“三要素”，即有“评”、有“我”、有“新”，对于初学者理解“什么是新闻评论”很有帮助。对微博评论、微信评论进行界定和讲解，这些内容都具有很强的原创性。作者曾告诉我：“这本书的每一个字都是我在电脑键盘上敲出来的，每一个介绍的评论栏目或频道都是我自己查阅了好多资料后才写进教材的，每一个案例都是我反复比较之后才精心选取的。”我相信，用这种认真求实的态度写出来的教材，一定会赢得读者的尊重。

2014 年 2 月 27 日，习近平主持召开中央网络安全和信息化领导小组第一次会议，并指出：做好网上舆论工作是一项长期任务，要创新改进网上宣传，运用网络传播规律，弘扬主旋律，激发正能量，大力培养和践行社会主义核心价值观，把握好网上舆论引导的时、度、效，使网络空间清朗起来。

我希望、更相信，杨娟老师撰写的这本《网络与新媒体评论》教材，能在配合和引导网络舆论传播中发挥积极作用。是为序。

前　言

中国新闻教育可追溯至1918年10月成立的“北京大学新闻研究会”，从那时起，新闻评论就成为大学新闻教育的重要内容之一：徐宝璜在讲稿中将《新闻纸之社论》专列一章，邵飘萍专题讲授《评论写作》。可见当时人们对于新闻评论的重视。中华人民共和国成立前，正式出版的新闻评论著作就有五六种。中华人民共和国成立后，新闻评论教学与研究一度滞后。“文化大革命”后，新闻评论的发展逐渐恢复正常，也带来新闻评论教育的春天。1985年，姚文华的《实用评论学》和丁法章的《新闻评论学》相继出版，拉开了新时期新闻评论教材出版的序幕。从1985年至今，大约有30多本新闻评论教材问世。

在这么多的新闻评论教材前，若问这本《网络与新媒体评论》存在的意义，我想有两个原因使它不容忽视：首先，这是第一本面向网络与新媒体专业的新闻评论教材，内容是全新的。本教材是在网络与新媒体蓬勃发展的时代，对当下新闻评论的思考与总结，反映了最新业界动态、归纳了新闻评论最新的发展规律。其次，这本教材偏重于应用性，讲授了最新的新闻评论业务技能，并且跳出只讲新闻评论写作的窠臼，讲解了从策划到传播的整个过程，覆盖文字、音频、视频等多种形态的新闻评论内容生产。

本书有全新的内容体系：

第一章，新闻评论的基本规律。讲解新闻评论的概念界定、特性、功能，介绍传统媒体新闻评论的常见类型。

第二章，网络与新媒体评论的个性特征。讲解网络与新媒体评论的新发展，对网络与新媒体评论的特征和常见类型进行了归纳。

第三章，网络评论频道。介绍网络评论频道的构成，详细讲解当前网络评论频道中最重要的内容——网络时评。

第四章，网络专题评论。讲解网络专题评论的特征、网络专题评论的构成要素和制作策略。

第五章，微博评论。归纳微博评论的现状和特征，指导微博评论实务。

第六章，微信评论。介绍微信评论现状，归纳微信评论特征，并就如何做好微信评论提出建议。

第七章，网络与新媒体影音评论。介绍网络与新媒体影音评论的发展现状，归纳其节目构成要素，指导网络与新媒体视频、音频评论实务操作。

第八章，网络与新媒体评论的编辑策划。对网络与新媒体评论中基础性的编辑实务工作一一进行指导，讲解编辑策划与资源整合技能。

本书是笔者十年来新闻评论教学的结晶，在十年如一日的研读、探索中，逐渐形成了自己对新闻评论的理解。本书在遵循公认的新闻评论规律的基础上，融入了自己对新闻评论的思考。如有疏漏之处，欢迎批评指正。

最后，向各位支持我鼓励我的老师们、亲友们致谢！

杨　娟

华中科技大学武昌分校教师

华中科技大学新闻评论研究中心研究员

目　录

第一章　新闻评论的基本规律

学习目的

1. 掌握新闻评论的概念与特性
2. 掌握新闻评论的基本功能
3. 了解传统媒体新闻评论的常见类型

新闻评论是意见表达和交流的重要形式。网络与新媒体评论是新闻评论大家庭中新兴的重要成员，在传统媒体新闻评论的基础上蓬勃发展，并在日益强势的网络与新媒体传播平台上扮演着越来越重要的角色。本章主要介绍新闻评论的基本规律、传统媒体新闻评论的常见类型。

第一节　新闻评论的含义

所有在新闻传播媒介上传播的新闻类资讯，可以分为两大类：一类是事实性信息，一类是意见性信息。

一、事实与意见之分

（一）事实性信息

事实指事情的真实情况，实有的事情。《韩非子·存韩》："听奸臣之浮说，不权事实。"《史记·老子韩非列传》："《畏累虚》《亢桑子》之属，皆空语，无事实。"

事实性信息告诉我们一些客观发生的事件、事物的真实情况，这些事实都是客观存在、不以我们的意志为转移。如日月交替、斗转星移，这是自然界发生的客观事件。人类社会中也会发生不以人的意志为转移的客观事实。如案例 1-1。

案例 1-1

2014 年 3 月 8 日凌晨 2 点 40 分，马来西亚航空公司称一架载有 239 人的波音 777-200 飞机与管制中心失去联系，该飞机航班号为 MH370，原定由吉隆坡飞往北京。机上有中国乘客 153 名成人及 1 名婴儿。后来多国联合海下搜寻，还是没有发现黑匣子。成为一大谜案。

马航 MH370 失联事件是人类社会发生的客观事件，不可逆转，也不可改变，不能以任何人的意志为转移。

事实性信息本质上是一种客观存在。按照马克思主义哲学的观点，“客观存在”是指在人的意识之外、不依赖于人的意识而独立存在着的客观事物。列宁指出：“物质是标志客观实在的哲学范畴，这种客观实在是人通过感觉感知的，它不依赖于我们的感觉而存在，为我们的感觉所复写、摄影、反映。”①

新闻报道就是对事实性信息的再现和传播。在马航 MH370 失联事件中，媒体前前后后追踪几个月，报道事件点点滴滴的进展，都是对这一事件的如实描述和客观再现。

（二）意见性信息

意见是对事情的一定的看法或想法。《后汉书・王充等传论》：“夫遭运无恒，意见偏杂，故是非之论纷然相乖。”唐元稹《钱货议状》：“宜令百寮，各陈意见，以革其弊。”清袁枚《随园随笔・两议》：“今六部奏事，公卿意见不同者，许其两议。”意见属于主观范畴，与客观相对。马克思指出：“观念的东西不外是移入人的头脑并在人的头脑中改造过的物质的东西而已。”②意见与人们的情感、喜好、思想、利益等有关，随人们的意志而转移。同一个客观事物，同一件事情，有的人持批评意见，有的人持赞成意见，有的人持中肯意见，众说纷纭，各抒己见。

意见性信息传递的是人类对客观事物的看法和意见，比如，马航 MH370 失联事件的前后经过、事情发生的点滴进程都属于客观事实，但是对马来西亚政府搜救不力的指责、对马航是否会破产的分析等，属于人们对客观事物的主观评价。这些信息就属于意见性信息。

---

① 列宁．列宁选集（第三卷）[M]．北京：人民出版社，1995：128.

② 中共马克思恩格斯列宁斯大林著作编译局（编译）．马克思恩格斯选集（第二卷）[M]．北京：人民出版社，1995：112.

新闻评论就是以传播意见性信息为主要目的和内容的新闻类型。

（三）新闻评论与新闻报道的区别

新闻作品的种类很多，其中，各类新闻报道以传播事实性信息为主，各类新闻评论以传播意见性信息为主。具体来说，新闻评论与新闻报道有以下区别：

一是传播方式不同。新闻报道主要采取客观叙述、描写或记录等方式，试图再现客观事实的原貌。而新闻评论主要采取判断、评价、分析、议论等方式，对客观事物作出自己的判断。

二是传播内容不同。新闻报道传播的主要内容为客观事实。新闻评论传播的主要内容为意见和观点。

三是传播要求不同。新闻报道以“真实性”为原则，以讲清事实要素为基本要求。新闻评论以“公正性”为原则，以清楚表述自己观点为基本要求。

四是传播目的不同。新闻报道的传播目的是满足公众对事实性信息的知晓权。新闻评论的传播目的是满足公众对意见性信息的知晓权以及话语权。

二、什么是新闻评论

（一）新闻评论的界定

关于新闻评论的定义，从我国第一本新闻评论教材问世，至今有很多种说法。姚文华认为：新闻评论，是报纸、广播等新闻舆论工具，就当前重大问题、新闻事件发议论、作解释、提批评、谈意见、发号召的一种文字体裁，属于论说文的范畴。① 范荣康认为，新闻评论是就当前或最近报道的新闻，或者虽未见诸报端但确有新闻价值的事实，所发表的具有政治倾向的，以广大读者为对象的评论文章。② 胡文龙、秦珪、涂光晋认为，新闻评论是针对现实生活中新近发生的、具有普遍意义的新闻事件和迫切需要解决的问题而发议论，讲道理，直接发表意见的文体……是报刊、通讯社、广播、电视、网络等新闻媒介的评论文章（或节目）的总称。③ 丁法章认为，新闻评论，是媒体编辑部或作者对最近发生的有价值的新闻事件和有普遍意义的紧迫问题发议论、讲道理，有着鲜明

① 姚文华.实用评论学[M].北京：新华出版社，1984:1.

② 范荣康.新闻评论学[M].北京：人民日报出版社，1988.

③ 胡文龙，秦珪，涂光晋.新闻评论教程[M].北京：中国人民大学出版社，1998.

针对性和引导性的一种新闻文体……属于议论文的范畴。[①]

综上，结合当前新闻传播发展的现状，可以将新闻评论的定义概括为：新闻评论是对新近发生的新闻事件、有普遍意义的社会问题、民众密切关注的社会话题进行评论的文体或节目类型。

具体来说，新闻评论是报刊、通讯社、广播、电视、网络、新媒体等新闻传播媒介，以传播意见性信息为主要内容及目的，以文章、音视频或其他形式呈现的新闻作品的总称。

（二）新闻评论的构成要素

新闻评论具有以下三个要素。

1. 有“评”

新闻评论首先应该具有评论、评价、分析、解读等意见性信息。

我们首先看看这一则文字：

案例 1-2　2022 年研究生考试国家分数线发布 调剂系统 3 月底左右开通（节选）

人民网北京 3 月 12 日电（记者孙竞、郝孟佳）教育部 11 日召开视频工作会议，部署 2022 年全国硕士研究生招生复试录取工作。

同日，教育部发布了《2022 年全国硕士研究生招生考试考生进入复试的初试成绩基本要求》（国家分数线）。各招生单位将根据《2022 年全国硕士研究生招生工作管理规定》，在国家分数线的基础上，自主确定并公布本单位各专业考生进入复试的要求。“全国硕士研究生招生调剂服务系统”将于 3 月底左右开通。考生可关注“中国研究生招生信息网”，及时登录调剂系统和招生单位网站，查询招生单位调剂相关信息，按要求填报调剂志愿。

（据人民网 2022 年 3 月 12 日，节选）[②]

在这篇新闻作品中，记者只是如实向我们报告了教育部 3 月 11 日视频工作会议的内容，并在文中附上详尽的全国硕士研究生招考的国家线分数，并没有表达自己对这件事情的看法。而下面这段文字就不同了：

---

① 丁法章. 新闻评论教程[M]. 上海：复旦大学出版社，2002.

② 人民网. http://edu.people.com.cn/n1/2022/0312/c1006-32373212.html，2022 年 3 月 12 日。

案例 1-3　将有 300 万考生落榜，真的是考研太难了吗？

3 月 11 日，2022 年考研国家线公布。除少数专业外，分数线普遍大幅度上涨，有的专业涨幅超过 10 分。相关话题冲上热搜，“考研难”也再次引发热议。

研考和高考一样，上线、入围复试，不是看分数，而是看在所有报考考生中的排名。所以国家线上涨，主要原因是考题难度更低或者整体考试成绩有所提高。

2021 年已经达到 105.07 万人，2022 年的考研报名人数为 457 万。算下来，就会有 300 万左右的考研生落榜，考研自然很“难”。

节选自微信公众号澎湃新闻评论，2022 年 3 月 13 日。

这段文字对 2022 年考研国家线普遍上涨的客观事实进行了解读，表达了自己对这一事件的看法和态度，是作者对客观事实的评价。

2. 有“我”

新闻评论中不仅要有评价，还要区分是转述还是直接表达，是不是传播主体的意见和评价。

如案例 1-4 中的文字：

案例 1-4　全球热议阿里巴巴上市首日

新华网北京 9 月 20 日电 阿里巴巴 19 日登陆美国纽交所，首个交易日以 93.89 美元报收，较发行价上涨 38.07%，以惊艳的表现成就美国史上融资规模最大的 IPO（首次公开募股）。事实上，不仅是美国，从欧洲到南美，媒体和财经人士都在热烈讨论阿里这个中国电商巨人所获得的成功。

“轰轰烈烈”，法新社 19 日这样形容阿里巴巴上市首日的表现。而法国大报《回声报》也在头版显著位置列出标题《阿里巴巴在华尔街上市》，并在后页用一个整版进行报道，图文并茂地对阿里上市进行全景式扫描。

“这是一次非同寻常的上市，规模之大到了完全令人疯狂的地步！”这份报纸说，阿里此次上市的融资金额，远远超过了“脸谱”曾经创造的 160 亿美元融资额纪录，将众多科技界明星企业甩在了后面。

德国《商报》在以《打开宝藏之门》为题的报道中说，阿里巴巴这次上市对投资者而言，是一个黄金时间点：互联网贸易与中国市场都已相当繁荣，同时还远没有到达顶峰。

德国巴德尔银行资本市场分析部主管罗伯特—哈尔沃告诉记者，阿里巴巴的上市成为全球证券市场密切关注的大事，说明中国企业已成为世界级的。这次上市会让越来越多的西方投资者认识并了解这家中国企业的现状和前景。

法新社的文章说，阿里巴巴之所以吸引了众多投资人目光，是因为它为人们提供了分享中国市场大蛋糕的不容错过的良机。法新社还援引全球股票研究公司专家特里普—乔杜里的观点说，阿里的成功还在于它善于学习和改良一些国际公司的运营秘诀，将其应用于中国市场，实现高速成长。

（参与记者：韩冰、荀伟、文史哲、金昽昽、韩墨，有删节）

这篇作品全文都是对阿里巴巴美国上市的评价，但都是转述的别人的评价，文章实际上是对阿里巴巴上市引发热议这一客观事件的描述和再现，所以这篇作品属于新闻报道。

3. 有“新”

新闻评论之所以是新闻评论而不是历史评论，就在于新闻评论的“新”，也就是时效性、时新性。

新闻评论的对象要新鲜、时新，新闻评论主要对现实生活中新近发生的新闻事件、具有普遍意义的社会问题和民众密切关注的社会话题发言：

（1）对新近发生的新闻事件进行评论

这是新闻评论“新”的典型表现，所评论的新闻事件越新越好。8 月 6 日晚，福建宁德屏南万安桥突发大火，火情当晚被扑灭，无人员伤亡，但桥体已烧毁坍塌。万安桥始建于北宋，距今已超过 900 年，是全国重点文物保护单位、国内现存最长木拱廊桥。8 月 7 日，澎湃新闻发表新闻评论《900 年历史万安桥被烧毁，文物古建如何“万安”?》，反思文物古建保护问题。

（2）对当前社会生活中普遍存在的社会问题展开的评论

比如，农民工问题长期以来都是社会关心的问题，从拖欠农民工工资，到留守儿童问题、农民工子弟入学问题等，其中一个普遍存在的问题就是：留在城市的农民工，享受不到城市市民的待遇和服务，想回家乡的农民工却找不到自身的定位，多年来一直处于“融不进城市、回不去家乡”的尴尬境地。2013

年12月1日,《人民日报》从三个常住济南农民工的市民化账本出发,剖析了农民工变市民成本有多高,城镇化建设过程中存在众多无法回避的核心问题。《工人日报》据此于12月3日发表评论员文章《"融不进城市、回不去家乡"的尴尬亟待破解》,提出"这种尴尬既是农民工心中的痛,也是社会管理的隐疾,成为影响城镇化进程不可回避的问题。……城镇化的重点是解决农民工留在哪里的问题。要留住农民工,就要真正将进城农民工纳入城镇住房和社会保障体系,就要增加城市的管理成本,需要从社会管理的大局进行规划。农民工市民化必然会影响到老市民享有社会服务和公共福利的质量和数量,这就需要从住房、医疗、养老、就业等方面进行公共利益的调整和平衡。"评论戳中了很多农民工的心病,发表后被大量阅读和转载。

(3) 对当前群众密切关注的社会话题展开评论

有些社会话题牵动大众神经,每次出现相关新闻,都会引发对于这个话题的热烈讨论。如关于高考改革、中小学生入学公平、医保养老等社会话题,人们总是分外关注,新闻评论的"新"还体现在对这些话题保持敏感,及时进行分析评价。社会话题有一定的周期性,如2003年前后,对于拖欠农民工工资的社会话题评论很多,而现在被人们议论最多的、跟农民工有关的更多是"子女随读"、"回乡创业"等更深入的社会话题。新闻评论总是紧跟社会发展步伐,抓住民众密切关注的社会话题发表意见。

第二节　新闻评论的基本特性

特性是某事物所特有的性质,即特殊的品性、品质,是一个事物区别于其他事物之所在。

新闻评论的特性,就是新闻评论与其他事物不同的地方、特有的性质。

对于新闻评论的特性,有很多种不同的归纳。

范荣康认为,新闻评论的特性是新闻性、政治性、群众性。秦圭、胡文龙认为,新闻评论的特性是政治性、新闻性、群众性和科学性。丁法章认为,新闻评论具有新闻性、思想性和公众性。赵振宇将新闻评论的特性归纳为新闻性、时效性、理论性、思想性、传播知识的有益性。杨新敏认为,新闻评论的特性是以新闻事件为依托,具有时效性、思想性、论理性和大众性。

综合已有学术文献,考察新闻评论目前的现状,新闻评论的特性可以归纳为以下三点。

一、新闻性

新闻评论最重要的特性就是新闻性，新闻性是新闻评论与学术论文、普通论说文等非新闻作品最大的区别。比如《论林黛玉的人物形象》《论康乾盛世的政治制度》，这样的作品也有议论、论说，也发表意见和看法，但是没有新闻性。

新闻性首先指内容的时新性。新闻评论所议论的对象如果是新近发生的新闻事件，就具备了一定的时新性。比如 2022 年 7 月 21 日，网友爆料称南京九华山公园玄奘寺地藏殿内供奉着侵华日军战犯。此事一经曝光，迅速冲上热搜榜首。22 日凌晨，南京玄武区民族宗教事务局回应将对伤害民族感情的行为一查到底，22 日下午 16:12 公布了对有关人员的处理情况，22 日晚 19:58，微信公众号中青评论发表《南京玄奘寺供奉日本战犯牌位，谁在给军国主义"招魂"?》，22 日晚 21:24，微信公众号澎湃新闻评论发表《"南京寺庙供奉日本战犯"刺痛国人，必须一查到底》，充分体现了新闻评论的新闻性。

新闻性还指发表意见的时效性。在网络与新媒体普及的今天，对新闻评论的时效性要求越来越高。报刊新闻评论追求对头一天的新闻事件作出反应，红网《红辣椒评论》的《马上评》栏目追求评论当天发生的新闻事件，微博微信追求即刻评论，而有的电视节目甚至一边直播一边点评……新闻评论的时效性讲求的是最快速度反馈和最先发声。

有的新闻评论不一定以新闻事件为对象，而可能是较长时期内一直存在的社会问题或社会话题，此时，新闻评论的新闻性体现在紧跟时代、贴近当下、追踪社会生活进程的努力上。

如《人民日报》的《人民论坛》栏目的一篇评论（节选）：

案例 1-5　从周总理送的两把茶壶说起

被毛泽东誉为"最好的共产党员"的徐海东大将有个习惯，在我党刚进城的时候，凡有老部下来看望他时，他总是要问：犯政治错误没有？经济上贪污没有？同老婆离婚没有？这"三问"，独一无二，入木三分。

1975 年，周总理病情已十分严重，一次在东郊机场见到了朱开印和韩叙，送给他们一人一把茶壶，说：你们都干了几十年了，两人的共同优点是很努力，但框框太多，过多地依靠"指示"办事。也怪我，包办太多。以后，我包办不过来了，你们俩多在一起喝喝茶，交流交流经验吧。这两把茶壶，礼轻义重，语重心长。

"三问"和"茶壶"，无疑是战友间的提醒，同志间的砥砺，说白了就是人们常说的"敲打"。人无完人，思有百密一疏，行有一步之差，有人给以"敲打"，便得以矫正、弥补和完善……

现在，"敲打"声少了，不少人看位置、看脸色说话行事，一味逢迎。单位里、同事间，互吹互捧，毛病缺点漠然置之，当面无"敲打"，背地里却窃窃私议。有的贪官说，当时要是有人提醒一下，给个处分，也不至于落到这个地步。此话未必是真心，却切中要害。啄木鸟不履行职责，"笃笃"的敲击声没了，一棵成材的参天大树，就有可能被蛀虫掏空、放倒。在我们的工作生活中，多些啄木鸟，多些"笃笃"的敲打声，是大有好处的。

这篇新闻评论借"三问"和"茶壶"作为由头，实际上矛头直指当前社会的一个弊病——现在同志间的"敲打"和提醒少了，不少人一味逢迎，互吹互捧。这种不良社会现象不是一朝一夕发生的，而是长期形成的，难以判断从什么时候开始的。表面上看这篇新闻评论好像新闻性不强，但实际上，它抓住了当前社会上正在流行的不良风气，紧贴当下，这也是新闻性的一种表现。

二、说理性

新闻评论是一种发议论、讲道理的新闻文体，重在说理。这是新闻评论与新闻报道、诗歌散文等其他文体的不同之处。新闻评论不是抒情的叹息，也不是深情的表白，而是要有观点有看法，具有说理性的特性。

新闻评论的说理性是一种内在的要求。新闻评论的目的在于发表意见和看法，如果不进行说理，意见和看法难以表达，观点难以成立，更难以让别人接受。因此，新闻评论需要有逻辑性的说理，只有如此方可能有说服力而得到认同。

比如，对于陈光标的高调行善，向来有很多争议。2011 年 1 月陈光标计划到台湾去行善，但因陈光标坚持采用现金方式当面发放，新北市、桃园县认为有治安疑虑且观感不佳，明确拒绝；新竹县、南投县则表示欢迎，已做好安排。著名时评家鄢烈山写下新闻评论评点此事，如案例 1-6 所示。

案例 1-6　鄢烈山:陈光标为何如此行善而恬然(节选)

陈光标起先显然没有意识到他一向"高调"的行善方式有何不当。所谓"高调"行善,要分三层意思说:第一,高调行善,肯定比高调炫富斗阔看谁更奢华要好;第二是行善可以低调直至隐姓埋名,也可以高调为世人做榜样,比尔·盖茨与陈光标都宣布身后要"裸捐",这有什么不好?第三,是行善的高调同时要高雅,即顾及受捐人的感受和尊严。台湾同胞不能接受的是陈光标在大陆惯用的前述方式。

现在的问题是,陈光标为什么没有感觉到自己在大陆惯用的"高调"行善方式有何不妥呢?

首先,陈光标至今没有意识到发放现钞有什么不好;他不大在乎受捐人的感受,其实也是乡村社会比较粗犷的生活习惯。其次,按照中国传统文化,施恩不能图报,穷人也有自尊,但这样的思维对陈光标们太陌生了。

这篇新闻评论条分缕析,对"高调行善"区分三种情况;对陈光标惯用的当面发现金的行善方式追根溯源,归纳出两个最主要的影响因素。整篇评论说理严密,有理有据,令人信服。

新闻评论的说理性还表现在思想性强、有独到的观点,这也是好评论的标准之一。

2014 年 3 月 20 日《彭城晚报》报道称,江苏师范大学 3 月 12 日贴出通知,将教学楼部分男厕所改为女厕所,涉及 7 栋楼 14 个楼层。该校多数男生表示理解,女生点赞。3 月 21 日,《燕赵晚报》发表评论《建公共厕所男女不能"平等"》,对于常见的男女公共厕所一样多的现象说不,并列出数据称,女性平均上一次厕所要 3 分 30 秒,而男士仅需 1 分 10 秒,以往 1∶1 设置男女厕所的做法不合理。江苏师范大学的男女生比例大概 7∶13,男女厕所更不能平等设置。评论还列举了美国有 12 个州通过法案将女厕所数量增加一倍,杭州西湖景区早已实施男女公厕 1∶2 设置的事实证据。水到渠成地提出男女厕所比例不平等,才是真正体现男女平等、尊重女性权益的做法。这篇评论观点新颖独到,有想法、有道理,充分体现了新闻评论的说理性。

有部分新闻评论的说理性是有倾向性的,包括鲜明的政治倾向性,按照以往的说法就是"政治性",但是现在,并非所有的新闻评论都要具备政治性,比如对国民性的解剖,对文明行为的评论,就不需要讲究政治倾向性。

当然，事关国家大事、时政新闻，说理性必须有色彩有偏向，如《人民日报》2009 年 3 月 26 日的任仲平文章（节选）：

案例 1-7　世界人权史上的光辉篇章

——写在“西藏百万农奴解放纪念日”之际

在西藏漫长的历史进程中，1959 年的春天无疑是一个崭新的起点。半个世纪过去，西藏的民主改革并没有淡出人们的视野。

马克思在《论犹太人问题》中说过，“任何一种解放都是把人的世界和人的关系还给人自己”。

1959 年的西藏民主改革所带来的“解放”，是几百年来人类废奴运动的继续，也是 20 世纪人类废奴运动史上的一个高潮。

作为一场顺应时代潮流的社会变革，西藏民主改革从一开始就得到了世界的广泛认同。

阻碍社会发展、扼杀大多数人自由尊严的农奴制是野蛮落后的代名词，呼唤进步文明的废奴运动成为“历史性变革”，这是举世公认的定论。

维克多·雨果曾说：“开展纪念日活动，如同点燃一支火炬。”纪念日的意义，在于它能像火炬一样照亮过去和未来。

这篇评论旗帜鲜明地将西藏解放定义为“世界人权史上的光辉篇章”，并以历史事实为依据，有力地驳斥了西方国家老是借此批评中国西藏问题和人权问题的错误观点。

三、公众性

新闻评论具有广泛的公众性。这种公众性表现在以下几个方面。

（一）新闻评论面向公众发言

新闻评论面向广大公众发言，这是由于传媒的大众化所决定的。假如说，曾经我国的媒体被当做组织传播的一种，连《参考消息》的读者都曾经有明确规定，那么从改革开放后传统媒体自力更生走向市场开始，我国的媒体就真正成为大众化媒体。网络和新媒体的日益兴盛，将这种大众化传播的性质表现得淋漓尽致。

作为新闻传播的重要组成部分，新闻评论也相应具有面向大众进行传播的性质。新闻评论的出发点不是给领导的建言，不是给部下的指示，而是向大众谈论自己的看法，以平等的态度，达到交流的目的，这是现代新闻评论的内在本质。

（二）新闻评论的内容具有公众性

新闻评论面向公众发言，这给新闻评论带来了内容上、表达上、形式上贴近广大公众的内在要求。

新闻评论所谈论的事件、话题，与公众有关，与公共生活有关。比如教育、住房、养老、医疗卫生等方面的内容，与公众息息相关，是公众关心的话题。有很多新闻事件，表面上看是单个事件，实则有深厚的社会背景，反映出与公众有关的社会问题。如 2014 年 4 月的“幼童香港街头小便”事件：一开始，事件被描述成游客纵容孩子在香港街头小便，被当地人指责拍照后，双方发生争吵，孩子父母动手打人。但隔天更加完整的视频出现，显示孩子父母曾向在场人极力解释：卫生间排长队，可孩子憋不住了；而且孩子小便时，母亲专门用纸尿布接住，地面并无湿迹，尿不湿也被放进专门黄色纸袋。表面来看，只是这对夫妻与拍照男子有分歧，产生了争执，貌似私人事件。但由于涉嫌某些当地人的偏见，事件因而具有了公共性质。因此这件事情引发了无数的评论和分析，一时间成为舆论关注的热点。

与公众性相反的是私密性，与个人生活有关的事件具有私密性，例如两位女生之间关于去痘、减肥的个人体会交流，与公众无关，与公共生活无关，只是朋友间的私聊。

（三）新闻评论的主体具有公众性

新闻评论曾经是新闻工作者的特权，主要由体制内的评论员来进行。传统媒体的评论部门以前很多挂“评论理论部”的牌子，意指评论部还肩负着研究、弘扬马克思主义理论的重任，评论工作非常人难以胜任。在媒体逐步走向市场化的过程中，新闻评论也渐渐脱下神秘的面纱，越来越接近普通公众，也越来越吸引广大公众直接参与评论工作。网络与新媒体兴起后，新闻评论的作者队伍来源更加多样，新闻评论主体的公众性特征更明显。

目前，新闻评论的主体不仅有媒体的专职评论员，还有广大的新闻评论爱好者，他们的投稿已经成为报纸和网站时评专栏的主要来源；他们做客广播电视评论节目成为其评论信息的主要发布者；他们在新媒体上的踊跃发言已经构成新媒体评论的不可忽视的一大组成部分……这些新闻评论爱好者来自各行各业，分布在各个年龄段和不同文化水平层次，一言以蔽之，他们来自公众，是公众的一份子，他们的意见能代表某一类型的公众群体。

第三节　新闻评论的基本功能

一、舆论引导功能

新闻评论最重要的功能就是舆论引导功能。

舆论一词在中国来源已久，中国古代的“舆”字字形就是两人抬轿的形状，意味着众人抬轿，可以理解为众人一起追捧的某样东西。中国古代有“防民之口，甚于防川”的说法，表达的就是对于众口一词的舆论的敬畏。舆论是在特定的时间和空间里，公众对特定的社会公共事务，公开表达的，基本一致的意见或态度。①

新闻媒体因其大众传播的性质，能在形成舆论、扩大舆论方面起到非同寻常的作用。而新闻评论作为意见或态度的表达形式，有时候本身就是舆论之一种。新闻媒体能够以其权威性和公信力，在重大事件或重要问题上起到引领舆论的作用。

（一）引领舆论方向

新闻评论的舆论引导功能首先表现在以自己的权威看法来引领社会舆论的方向。尤其在历史发展的重要关头，新闻评论的舆论引导功能被发挥得淋漓尽致。如在 1978 年，“文化大革命”结束之后，“两个凡是”还在思想意识深处左右人们的想法和行动，1978 年 5 月 11 日，《光明日报》发表特约评论员文章《实践是检验真理的唯一标准》，被新华社、《人民日报》纷纷转载，掀起了一场关于真理标准的大讨论，最终成功地引导人们在思想领域破除“两个凡是”等思想进行，拨乱反正，正确认识真理，为随后党的十一届三中全会及后来的改革开放奠定了思想基础。

新闻评论的舆论引导功能还表现在就重大问题表态发言这一方面，通过媒体发声和表态，引领公众舆论。2020 年年初，新冠肺炎袭击武汉，2020 年 1 月 23 日，武汉市政府决定关闭离汉通道，为了引导人民群众正确对待抗疫，《湖北日报》连续推出了“坚决遏制疫情扩散蔓延”“坚决打赢疫情防控阻击战”

① 李良荣. 新闻学概论[M]. 上海：复旦大学出版社，2011：53.

“打好武汉保卫战湖北保卫战”“抓紧抓牢极其重要的窗口期”“深入贯彻落实习近平总书记在湖北考察新冠肺炎疫情防控工作重要讲话精神”等5个系列、近60篇评论员文章，紧密跟进疫情的进展和疫情防控的各项重大决策部署以及相关措施的推进，深入阐释解读习近平总书记的系列重要讲话精神，引领公众舆论。与此同时，全国媒体也纷纷发表评论声援武汉。2020年2月12日，《人民日报》头版发表评论员文章《武汉胜则湖北胜，湖北胜则全国胜》，引导全国人民认识到，湖北和武汉是当时疫情防控的重中之重，是打赢疫情防控阻击战的决胜之地。2020年2月17日—19日，《人民日报》头版连续发表评论员文章《向奋战在一线的医务人员致敬》《向奋战在一线的社区工作者致敬》《向奋战在一线的共产党员致敬》，三篇“致敬”，前所未有，引导人们体会一线工作者的艰辛、支持配合他们的工作。

2014年春季，菲律宾针对南海小动作不断。中国“海洋石油981”钻井平台在西沙群岛海域正常作业时，遭到菲方船只冲撞。7月15日，“981”平台结束在西沙中建岛附近海域的钻探作业，按计划转场至海南岛陵水项目继续作业。有人捕风捉影，将这件事情与美国近期的一些言论联系起来，鼓噪“美国一发声，中国就撤退”。《人民日报》海外版7月17日发表新闻评论《“981”平台只听中国的话》。

案例 1-8

但凡有些常识的人都能看明白，这种判断纯属牵强附会。一则，巧合的事，未必有逻辑联系；二则，前后关系，不等同因果关系；三则，有人远没读懂中国的雄心壮志。

其一，中国不可能突然转变立场。……从中国的政策走向看，不管是哪一届领导人，都对领土主权问题高度重视、异常谨慎，将其作为国家核心利益，绝没有理由在几天时间内将政策立场逆转，无条件退让。

其二，中国不需要听任何国家号令。参议院是美立法机构的一部分，对中国的国内事务不具约束力。事实上，美参议院已几次通过涉及南海问题的决议。就在去年7月，参议院还全体通过决议，谴责中国在南海“改变现状”“动用武力”。对美此类无理举动，中国一贯做出坚决回击，要求美国尊重事实，做有利于地区和平稳定的事。

其三，中国更不会轻易放弃战略定力。中国企业的钻探作业有目标、有计划，在宣布任务结束前一段时间，就已经在为结束作业、撤离现场做准备。西沙群岛是中国固有领土，中国企业在自家的地盘上作业，来去自由，不会因为某个国家发表了某种言论，就改变既定的时间表。“该走就走”正是中国问心无愧，完工之后“拖着不走”才是不正常的举动。

“981”平台不会被他国指挥。中国民众自应气定神闲，不要受个别猜测的影响，长他人志气灭自己威风。倒是菲律宾和越南应该小心谨慎。美国决议一出，两国忙不迭鼓掌喝彩，试图借助一纸空文，为本国挑战中国打气助威。现在中国钻井平台正常移动，希望这两个国家认清形势，不要鲁莽行动，最后搬起石头砸了自己的脚。

这篇评论立场坚定，掷地有声地宣告了中国不会被他国指挥、中国自有战略定力的自信和坚定，引领舆论方向。

（二）释疑解惑，引导受众思想

新闻评论的舆论引导功能还表现在通过释疑解惑来引导受众思想。通过对政策法规、新闻事件、社会现象等客观事物进行及时解读，为受众释疑解惑，引导受众正确认识和看待事物。

如 2014 年 3 月 16 日，韩联社报道称，韩国拟将暖炕技术申请世界非物质文化遗产。对此中国民众议论纷纷，很多人表示忧虑和愤慨，认为韩国申遗是为了跟我们“抢夺”文化遗产标志；也有人表示不屑，认为如果暖炕可以申遗，那我们的汤婆子、手炉、脚炉都可以申遗了。就在网上口水仗打得正热闹的时候，《南方日报》《中国青年报》发表评论澄清其中的误会：韩国的“暖炕”不是中国的“土炕”，“申遗”不同于专利申请，“申遗”不是为了装门面……这些评论对中国民众愤慨反感的韩国“申遗”事件进行细致分析，帮助大家认识事物真相，引导大家客观理性看待韩国“申遗”事件。

案例 1-9　南方日报：客观理性看待韩国“申遗”（节选）

由于信息的不对称以及媒体的误导，不少对韩国“申遗”的批评选错了靶子。比如，此次“暖炕申遗”其实指的是具有朝鲜半岛特色的“温突”取暖系统，与中国的“土炕”并非同一概念；早前，韩国的“端午祭”也并非中国传统意义上端午节；韩国也没有所谓的“中医申遗”，只是将一本叫《东医宝鉴》的医书申报世界纪录遗产……

我们对人类非物质文化遗产应该保持“美人之美，美美与共”的心态。一方面，“申遗”不是专利申请不等于商标注册，不是说一个国家申请了某项非物质文化遗产就等于拥有了该项目的所有权，对于两个遗产国家共同拥有的同源共享的项目，每一个国家均可以单独申报，如果列入代表作名录之后，也不妨碍其他的国家再次单独申报；另一方面，“申遗”的本质，是从全人类的角度出发，展示和传承人类文明的灿烂成果，为子孙后代留下一笔宝贵的文化遗产，既不是一个国家文化水平高下的评判，也无关民族文化的自信与否。

（丁建庭，2014年3月21日）

案例1-10　中青报：非物质文化遗产不是用来装门面的（节选）

笔者曾访问过一次韩国，对处于工业化后期的韩国迸发出的文化勃勃生机印象深刻。稍加留意，你就会发现从传统的工艺品、服装，到传统的茶艺、陶艺，再到传统的礼仪与家庭秩序，是如此地深入到韩国人的日常生活，韩国人把传统文化与现代文化协调得如此和谐。

……

非物质文化遗产不是用来装点门面和炫耀的。韩国暖炕申遗并非问题的关键，重要的是申遗背后所传递的民族文化意识。说实话，很多人真正珍视的不是我们的民族文化及其保护，而是申遗成功后可能带来的种种好处。

（《中青报》，2014年3月21日）

（三）抓住本质，引导人们认识事物

新闻评论能够超越感性直观的表象，透过客观事物的外在表现，抓住事物的真正内核，把握事物本质，进而引导人们对事物的认识。

如中国近年来频曝“富豪相亲会”，社会上很多女性趋之若鹜。《中国妇女报》发表评论员文章《无非是赤裸裸的钱色交易——论“富豪相亲会”的本质和危害》，指出这种不良社会现象的本质，引导人们正确认识其危害。

案例1-11

但如此富豪相亲，有钱人如皇帝选秀般居高临下挑拣女性，女方则根据要求展示各种才艺待价而沽，经过层层筛选，被分成三六九等，有钱者先挑先选，无疑把女人当成了商品，美色成了有钱人的奢侈品。剥去富豪相亲会的华丽外衣，显露的是赤裸裸的钱色交易，危害社会善良风俗，侮辱女性的尊严，亵渎了神圣的爱情。

这种不公平的富豪征婚，功利、炫富色彩浓厚，放大了金钱的作用，助长了拜金主义思想，误导了青年人的婚姻观。

略有社会常识的人就会知道，美满的婚姻绝对不能单纯以金钱和容貌来衡量。打着富豪的名义招摇、以金钱为基础的相亲会，除了推崇金钱至上，污染社会空气之外，没有任何正面的意义和价值，必须出现一次挞伐一次，直至在公众的视线里彻底消失。

（中国妇女报，2013 年 7 月 24 日）

二、舆论监督功能

新闻评论与舆论的密切关系，使之能在关键时刻发挥不同寻常的作用。

（一）新闻评论能够对公权力进行舆论监督

新闻评论经常扮演向公权力举刀的角色。新闻评论能直截了当指出一些新闻事件背后公权力失范的本质，并对权力机构提出批评和建议。当这样的声音多起来，并形成一股舆论的合力时，权力机构也不得不为之收敛，或被更高一级的权力机构整肃。新闻评论对权力机构的舆论监督功能就此体现出来。

近年来，关于“房叔”“表哥”“房姐”等的报道不绝于耳，每当出现这种新闻时，大量相关新闻评论随即出现，推动更多报道出现，最后形成“围剿”的舆论氛围，直至这种违法乱纪的行为得到处罚。以“表哥”杨达才为例，2012 年 8 月 26 日凌晨 2 点多，陕西延安境内发生特大车祸，陕西省安监局党组书记、局长杨达才在现场满脸堆笑的瞬间，被现场的新华社记者定格在镜头中。当天下午 4 点左右，现场报道照片连同杨达才的“微笑照片”在网上广泛传播。短短数小时，杨达才激起无数网民的愤慨，有网民注意到杨达才手腕上的手表价值不菲，在“人肉搜索”下，杨达才被发现拥有多块名表，因而被称为“表哥”。杨达才微笑照片被曝光后，《法制日报》《南方都市报》《钱江晚报》《新民晚报》等传统媒体纷纷对关于此事的微博评论进行摘编报道。其中，《钱江晚报》的报道《车祸现场官员傻笑 网友质问你笑啥》被各大媒体转载超过140余次，被凤凰网转载后，点击量超过16万人次。杨达才被推上舆论的风口浪尖。媒体陆续发表新闻评论，如《官员“笑场”可以有 腐败不能有》《对“表哥”的进一步调查需公开透明》《若局长没微笑，还会有“杨表哥”吗？》《“表哥”暴露的更是“倡廉”的尴尬》《“表哥”的工资真是不能说的秘密？》《自证清白难以走出名表门》《“表哥”被撤职警醒了谁？》《工资已“断头”“表哥”真相不能烂尾》等等。2013年9月5日，杨达才一审被判有期徒刑14年并处5万元罚金。

杨达才事件表明，新闻评论能够在公权力失范事件发生之初催生舆论监督的氛围，在事件进行过程中聚合批评性舆论、提出质疑，进一步推动舆论监督升级，最终达成比较理想的舆论监督的效果。

新闻评论的舆论监督功能还表现在社会守望方面，传播学理论认为，大众传播的第一大功能就是监视环境，守望社会，包括自然环境监测和社会运行监督。前者主要指监测环境质量（或污染程度）及其变化趋势，如水污染、土地污染等问题；后者主要指对社会运行状况进行舆论监督，如食品生产是否安全，红十字会慈善是否有猫腻等等。新闻评论往往在新闻报道的基础上，演变和形成一定的社会舆论氛围，进而实现社会守望功能。

（二）新闻评论具有维护社会正气的功能

新闻评论的舆论监督功能还表现在维护社会正气方面。社会现象五花八门，各类新闻事件难辨正邪，新闻评论能够直截了当地作出判断，弘扬正气，匡扶正义。如2010年江苏卫视《非诚勿扰》栏目中，女嘉宾马诺频频发表出格言论，自称宁愿坐在宝马里哭，也不愿坐在自行车上笑，被称为史上最刻薄拜金女。此节目虽然引起争议，但收视率却节节攀升。中央电视台因而发表本台评论。

案例1-12　媒体要切记社会担当

近来一些地方卫视婚恋交友等节目，为了高收视率，越走越歪。一经播出引起各界高度关注。

在一些相亲类节目中，有的宣扬和炒作“拜金女”“炫富男”等低俗、恶俗内容，很不健康。组织者单纯追求收视率和知名度，没有尽到媒体责任，背离了社会主义核心价值体系，此风应该刹住！

电视相亲类节目有社会需求，但必须正确引导，不能“赢”了收视，丢了责任。媒体工作者切记社会担当，才能做出高品质、健康向上的文化节目，才能让屏幕清新健康，让观众喜闻乐见。

这则评论对于婚恋交友节目中无底线炒作的行为予以当头棒喝，在央视王牌栏目《新闻联播》中播出，充分发挥了媒体对于社会风气的舆论监督功能，及时正本清源，以正视听。

同样，在2014年因世界杯期间参与赌球被抓的郭美美，向警方交代自己设赌局、炒作、污蔑红十字会、性交易等违法犯罪事实。《人民日报》发表评论《炫丑与审丑都是种病态》，高度概括这类事件的丑恶本质，对这一类事件作出明确判断。《京华时报》发表评论《郭美美式"坏名声"不应再有市场》，《环球时报》发表社评《郭美美忏悔，舆论推手们亦应羞愧》，对"郭美美"这一类现象穷追猛打，警示所有的炫富女、拜金女、炒作女们住手，为遏制不良社会风气发挥舆论监督作用。

三、意见表达功能

新闻评论的出现，源于人们意见表达的冲动。新闻评论满足了人们意见表达和意见交流的愿望。

新闻评论被用来表达政府意见、媒介意见、公众意见、个人意见等。中央级媒体，如《人民日报》、新华社经常"代中央发言"，站在中央政府的立场表达对国内外重大事物的看法。面对少数"疆独"暴恐分子、日本右翼政府歪曲侵华历史、菲律宾挑起南海争端、美中关系阴晴不定等事件，运用新闻评论不仅能直率表达对这些事情的意见和看法，观点还可以尖锐，能以有力的论证说服人，能够发挥不同的作用。如2014年8月13日《人民日报》海外版头版刊登新闻评论《说中国"搭便车"是美国妄自尊大》，反驳了美国奥巴马总统声称中国30年来一直沾美国的光在"搭便车"的言论。如果由新闻发言人或政府公告来表达这样的意见就显得太尖锐，但用新闻评论来表达则无妨。虽然这则评论是署名投稿作者写的评论，但由于中央党报的性质，实际上代表了政府的意见。

新闻评论中的社论则代表了媒介的意见。由于我国党报、广电媒体的国有性质，所以这些媒体的社论实际上也主要代表政府部门的意见。

对于普通公众来说，接触更多的是同样代表普通人个人意见的新闻评论。

现代新闻评论具有公共性，新闻评论从新闻单位和新闻工作者的专利，发展成为普通民众的意见表达工具，在网络与新媒体时代则进一步为大众的话语狂欢。正如中国人民大学马少华教授所言："时评是公民表达的实用文体，就像写信是表达的实用文体一样。"

对于普通民众来说，运用新闻评论表达自己对事物的看法和判断，是充分行使表达权的一个途径，人们通过新闻评论进行意见交流，能够推动公众对于社会事务的看法更成熟更理性，促进公民社会的培育。时代进步造就公民评论崛起；民主意识增强形成公民评论热潮；公民评论关注社会焦点促进社会发展；公民评论还需从理性思考和深度上提高。[①]

一个真正民主、自由的社会，需要听到人民的声音——新闻评论已成为公众参政议政的重要渠道。公民对于社会时弊提出的批评和建议，也是"参政议政"的一种方式。2004 年年底，《人民网》与《人民日报》国内政治部合作，在网上推出"两会"民意调查，选出 8 个百姓最关注的热点问题作为"百姓议题"，就此采访代表委员，约请专家学者以及政府官员等做客《人民网》强国论坛"两会"专区，并与网友进行在线交流。此后，每年"两会"期间都是网上群情汹涌之际，《人民网》《新华网》纷纷推出"两会"专题，开辟《网民评论》《网友留言》等栏目，让网友可以充分发表自己的看法和建议。新闻评论已经成为连接民意与会场的桥梁。

第四节　传统媒体新闻评论的常见类型

上面已经介绍了什么是新闻评论，但实际上新闻评论还有很多更细致的划分，更多具体的类型。下面就具体介绍一下按文体性质和功用来划分的一些新闻评论的常见类型，主要是在传统媒体中历经多年发展总结出来的，在了解这些常见类型的基础上，我们将对什么是新闻评论有更深的认识，有助于更好掌握网络与新媒体评论。

一、社论和评论员文章

我国新闻学开山人物之一的徐宝璜在其所著的《新闻学》中指出：新闻纸

---

① 张心阳．公民评论在崛起[J]．北京：新闻与写作，2008(7)．

之"社论"一栏，乃其正当发表对于时事之意见，以代表舆论或创造舆论之地也。[①] 老评论家、原《新华日报》社长张友渔认为：社论者，代表报社的意见，对于时事，有所解释、批判及主张，以期指导读者之论评。[②] 原《人民日报》总编辑邓拓认为，社论是表明报纸政治面目的旗帜，报纸必须有了社论才具有完全的政治价值。[③]

综上，可以归纳为：社论是代表报刊、通讯社、广播电台、电视台等大众传播媒体编辑部发言的权威性言论。社论在广播、电视中称为"本台评论"。

社论最大的特点是代表媒体编辑部，是规格最高的新闻评论。它针对当前重大事件、重大典型和重大问题发言，具有鲜明的政策性和指导性，发表的位置最为显著和重要。如党报社论一般发表于头版，且用"社论"一词进行标注。

社论既然代表的是媒体的意见，那就是组织、集体的意见，而非个人意见。原《大公报》主笔王芸生曾这样自述："这些文字是我自己写的，但却未必无折扣地表达出我的意思。因为文字既要在公开的刊物上发表，地方又是在国难前线的天津，写文章时便不得不顾虑到地方的环境和刊物的地位，尤其是报上的'社评'，文章既由报馆负责，写文章的人便需忘掉了自己。"

在我国，党报社论一般代表同级党委，因而更注意其政策性与权威性。

评论员文章是介于社论（本台评论）和短评之间的中型评论文体，评论员文章也是代表编辑部发言的一种文体，在内容和写作特点上与社论没有严格的界限，常常以配合或结合新闻报道的形式发表或播出。如 2014 年 7 月 31 日《人民日报》报道了国务院印发《关于进一步推进户籍制度改革的意见》、户籍制度改革全面实施的消息，并配发本报评论员文章《下好户籍改革一盘棋》。

评论员文章有本报（台）评论员、特约评论员之分。前者出自媒体自己的评论员，后者出自非本媒体人员之手。评论员文章可署名，可不署名。

评论员文章与社论最大的区别在规格和权威性方面，甚至有时候为了强调重大权威而将评论员文章直接当作社论发表。第二个区别是评论员文章可以写成系列评论，"一论"、"二论"等具有连续性的评论。如为纪念中国共产党成立 100 周年，《人民日报》推出"论中国共产党人的精神谱系"系列评论，一论

---

① 徐宝璜. 新闻学[M]. 北京：中国人民大学出版社，1994：80.

② 张友渔. 张友渔新闻学论文选[M]. 北京：新华出版社，1988：26.

③ 邓拓. 邓拓文集（第一卷）[M]. 北京出版社，1986：308.

发表于2021年07月19日，题为《伟大建党精神，中国共产党的精神之源——论中国共产党人的精神谱系之一》；二论发表于2021年07月22日，题为《让井冈山精神放射出新的时代光芒——论中国共产党人的精神谱系之二》；三论为2021年07月26日的《苏区精神要永远铭记、世代传承——论中国共产党人的精神谱系之三》……第43篇系列评论为2021年11月29日刊登的《改革开放精神，当代中国人民最鲜明的精神标识——论中国共产党人的精神谱系之四十三》。这一系列署名为“本报评论员”的评论员文章，对中国共产党人精神谱系进行了深入详尽的阐述，起到了设置议题、引导舆论的作用。第三个区别是评论员文章可以署名，社论除了“代论”这种特殊情况一般不会署名。“代论”是指用著名人士的文章代替 社论。如2008年时任总理温家宝为10月31日出版的美国《科学》杂志撰写社论。

二、时评

时评，即以议论时事为主的评论，最初专指时事短评，现在多用来称呼新闻性、针对性很强的个人撰写的评论。时评最早出现在1898年由康有为、梁启超创办的《清议报》的《国闻短论》专栏中，自第26期开始刊登具有很强的时效性和针对性言论，为时事短评的出现奠定了基础。19世纪末至20世纪初，受梁启超影响，出现一批活跃的时评写作者。与政论文相比，此时的时评更注意新闻性，特别是时效性，因此更接近于今天的新闻评论。如1904年创刊的《时报》非常重视时评，专门设置时评专栏，所发评论注意与当天重大新闻相配合，篇幅短小，时效性强，一日数篇，分版设置，时评成为《时报》的一大特点。其主笔陈景韩的时评曾走俏报坛。章太炎主编《民报》，十分重视评论，设有《论说》《时评》《谈丛》等言论专栏。武汉的《大江报》1911年7月26日发表黄侃的时评《大乱者救中国之良药也》，一时广为传颂，成为新闻评论史上的名篇。此后时评成为报纸上的常设板块。

中华人民共和国成立后，异常重视报纸的喉舌作用，过分重视国家和集体的声音，时评日渐稀少，几至于无。改革开放以后，时评又逐渐回到受众的视野。

1999年《中国青年报》开设《青年话题》新闻评论版，引领中国报纸走向“时评”潮流。随后，各报纷纷开设时评专栏、时评专版，时评成为当今报纸必不可少的内容版块之一。

时评最大的特点是选题新鲜，讲求时效。如《羊城晚报》2022年8月17日的时评《马思纯驾车逆行被罚 越界的“自我放飞”难免“翻车”》《“8孩父亲”求助：哪怕不帮，也要嘴下留德》，都是对16日被报道的新闻事件进行的评论。《中国青年报》8月17日的时评《高温天军训取消或延期 以人为本是教育应有之义》《不以资历论高下 让青年科研人员敢说“不”》《没有准备的野外露营只会给出行“埋雷”》都是对新近发生的新闻事件展开的议论。

时评的第二个特点是：选题一般比较具体，侧重评论具体的新闻事件，很少像评论员文章那样评论思想动态。如上文所说的几篇时评，选题都很具体。

时评的第三个特点是直抒己见，个性鲜明。时评仅代表写作者个人意见，因此内容表达自由，不像社论、评论员文章那样受到媒体和管理部门的约束，时评注重观点鲜明，对事物作出自己的判断。如2014年6月26日，《中国青年报》的《青年话题》评论版同时刊发了两篇同一选题的时评，评论的是同一则新闻事件：山东省人民政府法制办公布《山东省老年人权益保障条例（修订草案）》，公开征求社会意见。草案规定，老人可以对子女“啃老”说不。有独立生活能力的成年子女要求老人经济资助的，老人有权拒绝。成年子女或者其他亲属不得以无业或者其他理由索取老人的财物。但这两篇时评观点完全相反。其中一篇时评标题为《立法禁“啃老”是一厢情愿》，另一篇标题为《立法禁“啃老”并非多此一举》。编辑的刻意安排，充分体现了时评“各抒己见”的特点，也体现了评论版观点争鸣的优势。正是各种不同观点的时评，构成了意见交流的五彩斑斓的评论场，成为新闻评论中最有活力也最吸引人的文体。

目前，不论在哪一种信息传播平台，时评都是其中最活跃的主力。在报刊评论中，以时评为主要内容的专栏评论占了大头；在广播电视新闻评论节目中，时长最多、内容比例最大的，也是对各方面时事的议论；在网络评论中，无论是跟贴评论还是专题评论或专栏评论，也主要以时评为主体；在微博微信平台，具有新闻评论性质的言论最引人注目、传播最广泛。时评已经成为新闻评论的主力军。这也反映出时评之受欢迎的程度。

三、小言论

顾名思义，小言论就是指短小的言论，属于小型化的专栏评论。小言论既可以对新闻事件和社会问题进行评论，也可以对发生在身边的小事发表意见。

“小言论”一词来自邹韬奋在《生活》周刊上创办的王牌栏目《小言论》。邹韬奋曾自述《小言论》专栏最费心力，最花时间，是他最精心经营的专栏。当初邹韬奋每周选取一则民众最关心的话题，对其发表简短的评价。《小言论》精心挑选的选题、新颖独到的看法、简洁平易的语言、轻松活泼的文风，一时间吸引了无数的读者，也成为《生活》周刊成功的秘诀之一。后来虽然沿用了邹韬奋的专栏名称，但又有所变化。

今天所说的小言论是在 20 世纪 80 年代初，随着新闻改革推进而兴起的。1980 年 1 月 2 日《人民日报》创办的《今日谈》栏目，是较早出现并持续至今、影响最为广泛的小言论专栏。《今日谈》之受欢迎，引发很多党报效仿，纷纷在头版开设篇幅短小的小言论专栏。如《新华日报》的《细流集》、《四川日报》的《巴蜀小议》、天津《今晚报》的《今晚谈》、《湖北日报》的《灯下快谈》等。

小言论有如下特点。

（一）微型化

小言论最大的特点就是篇幅短小，二三百字不算短，六百多字略嫌长。

虽然篇幅短小，可是“麻雀虽小，五脏俱全”，小言论的选题、立论、论证无一不少，因此小言论的论说部分是有限制的，立论必须角度集中，一事一议，同时点到为止，不必展开全面说理议论。如案例 1-13 这则“今日谈”。

案例 1-13　用知识守护生命

新学期的第一天，各地学校组织学生和家长收看央视播出的《开学第一课》的《知识守护生命》节目。这一大型公益活动以生命意识教育为主题，通过对学生进行“避险自救”知识教育，教会学生掌握避灾的常识和技巧，真正“用知识守护生命”。

而要真正做到“知识守护生命”，光靠“第一课”的效应远远不够，一个公益节目难以承载生命教育的多方面内容。对避灾常识的普及和逃生技能的掌握，需要大量长期细致的跟进工作，而且危及学生生命的危险来自许多方面，要从各个方面防患于未然。

生命教育是一项系统工程，应该贯穿于学生成长过程的始终。“用知识守护生命”，不仅需要精彩的《开学第一课》，更需要家长和老师实实在在地为学生上好生命教育的每一课。

（《人民日报》，2008 年 9 月 9 日第 1 版）

文章表达了几个层次的意见，但都没有展开：对避灾常识的普及和逃生技能的掌握，需要哪些长期细致的跟进工作？危及学生生命的危险来自哪些方面？要怎样防患于未然？需要家长和老师为学生上好生命教育的哪些课？……由于小言论的篇幅有限，这些问题都不必展开论证，点到为止即可。

（二）群言性

小言论专栏主要都是面向广大读者开放的群言性栏目，作者具有群众性，观点具有多元性。如《人民日报》的《今日谈》曾经发表过多篇关于节约的小言论，但角度各有不同：《这样的“抠门”值得称赞》《“取巧”也是节约》《节约是一种社会责任》《节约要大力宣传》《培植自主知名品牌是节约之道》《盘活资源也是节约》等，从多个方面论述了节约的重要性、以及如何做好节约。

（三）生动性

小言论专栏如报纸上镶嵌的一颗明珠，是一种生动的点缀。小言论没有长篇大论，不必冗长，追求简短明了；小言论不是重要评论，不必严肃，但追求生动形象。所以小言论一般都有生动的由头、形象的议论。

目前，随着新闻评论的平台越来越多，各类新闻评论文体尤其是时评的繁茂发展，小言论专栏趋于减少。

四、新闻述评

新闻述评，是新闻领域中一种边缘体裁，融新闻报道和新闻评论于一体，兼有两者特点和优势。新闻述评又常被简称为述评。

新闻述评有两种类型，一种是新闻报道和新闻评论的结合体，根据记者直接调查了解的材料，以具体而典型的新闻事件为评述对象的述评。以中央电视台评论部创办的《焦点访谈》为代表，既有记者的现场采访，又有主持人的评论。这是比较典型的新闻述评，有时候被称为“记者述评”，这是因为记者有便利条件，可以将自己采访所得写成新闻述评。

另一种是综合已经发表的新闻报道，作出形势判断、思想动态等方面综述性的述评。如“当前国际政治形势述评”，所论的新闻事件、所用的材料不是来源于自己的采访，而是来源于已发表的新闻报道，但是作者用自己独到的眼光进行了重新组织和梳理，为我们描述出某一领域或事物某一阶段的发展动态。如 2014 年 8 月 14 日，新华网发表形势述评《引领中国经济巨轮扬帆远航——以习近平同志为总书记的党中央推动经济社会持续健康发展述评》，对 2014 年上半年经济发展进行梳理和综合评述。

新闻述评中,有的对新闻事实陈述较多,评论较少,述多评少,如《焦点访谈》,陈述新闻事实所占的比重远远高于发表意见观点的部分,主持人的点评有时候只有一句话,但这也不影响它作为新闻述评节目的性质。

新闻述评最大的特点在于它的体裁特征,新闻述评是新闻报道和新闻评论的结合。新闻报道主要报道新闻事实,采用客观叙述与描写,一般不直接发表议论;新闻评论对新闻事实做出判断、发表议论。而新闻述评融合了两者的特点,既报道事实又对事实做出判断与分析,既进行客观叙述再现事实,又直接发表议论。叙述和评论紧密结合,但叙述是手段,最终目的在于评论。

其次,在新闻述评中,叙述事实和评论判断不是截然分开的,而是相结合、相交融进行的,评论作为一根主线贯穿始终。如案例1-14。

案例1-14

2013年10月11日中央电视台《焦点访谈》栏目播出《证难办脸难看》电视述评,节目通过叙述北漂小伙子小周为办护照往返北京和河北老家六次,徐州小伙子小狄为办农业合作社的执照跑了十几次办证大厅的真实经历,生动呈现了一些窗口单位工作人员态度粗暴,故意刁难,相互推诿的官僚作风。节目叙述事实围绕"证难办脸难看"的线索展开,在淋漓尽致展现了这种社会痼疾给人带来的烦恼之后,主持人的评论水到渠成:中央推进群众路线教育实践活动,就是为了让老百姓开开心心地过上好日子,可是我们今天看到个别单位,特别是某些公共服务管理部门,却还是存在着官僚主义现象,个别干部只顾自己、少担责任、多享清闲,却让老百姓急断肠、跑断腿。这充分说明贯彻群众路线、坚决反对"四风"必须长期坚持、深入落实,我们要注重顶层设计,更要注重基层表现,要看干部的觉悟,更要看群众的评判,大政方针不含糊,具体问题不马虎,只有时时想着群众的利益,才能事事赢得群众的满意。

五、杂文

杂文是中国古已有之的一种文体,鲁迅在《且介亭杂文·序言》中说:其实杂文也不是现在的新货色,是"古已有之"的,凡有文章,倘若分类都有类可归,如果编年,那就只按作成的年月,不管文体,各种都夹在一处,于是成了"杂"。鲁迅认为,古代的小品文就是现代杂文的鼻祖。鲁迅的开拓使杂文成为一种点评时事、生动泼辣的独立文体。鲁迅的杂文引领了众多文人参与其中，瞿秋白就是其中之一。瞿秋白有的杂文可与鲁迅比肩。

杂文在鲁迅时代兴盛一时。20 世纪 60 年代邓拓等使之重新焕发光辉，出现了短暂的繁荣。以《燕山夜话》《三家村札记》为代表，《北京晚报》开设《燕山夜话》，由邓拓主笔。随后《前线》杂志开设《三家村札记》，由邓拓、吴晗、廖沫沙主笔。《人民日报》开设《长短录》，由夏衍、吴晗、廖沫沙、孟超、唐弢撰稿。这些杂文专栏敢于触及一些社会矛盾和社会问题，针砭时弊，写法灵活，因而大受欢迎。可惜好景不长，很快邓拓等人受到冲击，杂文的发展戛然而止。

20 世纪 80 年代，杂文再次兴盛。乘着改革开放的春风，许多报纸在副刊开设杂文专栏，以《中国青年报》的《求实篇》为代表，杂文专栏广受欢迎。20 世纪 90 年代末，以《中国青年报》创办《冰点时评》为起点，时评开始兴盛，杂文相应开始衰落。

什么是杂文呢？瞿秋白将杂文界定为："文艺性的政论文"。这是流传最广泛、最为通用的杂文定义。

瞿秋白的这个定义抓住了杂文的两个文体特征：首先，杂文是一种政论文，是议论时政、发表意见的一种文体，所以不同于抒情散文；其次，杂文运用文艺手法，所以不同于时评等其他新闻评论。

作为"文艺性的政论文"，杂文实质上是文学与新闻评论的结合，兼具文学与新闻评论的特点——文艺性手法与评论性内容。杂文也是一种边缘体裁。

杂文之"杂"，有以下表现：

一是样式较杂。杂文有政论式、评论式、戏剧式、速写式、抒情式、随笔式、通信式、对话式、札记式、絮语式、寓言式等。格式不限，视内容表达的需要而定。如邓拓所写《一个鸡蛋的家当》这篇杂文，就是寓言式的。

二是内容较杂。在取材方面可以海阔天空，纵横驰骋，古今中外，任意采撷。如邓拓的《燕山夜话》中，既有与时政密切相关的杂文，如《爱护劳动力的学说》《围田的教训》等；又有谈人生修养的，如《交友待客之道》《说志气》等；还有考证性的，如《谁最早发现美洲》《"扶桑"小考》等等，取材广泛，无所不包。

三是文学手法杂。可灵活运用比喻、比较、象征、衬托等多种文学手法。

以上为几种主要的新闻评论类型，它们在不同媒体中呈现出不同的状态。如社论在党报中篇幅较长，所评对象一般为国内外重大新闻事件，以严肃性、重大性著称；而在电视媒体中则非常简短，比党报社论要生动活泼。而在网络与新媒体原创评论中，新闻评论的类型更是发生了巨大变化。比如微博微信评论以自媒体为主，没有代表媒体编辑部的社论之说。但是对于上述几种评论类型的把握，将有助于我们认识所有新闻评论，进而做好网络与新媒体评论。

本章小结

新闻评论是传播意见性信息的文体或节目类型。网络与新媒体评论是新闻评论大家庭中新兴的重要成员，新闻评论是对新近发生的新闻事件、有普遍意义的社会问题、民众密切关注的社会话题进行评论的文体或节目类型。掌握新闻评论的概念，需要把握三个要素：首先，要有评论、有观点、有判断；其次，这些意见和判断出自传播主体的自我表达，而非转述；第三，新闻评论要具有时效性、时新性。

新闻评论主要有三个方面的特性：一是新闻性，新闻评论需要紧跟社会生活的进程，针对社会生活中最新出现的事件和问题进行评论；二是说理性，新闻评论要通过摆事实讲道理来表达意见；三是公众性，新闻评论面向公众、由广大公众参与其中，成为公众意见表达的实用文体。

新闻评论具有三个方面的主要功能：舆论引导功能、舆论监督功能和意见表达功能。

传统媒体新闻评论主要有社论、评论员文章、时评、小言论、新闻述评、杂文等类型。其中社论和评论员文章都是代表编辑部发言的文体类型，社论是规格最高的新闻评论。时评是时事评论的简称，是新闻性、针对性很强的个人撰写的评论。小言论是指短小的言论，具有微型化、群言性、生动性的特点。新闻述评是新闻报道与新闻评论的结合，融新闻报道和新闻评论于一体，兼有两者的特点和优势。杂文是文艺性的政论文，是文学与新闻评论的融合，运用文艺性的手法来表达意见和态度。

思考与练习

1. 新闻评论与高中生议论文有什么异同？
2. 新闻评论的说理性体现在哪些方面？
3. 为什么说新闻评论具有舆论引导功能？
4. 社论对于媒体来说是否重要？为什么？

第二章　网络与新媒体评论的个性特征

学习目的

1. 了解网络与新媒体发展的基本态势。
2. 掌握网络与新媒体评论的基本特征。
3. 了解网络与新媒体评论的常见类型。

第一节　网络与新媒体的兴起

一、网络与新媒体蓬勃发展

网络与新媒体的出现，将新闻传播推向令人意想不到的全新境地，新闻评论亦迎来新的繁荣。

（一）网络成为第四媒体

1987年9月14日，北京计算机应用技术研究所发出了中国第一封电子邮件："Across the Great Wall we can reach every corner in the world."（越过长城，走向世界），揭开了中国人使用互联网的序幕。1994年中国获准加入互联网。

1996年底到1997年，我国传统媒体试水互联网。央视网于1996年12月创建并试运行。1997年1月1日，人民日报社创办《人民日报网》。新华社1997年11月7日创办新华通讯社网站。

1999年10月，中宣部、中央外宣办联合发布了网络新闻宣传工作的第一个指导性文件《关于加强国际互联网络新闻宣传工作的意见》，明确网络新闻宣传工作发展的方向，完善互联网新闻宣传的规范管理等。2000年1月，中宣部和国新办联合召开中国首次互联网新闻工作会议，对中国网络新闻传播业的发展作出重要战略部署。2000年4月，国务院新闻办公室成立网络新闻管理局，负责统筹协调互联网络新闻宣传工作。在中央成立网络新闻管理局以后，各省、市、自治区也陆续设立相应的管理机构。多个省市相继创建地方重点新闻网站。2000年上半年，以东方网、千龙网为代表的地方政府支持、地方媒体联合组建的区域性主流网络新闻媒体陆续创办。

作为对中央部署的呼应，人民日报网2000年8月21日正式命名为人民网，定位为以新闻为主的大型网上信息发布平台；新华社网2000年3月正式更名为新华网并改版，现已发展为由北京总网和分布于中国各地的30多个地方频道及新华社的十多家子网站联合组成的大型官方信息平台，世界范围内最重要的中文网站之一。

2000年11月，国新办、信息产业部联合出台《互联网站从事登载新闻业务管理暂行规定》。2000年12月27日，新浪、搜狐正式获得国新办批准，具备在网上从事登载新闻业务的资格，成为国内首批获得该资格的商业网站。我国逐步形成了以媒体新闻网站、各级地方新闻网站、政府各部门网站、商业门户网站等为主的网站群。

但是商业网站在新闻传播方面很快受到限制。2005年9月，国新办、信息产业部联合发布《互联网新闻信息服务管理规定》，非新闻单位设立的互联网新闻信息服务单位，不得登载自行采编的新闻信息，包括有关政治、经济、军事、外交等社会公共事务以及有关社会突发事件的报道、评论。于是，具有互联网新闻信息服务许可证的商业网站重新出发，转向转载新闻信息，注重日常策划性评论专题，以寻求新的发展。

网络媒体的蓬勃发展，使得网络新闻传播也受到重视。2006年，第16届中国新闻奖首次颁给网络新闻媒体，评选范围是经国务院新闻办批准的由新闻主管部门和新闻单位主办的具有登载新闻业务资质的新闻网站。这标志着网络新闻正式获得新闻行业的认可，被视为网络新闻发展的里程碑。第16届中国新闻奖共评出13件网络新闻获奖作品，分别为新闻名专栏1个，网络评论4件，网络专题8件。2007年第17届中国新闻奖评出网络新闻获奖作品共12件，分别为新闻名专栏1个，网络评论3件，网络专题8件。另外，还有一篇与网络媒体相关的论文获奖。2008年第18届中国新闻奖的评选增加了新闻访谈和新闻网页设计两个评选项目。还将新闻网站首发的新闻摄影作品、新闻漫画作品纳入了评选范围，至此网络新闻作品可以参评的项目增加至7个，和传统媒体可评选项目的数量大致相当，如表2-1所示。

表 2-1 中国新闻奖网络媒体历年评奖统计

	评奖年份	获奖总数	网络新闻名专栏	网络评论	网络专题	网络访谈	网页设计	新闻漫画	新闻摄影	国际传播
第 16 届	2006	12	1 个	4 件	8 件	—	—	—	—	—
第 17 届	2007	11	1 个	3 件	8 件	—	—	—	—	
第 18 届	2008	20	2 个	6 件	8 件	5 件	1 件	—	—	—
第 19 届	2009	26	2 个	5 件	8 件	7 件	4 件	1 件	1 件	—
第 20 届	2010	27	1 个	6 件	7 件	5 件	4 件	1 件	—	3 件
第 21 届	2011	29	2 个	6 件	8 件	6 件	4 件	—	—	3 件
第 22 届	2012	28	1 个	6 件	9 件	5 件	4 件	—	1 件	3 件
第 23 届	2013	26	1 个	6 件	9 件	6 件	4 件	1 件	—	—
第 24 届	2014	51	3 个	10 件	13 件	8 件	6 件	1 件	4 件	6 件
第 25 届	2015	33	2 个	6 件	10 件	6 件	4 件	2 件	1 件	2 件
第 26 届	2016	25	2 个	5 件	9 件	3 件	4 件	0 件	1 件	1 件
第 27 届	2017	33	2 个	4 件	8 件	7 件	4 件	1 件	2 件	5 件
第 28 届	2018	33	2 个	5 件	11 件	5 件	4 件	1 件	2 件	3 件
第 29 届	2019	40	2 个	6 件	9 件	6 件	3 件	2 件	2 件	10 件
第 30 届	2020	27	4 个	5 件	9 件	—	4 件	0	0	5 件
第 31 届	2021	28	4 个	5 件	8 件	—	5 件	1 件	1 件	4 件

（注：第 30、31 届取消“网络评论”单项，并入“文字评论”，只能从刊播单位看出是不是刊载在网络媒体上；取消“网页设计”单项，与“新媒体报道界面”合并为“页（界）面设计”；取消网络访谈。至此，与网络媒体直接对应的奖项只有网络专题、网络访谈、页（界）面设计。）

网络媒体参评中国新闻奖，说明网络已经成为官方认可的、学界业界承认的第四媒体，可与报刊、广播、电视这三大传统媒体比肩。从 1996 年到 2006 年，十年之间，网络从无到有，从科技创新到服务民众，从野路子到等同对待，网络以飞快的速度成长为不可小视的媒体。

（二）新媒体的出现与发展

随着网络技术发展日益成熟，BBS、论坛、博客、播客等新的传播形态层出不穷。随着手机加入互联网应用大军，手机报、微博、微信等不同传播平台纷至沓来。2010 年被称为“微博元年”，2013 年被称为“微信元年”。“新媒体”的概念被提出，并日益成为传媒学界业界关注的焦点。

什么是新媒体？学界业界众说纷纭，有很多种定义。

一种定义倾向于将通俗所说的网站和新媒体合二为一，统称为新媒体。中国人民大学匡文波认为，“新媒体”其实是一种通俗的说法，严谨的表述是“数字化互动式新媒体”。从技术上看,“新媒体”是数字化的;从传播特征看,“新媒体”具有高度的互动性。“数字化”“互动性”是新媒体的根本特征。“新媒体”是一个相对概念,其内涵会随着传媒技术的进步而有所发展。“新媒体”的“新”是以国际标准为依据。新媒体应该定义为:借助计算机(或具有计算机本质特征的数字设备)传播信息的载体。目前的新媒体包括互联网和手机媒体,因为只有这两者才具有真正的互动性。互联网本身就是计算机技术发展的产物。而当今的手机已经不再仅是移动电话,而是具有通信功能的迷你型电脑。

与传统媒体相比,新媒体的特征是即时性、开放性、个性化、分众性、信息海量性、低成本全球传播、检索便捷、融合性等。但是新媒体的本质特征是技术上的数字化、传播上的互动性。

另一种意见倾向于将网络与新媒体分开看待,网络媒体包括搜索引擎、网络电视、网络报纸、网络期刊、博客、播客、微博及各类网站等;新媒体主要指手机媒体和智能电视,手机媒体包括短信彩信、手机报纸、手机期刊、手机图书、手机电视、手机微博等类型。新媒体的外延还会随着技术的发展而不断扩展。

本书采用后一种界定,因为网站与新媒体相比较,无论从呈现形态、内容设置还是阅读习惯等各方面都有区别。

网络与新媒体,已经成为不可分割、互相扶持、一起前行的一个整体。新媒体建立在网络的基础之上,离开了网络,新媒体无从谈起。而目前网络亦融合新媒体,微博本来就有网络版,可以与手机同步;微信也可以在网络上查到内容,只是目前与手机微信尚不能对接。

近年来,我国网络与新媒体以不可思议的速度迅速蓬勃发展。

中国国家互联网信息办公室副主任任贤良表示,截至 2013 年 6 月,中国微博用户规模达到 3.31 亿;微信从 2011 年 1 月发布到 2013 年年底,用户规模已经突破 3 亿,日均用户数增长 41 万。据对中国最有影响的 10 家网站统计,仅微博每天发布和转发的信息就超过 2 亿条。①

中国互联网络信息中心(CNNIC)发布的《第 49 次中国互联网络发展状况统计报告》显示,截至 2021 年 12 月,我国网民规模为 10.32 亿,较 2020 年 12 月新增网民 4296 万,互联网普及率达 73.0%,较 2020 年 12 月提升 2.6 个百分点,发展速度仍然很快。

比较 2014 年 6 月底的数据:当时我国网民规模 6.32 亿,互联网普及率 46.9%,可以看到,七年间不论网民规模还是互联网普及率,都得到长足的

① 蒋彦鑫.政务微博认证账号超 24 万个.新京报,2013-11-29(A36).

发展。

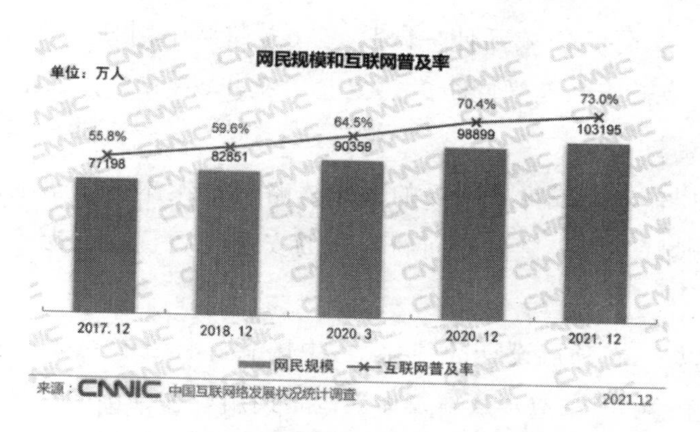

图 2-1　中国网民规模和互联网普及率

（来源：中国互联网络信息中心）

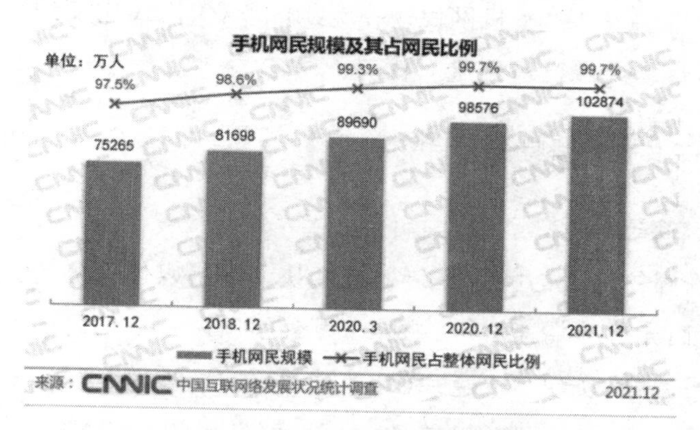

图 2-2　中国手机网民规模及其占网民比例

（来源：中国互联网络信息中心）

目前，互联网已经成为一切活动的必备和所需，购物、求职、社交、工作、娱乐等等，越来越多的人们已经熟悉并习惯于依靠网络和新媒体去获取资源、办理事务。

根据《中国新媒体发展报告（2014）》，2013 年以来，中国新媒体发展进一步呈现移动化、融合化和社会化加速的态势。在这种态势下，中国新媒体出现了四个显著的变化，基于新媒体的微传播已经成为促进中国社会发展的新动力。

第一，微传播成为主流传播方式。基于移动互联网的微博、微信、微视频、客户端大行其道，微传播急剧改变着中国的传播生态和舆论格局。

第二，传统媒体和新兴媒体正在加速融合。传统媒体纷纷推出新媒体战略，拓展传播空间，而新兴媒体凭借技术优势整合传统媒体资讯再传播，新媒体引发又一轮传媒革命。

第三,新媒体的社会化属性增强。功能不断拓展的新媒体正在快速向政治、经济、社会、文化各领域延伸。微政务成为创新中国社会治理的新路径。新媒体引发产业升级和互联网金融热兴。微交往、微文化正在推动社会结构变革和文化发展。

第四,新媒体安全成为最重要的国家战略。新媒体正在超越传统媒体成为跨越诸多领域的“超级产业”,而新媒体的安全问题日益成为各国国家战略考量的重点。

2013年以来,在顶层设计的强化下,中国新媒体在社会发展中的战略地位进一步凸显。中国正迈步从新媒体大国走向新媒体强国。①

统计显示,我国网民数逐年攀升,手机网民用户更是阶梯式递增。2014年6月底,我国手机网民规模达5.27亿,网民中使用手机上网的人群占比83.4%;2021年12月底,手机网民规模为10.29亿,网民中使用手机上网的比例为99.7%,移动终端已占据绝对优势。

二、网络与新媒体的传播特征

(一)传播快速,跨越时空

网络与新媒体最大的特点是传播速度快。网络媒体传播的技术基础是光纤通讯线路,而光纤传播速度可达到30万公里/秒,一条信息瞬间可以从地球这一端传到另一端,实现了麦克卢汉“地球村”的预言,跨越时空。以手机等移动终端为代表的新媒体,目前已普及4G技术,并已迈入5G时代,4G、5G技术均指移动通信技术,4G的理论速度可达100Mbit/s,5G具有高速率、低时延和大连接的特点,用户体验速率达1Gbps,时延低至1ms,用户连接能力达100万连接/平方千米。网络与新媒体的传播速度正在不断被刷新,向着不可思议的高度靠拢。

快速传播使得网络与新媒体的时效性远远超出传统媒体,其信息更新以秒计算,每天滚动推出即时新闻信息。

(二)海量信息,内容丰富

网络与新媒体在传播速度极快的同时,也拥有海量的信息容量。网络与新媒体摆脱了报刊等纸质媒体物理形态的局限,也摆脱了广播电视媒体固定

① 中国社会科学院新闻与传播研究所主编.中国新媒体发展报告(2014)[R].北京:社会科学文献出版社,2014.

时段带来的烦恼，能将所有信息以电子形态储存在数据库中，随时备用。

在每一个传统媒体网站中，都可以查到其刊播的所有信息。所有媒体的网站一起构成了庞大的新闻信息网络。而网络与新媒体中不仅仅有新闻信息，还囊括了社会生活方方面面的内容：新闻信息、生活常识、学习资料、旅游指南……应有尽有。搜索引擎就是针对网络与新媒体海量信息而研发的，流行词“百度一下”，意味着人们已经习惯于在海量信息中搜索自己所需要的信息。

（三）互动频繁，沟通便捷

网络与新媒体的传播方式中，既有各类媒体的大众传播，又有企事业单位等的组织传播，还有各类人群的群体传播，人与人之间的人际传播，各类传播形态交织，使得网络与新媒体呈现出交互性强，沟通便捷的特点，网民有多种途径和方法参与其中，反馈信息，甚至成为传播主体。

网络与新媒体互动性强的优势常被传统媒体所运用，广播电视媒体往往在节目策划阶段向网友征询意见，在节目播出后重视网友反馈、及时答复或改进调整。报纸所刊载的新闻信息，经网络与新媒体转发后，能及时通过网友留言来了解传播效果，或根据网友反馈来决定下一步的采访写作计划。

各种论坛、社区、QQ群、微信朋友圈等已经成为网民之间平等交流、互相沟通的重要渠道，各类信息都有可能在这些渠道中传播。在微博微信等新媒体兴起之后，自媒体、公民新闻成为常态，传播者和接受者之间的互动更为便捷，轻按拇指，即可实现。

（四）多种符号，形态多样

网络与新媒体的传播符号多种多样，既可以通过文字、图片来传播，还可以通过音频视频、超文本链接等进行传播，集各类传统媒体的传播符号于一身，彰显出巨大的传播优势。在某种程度上，网络与新媒体可以集报纸、广播、电视于一体，对新闻事件进行立体化、全方位的传播。

网络与新媒体的这种特点，催生了“全媒体”“全媒体记者”等全新的概念。这就要求新闻工作者要掌握各种传播符号，巧妙配合，以达到最好的传播效果。

第二节　网络与新媒体评论的概念界定

网络与新媒体的传播优势，使得新闻评论能够在这个新的领域生长发芽，迅速发展起来。与新闻报道的采编相比，新闻评论尤其是报刊新闻评论更便于向网络移植和发展。从另一个方面来看，新闻评论向网络与新媒体移植，带来的是一种革命性的变化：新闻评论不再是少数新闻工作者和专家学者等社会精英的专利，也不再只是引导舆论、启蒙大众的工具，而成为所有人都可以参与的、表达意见和态度的一种渠道。

由于网络面向所有人开放，网络发言可以匿名发表，而且网络编辑审查并不苛刻，越来越多的人愿意通过网络媒体发表自己的看法和意见，各种在线评论、网络论坛、讨论区、BBS讨论、新闻跟帖、网上调查、个人博客等逐渐兴起，使网络媒体日益成为普通民众表达意见和态度的极为方便的渠道，成为重要的意见市场。而随着智能手机的普及，微博、微信等移动新媒体迅速发展，新媒体评论随之出现并蓬勃发展。网络与新媒体评论日益成为公民意见表达的便捷方式，成为新闻评论领域不可忽视的重要新兴力量。

2015年1月发布的《第35次中国互联网络发展状况统计报告》显示，有43.8%的网民表示喜欢在互联网上发表评论，其中非常喜欢的占6.7%，比较喜欢的占37.1%。网络空间已经成为人们发表言论的重要场所。

网络与新媒体评论是新闻评论中的一种，是正在蓬勃发展的新兴的新闻评论。之所以冠之以“网络与新媒体评论”，是因为以下四个原因：

(1) 从技术角度来说，新媒体本身基于网络技术而产生，新媒体建立在网络传播的基础之上。离开了网络传播，新媒体不复存在，因此不能用“新媒体”取代“网络”。

(2) 单纯用“网络评论”这个词语，不足以囊括目前兴起的微博评论、微信评论，不足以反映移动新媒体兴起的态势。

(3) 单纯用“新媒体评论”，又失去了“网络评论”这个大背景和大前提，而且“新媒体评论”是广义上的“网络评论”的一部分。

(4) “网络评论”和“新媒体评论”往往交织进行，难分你我。比如通过新媒体进行跟帖、评价，亦组成了网络评论的一部分。而且就同一个新闻事件来说，网络评论与新媒体评论的传播经常是交织进行、互相影响的，它们一起构成了虚拟世界的舆论力量，并对现实世界产生压力并发生作用。

因此，经过反复思考，决定用“网络与新媒体评论”这个表述。这表明本书所关注的对象，既包括网络媒体传播的各类评论，也包括新媒体传播的各类评论。

那么，什么是网络与新媒体评论呢？

先让我们来回顾一下对于网络评论的界定。

一、网络评论的界定

当前，学者们从不同的角度对网络评论下定义。华中科技大学赵振宇教授在《现代新闻评论》一书中提到，网络评论的一种表现形式是专门开辟的言论频道，在某种意义上，它类似于传统媒体的评论版。这些频道聚合了来自专职评论员的评论专栏和来自网民的网民评论，使整个频道呈现出百花齐放的局面。① 殷俊在《媒介新闻评论学》中是这样定义网络新闻评论的：以互联网为载体，根据新近发生的新闻或存在变动的事实，用文字、链接、图片、影音等手段，发表的宣传性、意见性的主体化信息。② 蒋晓丽主编的《网络新闻编辑学》则定义为："所谓网络新闻评论，指的是在网络媒体上就新近发生的具有新闻意义的事实，进行迅速及时的评论，说明道理。实质上就是对网络新闻评论的采写和传播。严格意义上的网络新闻评论，包括文字、声音、视频、图片或者相结合的多媒体形式，目前以文字评论形式居多。"③李舒在《新闻评论》中认为："广义上的网络评论从本质上说是一种意见信息，是个人或组织在网络媒体上首发的就新闻事件或社会现象、社会问题的见解。……狭义上的网络评论是指以完整的文章形态首发于网络媒体新闻网页上的评论作品。"④李舒的界定强调了"首发"这个前提。无独有偶，马少华也持相同的态度，他认为"严格地说，那些先发表在其他媒体上然后转载到互联网上的评论并不能叫网络评论。网络评论是指首先发表在网上的评论。"⑤

参考上述学者对网络评论的界定，可以对网络评论进行如下基本界定：在网络媒体上传播的、具有新闻评论性质的、以文字、图片或音视频等呈现的言论。这里所说"具有新闻评论性质"，是指这些言论类似于上一章所讲的新闻评论，但又有所不同。具体而言有两层含义：其一，是指所议论的对象具有新闻性，针对新近发生的新闻事件或普遍存在的社会问题发言，而不是议论个人感情、个人生活等事情；其二，所发表的意见具有评论性质，是基于理性判断的意见表达，有些非理性的如跟帖中互相谩骂攻击的言辞，断然不能被视为网络评论。

网络评论可以分为广义和狭义两种。

---

① 赵振宇．现代新闻评论[M]．武汉：武汉大学出版社，2009：260.

② 殷俊等编著．媒介新闻评论学[M]．成都：四川大学出版社，2005.

③ 蒋晓丽．网络新闻编辑学[M]．北京：高等教育出版社，2004.

④ 李舒．新闻评论[M]．北京：中国人民大学出版社，2013：250.

⑤ 马少华．新闻评论教程[M]．北京：高等教育出版社，2012：281－282.

广义上的网络评论指所有通过网络媒体传播的各类评论，包含以下内容：

一是转载自传统媒体的新闻评论，包括报刊评论文章、广播评论、电视评论。

二是网络媒体自行策划、设定、把关、制作的新闻评论，包括网络专栏评论、网络专题评论等。这些评论的作者可能是网络编辑，也可能是特约专家学者，也有可能是网友投稿，但有两个共同特点：①评论本身如同传统媒体新闻评论那样正式、完整；②被纳入网站日常工作流程，成为网络媒体的一个常规部分，内容经过网络编辑的把关、审核甚至修改。如人民网观点频道设立了多个网络新闻评论专栏，其中《人民网评》《来论》主要来自网友投稿，经编辑审核后发表。而人民网的《观点 1＋1》，则是人民网原创、由编辑小蒋具体运作的一个栏目。

三是网友自发言论，指以各种方式自由表达的网民意见。包括 BBS 评论、论坛评论、博客评论、QQ 空间评论、跟帖评论等。这类言论虽然也经过网站审核，但总体上还是网友自由意志的表现，而且这些评论有零散化、碎片化的特征。

狭义上的网络评论专指网络新闻评论，即转载或网络首发、较完整的、形式上仍然与传统新闻评论类似的这一部分评论。

二、新媒体评论的界定

目前尚没有发现对于“新媒体评论”这一概念所做的界定，只有少数相关的概念界定。如微博、微信等新媒体中所发表的评论被称之为“微评论”，《深圳特区报》评论员邓辉林认为，微博上的评论只能叫微评，不能叫微评论，因为“微博只有评，没有论”。[①] 而《中国青年报》评论员曹林则持相反观点：“微评论虽然只有 140 字，但已经包含了一篇好的新闻评论所应该具备的所有要素：醒目的标题、独到的论点、形象的比喻、流畅的语言和清晰的论证。”[②]其实，无论微评论中有没有展开论证，只要它发表了意见和看法，符合新闻评论的界定，就可以算新闻评论之一种。

新媒体评论实际上就是新闻评论在新媒体中的发展，也就是通过新媒体传播的新闻评论，具体而言，新媒体评论就是通过新媒体传播的、具有原创性

---

① 赵新乐．学者：微评论只有评没有论只能叫微评[N/OL]．中国新闻出版网/报，2013-5-21．http://www.chinaxwcb.com/2013-05/21/content_269040.htm．

② 曹林．微评冲击下传统媒体评论的创新空间[J]．北京：中国记者，2012(9)．

的，针对新闻事件或当前存在的社会问题发表意见或态度的一种方式。新媒体评论可以是文字的，也可以是图片的，还可以是音频或视频的，或者以上几种方式的叠加。

三、网络与新媒体评论的界定

网络与新媒体评论既包括网络时评、网络跟帖等发表以计算机互联网为传播渠道的评论，也包括以微博、微信等以新媒体为传播渠道的评论。

“网络与新媒体评论”，主要指所有通过网络和新媒体传播的、具有原创性和新闻性的意见性信息。这个界定将转载的传统媒体评论除外。这种意见性信息可能是理性分析和议论，也可能是一种主观情绪表达。正如马少华所说：“一般人们所认可的所谓‘网评’，其实是从最宽泛的意义上而言的。宽泛到什么程度呢？差不多宽泛到‘表达’的层面。它的内容包括多种：情感的或理性的；叙说的或意见的。只要说话，就是表达。不用说话，也可以实现表达——比如在网络论坛上，还有‘点击’‘跟帖’。最简单的跟帖是‘顶’——把‘沉了’的帖子‘顶起来’，这也是表达。这些‘网评’虽然与传统的评论概念有很大差距，但都可以作为‘评论现象’认识的对象。”

第三节　网络与新媒体评论的特征

网络与新媒体评论有什么样的特征呢？综合国内的相关研究来看，对网络时代与新媒体语境下新闻评论的发展、变化、影响研究较多，对新媒体的特征研究较少，对网络评论的特征、新媒体评论的特征、微博评论的特征研究非常少，对网络与新媒体评论的共同特征进行直接概括和描述的尚未发现。

所谓“特征”“特性”，是指某事物特有的、不同于其他事物的特点。本书所说的网络与新媒体评论的特征，主要针对传统媒体评论而言的。自从网络普及、新媒体迅速发展以来，两者所传播的意见性信息呈现出与过去传统媒体大相径庭的状态。

中国人民大学涂光晋等人总结新媒体时代新闻评论有如下变化：“从单一渠道到多种渠道：全媒体平台拓展了新闻评论的表现形态；从单向传播到多级传播：开放式空间吸纳了空前庞大的意见表达群体；从“把关人”到“整合者”：激烈竞争中传统媒体与新媒体互设议程；从“宣传阵地”到“观点市场”：多元化

语境下不同观点激烈交锋;从“引导”到“整合”:打造跨媒体、全方位、立体化的意见传播平台。”[①]重庆学者殷俊将新媒体言论的特征概括为:感性化与情绪化并存、个性化与多元化并存、随动性与互动性并存。[②] 而重庆大学董天策等人对人民日报官方微博新闻评论进行实证研究,总结其具有四个方面的显性特征:选题突出“执政意识”和“民生意识”;注重文图结合,形象思维与逻辑思维并重;时机选择具备敏锐的新闻意识;“病毒式”传播产生裂变效应。[③]

经过对当前网络与新媒体评论现状的详尽考察,可以将网络与新媒体评论的共同特征归纳为以下几点。

一、网络与新媒体评论的传播特征

网络与新媒体评论借助网络或新媒体进行传播,传播渠道明显不同于传统媒体,具有传播主体构成复杂、传播速度快且有阶段性的特征。

(一) 评论主体构成庞杂

传统媒体中能明确区分谁是评论信息的传播主体,不外乎媒体评论员、撰稿人、嘉宾等身份明确的人。而在网络与新媒体中就不一样了,首先传、受身份是变化的,评论信息的接受者同时也可能是传播者,如看评论后跟贴,或看了跟贴后进行点评。其次无论传播者还是接受者,大多数情况下是匿名的,无法确定身份,可能是政府官员,也可能是平头百姓,可能是富豪,也可能是贫民,主体身份构成复杂。就拿微博来说,有个人微博,有政府官方微博,还有企业、组织官方微博等,个人微博中,又有实名认证的微博、实名未认证的微博、匿名微博等,匿名微博都是些什么样的人?不可能穷尽每个人去了解。实名认证的微博数相比中国6亿网民而言,显然是九牛一毛。

以王菲离婚事件为例,在新浪微博上找到368.4万条相关广播,其中有9.7万多认证用户广播;在腾讯微博上有大约116.5万条相关广播,其中只有3300条经过认证的博主广播。由此可见,匿名网友占绝大多数,涵盖社会各个阶层、各种职业的人。

评论主体身份复杂与不可知,带来的好处是聚焦于评论本身而不用看发

---

① 涂光晋,吴惠凡.表达·交流·争论·整合——新媒体时代新闻评论的变化与反思[J].国际新闻界,2011(5).

② 殷俊,孟育耀.论新媒体言论的基本特征及传播转型[J].国际新闻界,2012(12).

③ 董天策,夏侯命波,梁辰曦.试论人民日报官方微博新闻评论的特征——基于“你好,明天”“微评论”的实证研究[J].当代传播,2013(4).

言者身份，一律平等；带来的坏处是信任度降低，某些论据不能判断是否可信。

（二）传播快速有阶段性

网络与新媒体传播速度之快令人惊叹，有人称之为“病毒式传播”，也有人称之为“裂变式传播”，意在描述其传播速度之快，范围之广，评论信息的传播同样如此。

在快速传播的同时，还有阶段性的特点。一般来说，刚发布之时能引发阅读和评论人数急剧攀高，过了一段时间之后（可能几天或几小时），人数增长速度越来越缓慢，或完全被其他更新消息所替代。

以“女孩电梯内摔打男婴”事件为例，12 月 4 日深夜，重庆电视台播出了一段 11 月 25 日发生在重庆长寿区一居民小区电梯内的监控视频，一个 10 岁女孩对没来得及出电梯的 1 岁半男婴又摔又打，当女孩和男婴所乘电梯到 25 楼后，男婴不见了，最后被发现浑身是血地躺在小区楼下。新闻播出后，各方媒体迅速转载，引发舆论一片哗然，男婴的伤情治疗牵动着亿万网友的心。@中国新闻网 12 月 10 日上午 8:53 发布微博进行后续报道：“女孩将接受心理评估，其父卖车房筹医费”，至当日 16:39，阅读达 107 万人次，全部转发和评论近 9.3 万人次，至 21:15 时，阅读达 180 万人次，全部转发和评论达 15.8 万人次。也就是说，经过短短五六个小时，阅读、转发和评论的人次几乎翻倍。

相比之下，@南方日报 12 月 5 日上午 8:14 发出“女孩电梯内摔打男婴疑似将其抛下 25 楼”的微博消息，在 12 月 10 日这一天对其进行阅读、转发和评论的人非常少。13:38 时该消息被阅读 514 万人次，转发和评论 4724 次；而到了当日 21:16 时，阅读次数 516 万，全部转发和评论 4777 次。这表明经过最初的聚焦和快速扩散后，该微博被转发和评论的速度明显放慢。

二、网络与新媒体评论的性格特征

网络与新媒体在发表意见时具有独特的态度和立场倾向，如果用拟人化的说法来描述，就像一个性格直率、一吐为快的人在发言，具有鲜明的性格特征。

（一）评论态度直接坦率

网络与新媒体评论之所以吸引了众多网友的参与，阅读量动辄达几百万人次，跟贴评论动辄达十几万人次，是因为人们在这里能够直截了当说出自己心里所想，没有任何顾虑。相比较之下，在传统媒体中发表评论意见会有自我形象问题、传播效果问题等种种外在顾虑，很多时候不能直抒胸臆，甚至有时候为了配合政治形势说违心话。因此，评论态度的直率、真诚、不掩饰，成了网络与新媒体评论本质特征之一。当然，极少数有意炒作、树形象的例子除外。

（二）情绪宣泄多于理性分析

网络与新媒体评论的匿名进入给了人们畅所欲言的机会，同时亦因为匿名，而使得很多评论停留于感性层面，情绪宣泄的成分多于客观理性分析。我们时常会看到，对于引起民众公愤的新闻事件，网络与新媒体的评论中“杀”“死”这样的字眼应接不暇。如对山西男童被伯母挖眼事件，网上杀声震天。对于闻名全国的李某某等五人案，网上一片追讨之声，但凡出现一点点不同声音，马上会被很多人谩骂声讨。评论很多时候变成了对骂，完全脱离了评论的范畴。但这也是意见态度表达之一种，也正是网络和新媒体评论的意见表达特征之一。

三、网络与新媒体评论的形态特征

网络与新媒体评论在形态上呈现出与传统媒体大不相同的特征，甚至有时候挑战了人们对于“评论”的印象：这也可以称之为评论吗？这主要是由于网络与新媒体评论的零碎化形态引发的疑问，这恰恰是其不同于传统媒体评论的显著特征之一。

（一）评论零碎多样

“不成文”是网络与新媒体评论最突出的形态特征，相比较报纸评论有完整的论点、论据、论证，网络与新媒体评论冲击人们对评论尤其是新闻评论的一贯印象。网络跟帖可能就“顶”或“踩”一个字，微博评论限于140字，这样的意见表达是碎片化的、零零星星的。即便是逻辑严密论证充分的意见，也可能被微博的字数要求所切割分裂，同时被瞬间上传的大量其他信息冲击得支离破碎。

零碎化的同时是多样化，文字、图片、漫画、打油诗等各种形式被充分运用，以及“咆哮体”“甄嬛体”“元芳体”等等各种“体”接替流行……网络与新媒体评论的形态不断推陈出新，令人应接不暇，字里行间充满了想象力，洋溢着活力。

这种零碎多样的特征其实也是网络和新媒体的内在要求：快节奏的现代生活要求表达高效率，需要短小精悍；海量的信息此起彼伏，呼唤多样性。

（二）意见来回往复

在网络与新媒体中，意见的表达不是单向传播，也不仅仅是互动，而是一种多次反馈、多方参与的来回往复的传播形态。互动主要指传者和受者之间的沟通交流，而在网络与新媒体评论中，我们经常可以见到一个意见同时被多人回复点评，某人的回复又可能引发一串回复，或一个意见引发链条式的一串意见反馈，也就是常见的“盖楼”式评论形态。

四、网络与新媒体评论的文化特征

评论信息作为意见、态度表达，构成了网络与新媒体中的主观成分。从总体上来看，网络与新媒体评论已经成为大众文化的重要组成部分，在人们社会生活中扮演重要角色。

（一）草根性

网络与新媒体评论天生带有草莽气息，发表评论者以“草民”“平民”“百姓”自居，处江湖之远，对庙堂不敬且远之。如对环保部门的评论：“环保部门以数十年为一日的稳定无能，日日励精图治，年年环境恶化。尤其以将黄河治理断流、三峡工程导致下游干旱等伟大功绩，获得了最无用部门的第四名，同时，环保部门以其唯一的业务——罚款，获得了第一罚款单位的荣誉称号。”

网络与新媒体评论的草根性也许与网民的总体构成有关。据《第47次中国互联网络发展状况统计报告》，截至2020年12月，初中、高中/中专/技校学历的网民群体占比分别为40.3%、20.6%；小学及以下网民群体占比由2020年3月的17.2%提升至19.3%。网民低龄化趋势继续发展。从职业结构来看，我国网民群体中学生最多，占比21.0%；其次是个体户/自由职业者，占比16.9%；再次为农村外出务工人员，占比12.7%；相比之下，党政机关事业单位领导干部仅占0.4%，企业/公司中高层管理者占3.2%，可以看出，普通百姓占了网民的大多数，这样的人员结构，使得网络与新媒体自然而然成为以平民为主的言论平台。

（二）解构性

一直以来，“网络恶搞”层出不穷，“网络恶搞”本质上是以一种戏谑的方式评价事物，恶搞的背后，是对崇高、美好等正统价值观的解构。这种解构有时候来得很突然，如2012年春流行的“杜甫很忙”，对经典和传统的颠覆，使网友们有一种集体狂欢的快感。

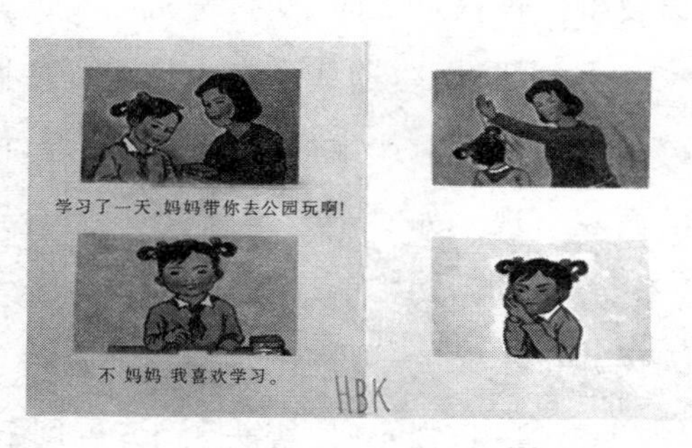

图2-3　“妈妈再打我一次”漫画原图

（来源：黄博楷微博）

2013年12月5日，多家媒体报道了“妈妈再打我一次”漫画图走红网络的新闻。漫画原图的作者是@黄博楷 bk，其最初的创意不过是调侃家里有个学霸女儿也是件令人伤不起的事情。但图中妈妈打女儿耳光的图片以及母女间的对话激发了网友的想象，“妈妈再打我一次”组图不仅迅速在微博中引起大量转发，更衍生了多个爆笑版本，小女孩被打的理由多种多样，甚至还有真人表演版、在线体验版、“妈妈再打我一次”生成器，被形容“亮瞎一众网友的眼”。就连百度、高德地图等各种官方微博也加入了“打脸图”的队伍中。这让漫画作者黄博楷始料未及。12 月 4 日，新浪微博用户“黄博楷 bk”发布了作品原图(见图 2-3、图 2-4)。这个美术学院的学生在 12 月 5 日发微博进行了解释：“这个画是在画毕业创作时画的，是看了小学课本的插图和宣传画后，结合我自己想的情节画出来的，是在纸上画的水彩，字是我手写的，没有出成书，网上改的图不是我的想法，妈妈再打我一次也不是我起的名。画的含义没什么，大家怎么理解就是什么样。”

图 2-4　网友搞笑图片

(来源：科技讯网站)

在这个事件中，网友对漫画的解读体现了解构策略，网友加上“妈妈再打我一次”的标题，颠覆和解构了“妈妈”的正面形象，更走向“妈妈再爱我一次”的对立面。不知是巧合还是无意，这一解构正好发生在重庆女孩电梯内摔打男婴事件被报道之时，女孩暴打男婴的镜头刺痛了人们，女孩父亲告诉媒体在家经常打骂女孩，这些信息也许是促使网友解构这幅漫画的因素之一。

即便是面对严肃的社会政治问题，网络与新媒体评论也经常以戏说、调侃的面貌出现。如对于金正恩执政后，金正恩姑父张成泽的落马，网上随即传开“不要辜负(姑父)”的段子。对近来持续雾霾天气衍生了很多评论：“经过武汉人民几个小时的不停呼吸，空气质量终于稍有改善。新武汉人精神由此诞生：‘厚德载雾，自强不吸，霾头苦干，再创灰黄！’事实再次证明：雾以吸为贵！武汉目前状态：遛狗不见狗，狗绳提在手，见绳不见手，狗叫我才走。”对于无厘头的追逐，已经成了网络与新媒体评论的一种文化特征，成为其对抗长久以来沉重严肃的传统评论的武器。

总之，网络与新媒体评论与传统评论截然不同，成为评论界一道独特的风景线。随着4G时代的到来，传媒生态或将大为改变，对网络与新媒体评论共同特征的总结也将因时因势而变。

第四节　网络与新媒体评论的常见类型

一、按传播平台分类

传播平台是指信息传播内容所赖以存在的载体。传播平台从大的方面来说指不同类型的媒体，如传统的传播平台是报纸、广播、电视；从小的方面来说指更具体的传播载体，如网络与新媒体更具体的传播平台有评论频道、博客、微博、微信、客户端等，相应地，通过这些不同传播平台发布的新闻评论具有了不同的形态。具体分类如下。

（一）网络评论频道

评论频道已经成为资讯类网站一个重要的组成部分，是网络与新媒体评论的集大成者。就好比一个评论信息汇聚的“总站”，评论频道往往聚合了各种评论专栏、评论专题、漫画和网友评论等。

新闻媒体门户网站的评论频道一直在网络评论中占有重要地位，负有引导舆论，倡导主流价值观的重任。其中，人民网的观点频道，新华网的新华网评，凤凰网评论频道等，都是有突出影响力的评论频道。国内各省级媒体网站也将网络评论视为重点内容，一般开辟有评论频道。如湖南红网《红辣椒评论》、南方网《南方时评》、湖南日报集团华声在线《华声评论》、湖北日报报业集团旗下荆楚网《东湖评论》等。

商业门户网站中，网易、新浪、搜狐都相当重视评论版块的经营和打造，均设有专门的评论频道。

这些评论频道中，往往既转发传统媒体评论，也大力开办原创网络评论栏目。不仅欢迎并接纳众多匿名网友投稿，还吸引众多传统媒体的专栏评论家纷纷触网，同时网站也发挥创造精神打造原创栏目如专题评论等。

评论频道有一个显著的特点是由网站主导的，网站设立评论栏目，经编辑审核来稿，最后才会发表；或者网站拟定话题，邀请专家或网民参与，在网站主导策划下如期进行。

（二）网络论坛

论坛评论一般独立于评论频道之外，设立成与评论频道并列的意见发表区。为什么论坛评论不并入评论频道呢？这是因为论坛评论主要承担着深度互动的功能，主要以“发帖＋评论”的方式进行。

论坛评论主要由网民主导：网民发帖子，引发其他网民的回应，形成对一个话题（一个帖子）的自发讨论。有的帖子受到网友极大关注，参与人数众多，“盖楼”层数多；有的帖子无人理会，很快就“沉”下去了。在网民主动发帖时，网站基本上是无为而治的，工作人员只需要审核有没有违反法律禁止性规定的言论，不主动做主导性的工作。

但是目前新媒体兴起，网民有微博、微信等途径发表意见，到网络论坛发帖的热情降低，论坛版主需要自己发帖、制造话题，来吸引网友参与。甚至会提前征集话题，选择人气高的话题来发帖讨论，如图 2-5 所示。

图 2-5　新华网发展论坛中征集话题的页面

（来源：新华网）

几乎所有的网站都设立了论坛，曾经比较有名的论坛评论有天涯网“天涯社区”(www.tiany.cn)、人民网“强国论坛”，新华网的“发展论坛”等等。人民网“强国论坛”是中国网络媒体创办的第一个网上时政论坛，被称为“最著名的中文论坛”。2008年6月20日，在人民日报创刊60周年之际，时任中共中央总书记、国家主席、中央军委主席胡锦涛等来到人民日报社考察工作，并视察人民网。胡总书记在人民网强国论坛，通过视频直播同广大网民在线交流，他在回答网友提问时说：“虽然我平时工作比较忙，不可能每天都上网，但我还是抽时间尽量上网。我特别要讲的是，人民网‘强国论坛’是我上网必选的网站之一。”

天涯社区号称“全球最具有影响力的中文论坛”，以打造“全球华人网上家园”为愿景。“天涯社区”创办于1999年3月，因其开放、包容、充满人文关怀的特色，受到网民推崇，截至2014年7月，已经有9257多万注册用户，月覆盖用户超过2亿户，拥有大量高忠诚度、高质量用户，互动原创内容丰富。

“天涯社区”有的帖子能达到几十万的点击量和几千条的回复量，见图2-6。如2014年7月9日10:57网民tingyu2014发帖“2014裸分家长致北京市教委信”，该贴截至7月17日已经有326 755的点击次数，有6902条回帖。这个数据是相当惊人的，说明该帖子引发的讨论激烈，参与人数众多。

面对移动互联网时代，公司基于天涯社区无线客户端推出了“微论”产品，通过持续的创新打造全球移动兴趣社交平台。近期，天涯社区还大力布局旅游电子商务平台业务，推出了“天涯客”旅游电子商务平台，并成立了天涯客智慧旅游技术研发中心，致力于“智慧旅游”的产品和技术研发。

除了上述网络论坛评论之外，还有一些新兴独立网站评论也属于以互动为主的论坛评论。之所以被称之为“新兴”，是因为形式上的独特，往往由网民发起一个问题，受邀人或者“路人”参与其中，来“回答问题”，表达观点。如知乎网、果壳网以“你问我答”的形式，对当今社会的各种热点问题以及科学知识提出问题，让网友自由发表自己的看法，既能很快引起热烈的讨论，又能激发网友从多个视角回答问题，颇受欢迎。这些网站还借助微博、微信等新媒体平台，方便网友从各个接口进入，使更多人能够参与进来。

以知乎网为例，相关的行业人士会在知乎平台上发布一些专业性问题，然后可以指明请该行业的某位或者某几位专家对该问题进行解答，这些专家大都在知乎网上拥有较高的信誉度和知识储备，虽然话语权不如一些意见领袖那样重，但同样能够在相关行业里起到解惑的作用，并且给其他网友以普及知识的作用。

这种类似于“百度知道”的提问回答式的讨论，不见得全部都是新闻评论性质的发言，但是这种新的发言方式，能让最好的“评论”获得最多的“赞”，一直高高屹立于页面的顶部。当然，也允许其他的争议存在，会一一列在获得最多赞同的评论的下面。

类似知乎网这种新兴平台的还有很多，例如果壳（志趣科技网站）、妞博网等。这些网站还同时拥有微博、微信、豆瓣等官方账号，每天将最为热门的话题推送到微博和微信等 SNS 网络上，让更多的网友参与评论和讨论，在论坛讨论中进行口碑传播，不断提高网站的知名度。

（三）网络专题评论

网络专题评论是最能体现网络媒体原创水平的评论版块，一般设在评论频道中，由网络媒体围绕某个热门话题或某个热门新闻事件展开的集纳式评论。目前已经成为各大门户网站打造品牌、展示原创能力的一个版块。

网络专题评论最大的特点是围绕一个核心选题展开议论，议论的方式多种多样，可以是摘录传统媒体评论、网友自发评论、编辑发表意见等，可以通过文字、图片、音频、视频、超链接等多种形式进行。

网络专题评论在面对重大事件和重大问题时有自己的优势：可以多维度、多方面展开评论和解读，可以集纳多种看法和意见进行争鸣。但目前在有些网站并不太受重视，网络专题评论的潜力和前景尚有待开发。

（四）博客评论

Web 2.0 时代的到来，使“三客”——博客、播客、微客一度盛行。Web 2.0 的核心技术就是让用户参与创造内容，网民能自主上传、发表自己想传播的各类信息。这一技术变革引发博客一度繁荣，有大量网民开通博客并在博客平台上自由发表意见和看法。

博客作为网络时代众多网民的一种发言平台，一直都不可否认地发挥着作用，影响着成千上万网民的态度和意见取向。比如说，号称“天下第一博”的徐静蕾的博客，以及点击率排名靠前的韩寒、杨澜、李开复等等名人的博客，因为名人效应加上博客博文本身拥有的含金量和可读性，使得网民趋之若鹜，通过点击查看这些人的博客获取信息或者观点。李开复被尊称为中国的“青年教父”，与他在博客中频频发表谈人生、谈创业、谈生活等评论性质的博文密切相关，这些名人的博客有时候已经超出记录生活片段的个人日志，成为影响社会舆论的一份子。

博客的兴起还带动了首批“草根红人”，一些原本默默无闻的平凡网民，因为精彩的博文，逐渐积累起大批粉丝，成为网络上的“红人”。

在微博微信兴起之后，到了2014年，博客已经大大没落了，很多博主纷纷在博客中公开自己的微博账号或微信号，表明自己已经转移“战场”，但仍有少数忠诚用户习惯性地使用博客。截至2014年6月，我国博客和个人空间用户规模为4.44亿个，较2013年底增加772万个，增长率为1.8%。网民中的使用率为70.3%，比2013年底略低。其中，博客的使用率为19.3%，用户规模为1.22亿个；个人空间的使用率为65.1%，用户规模为4.11亿个。

作为一个内容发布平台，博客的内容相对较长且缺乏与用户的互动，不能满足人们随时随地关注、发布信息的需求，逐渐被其他社交应用的功能所替代，在竞争中逐渐转变为小众化应用，如今博客的发展呈精英化、专业化的特点；个人空间的发展则恰恰相反，它保持与用户共同成长的产品创新能力，集合了当下流行的社交产品的多种功能，完成了向社交类应用的转型，满足了用户的社交需求，用户规模和使用率一直保持在较高水平。①

博客不能满足人们随时随地关注、发布信息的需求，这对于发布新闻信息来说的确是缺点，但对于发布新闻评论信息来说，不见得是缺点，特别是那些对时效性要求不高、针对社会生活中的普遍问题和社会公众关注的社会话题的新闻评论，能够经过思考和沉淀，完整地在博客中呈现。

随着微博微信的兴起与普及，博客已经风光不再。网易博客（http://blog.163.com）宣布从2018年11月30日00:00起正式停止运营，关闭服务器。从2006年9月1日正式推出至停止运营，网易博客已经运营12年，陪伴很多人度过了自己的青春时期。很多媒体惊叹：这意味着一个时代过去了。

（五）微博评论

2010年号称微博元年，这一年的流行词汇就是“织围脖”（微博），而后微博迅速流行开来，与博客相比，微博最大的优点就是内容短小、传播便捷、交流开放。微博总字数不超过140字，对篇幅的限制对人们反而是一种解放，使得再繁忙的人也可以随时抽空写上一两条。微博还可以通过手机、电脑随时随

① 第34次中国互联网络发展状况统计报告[R]. 中国互联网络信息中心，2014年7月.

地发布，方便快捷。此外，微博转发和阅读也很方便，意见交流是开放式的。这些优点促使微博很快普及繁荣。

微博传播的内容中，有很大一部分属于新闻性的评论，即对新闻事件、热门社会话题、当前社会现象进行的议论和评价。任何人都可以通过微博评论，自由表达自己对事物的看法、对社会人生的感悟体会。虽然微博评论不一定那么专业和精辟，但是最重要的是实现了全民平等的话语交流。

随着微博平台的流行，众多传统媒体和从业者都向微博转移，纷纷开设官方微博或实名认证的个人微博，目前《人民日报》《南方周末》新华社等国内大小媒体，几乎都在微博上有官方账号，这些媒体官方微博的内容兼顾新闻和评论两大块。而新闻工作者更善于借助微博这个平台传播自己的观点、扩大个人影响力。一些传统媒体评论员、新闻记者的实名认证微博，以其精到直率的点评，很快拥有大量粉丝，迅速发展成网络与新媒体领域的"意见领袖"。比如中国青年报社的评论员曹林，在微博上粉丝量逾 40 万之多；曾经的《南方周末》专栏评论人、《人物》杂志主编李海鹏，其粉丝量也有 16 万之多，这充分说明了微博评论的覆盖面和影响力。

除了传媒和传媒人的微博狂欢之外，还有很多不知名的民间人士，也因其在个人微博中发表意见和看法大受欢迎，很快发展成所谓的"草根红人"。

此外，众多企事业单位也纷纷开设官方微博，主要用于及时发布信息、树立和维护组织形象、必要时进行危机公关等，这些微博中也有少量评论性信息的发布。

微博评论已经成为微博中传播不可分割的重要内容。

（六）微信评论

从 2011 年腾讯推出微信开始，微信就几乎在一夜之间占据了人们的手机。微信原本只是一款即时通讯工具，用于手机用户之间发短信、发图片，还能分组聊天和视频对讲，最大的优势是费用非常低，几乎免费。因此很快替代 QQ 和电信联通等的短信功能，成为广受欢迎的手机应用。而微信平台不断推出新功能，直到最后公众平台问世，打破了微信的人际交往工具的局限，成为可以公开发布信息的媒体性质的平台，微信评论也应运而生。不少人在微信平台运作以评论为主要内容的自媒体，几乎所有的媒体都参与了微信评论。如今，微信评论正在发展、探索之中，具有很大的发展空间。

二、按传播者分类

网络与新媒体评论的传播主体前所未有地复杂：有网站工作人员、有特约评论员、有各种类型的网友，还有传统媒体工作者，等等。按评论信息的发布者来看，可以分为以下几类。

（一）专业评论

专业评论指的是在网络媒体的约请下，由媒体从业人员、特约评论员所撰写制作的新闻评论。由于这些人接受过专业素养教育，或经历过专业实践的锻炼，他们的评论因而更专业、评点更精辟。从某种程度上来看，相当于将“报纸上的专栏评论搬到了网上”。他们在官方新闻门户网站里开设评论专栏，从评论文章的写法和风格来看，仍然沿袭了报刊评论的传统；从主导思想和倾向来看，依然偏向于以主流价值观来审阅事物，进行评判；从发言身份来看，仍然以“评论员”身份自居。

因此，作为网络评论中的专业时评人，他们的评论特点是更专业、更深刻并且符合主流价值观，能够起到很好的舆论引导作用。对于信息良莠不齐、众语喧哗的网络与新媒体评论来说，专业评论好比一味镇定剂和清醒剂，输入理性思考、合理发言的因子。

就“专业”这一点来讲，鉴于我国的特殊国情，还存在着一种其他国家不存在的“网络评论员”，主要指受某些政府部门、一些企事业单位网站所雇用和引导，全职或兼职在各类型网站和论坛等地方发表正面评价的人。他们以普通网民的身份，在一些讨论区发表拥护党和政府的言论，批驳那些对党和政府不利的网络言论，以影响和引导网络舆论的方向。

（二）意见领袖评论

意见领袖评论来自那些并非媒体工作者，但却在网络与新媒体中享有较高的声誉、受到推崇与跟随的评论。“意见领袖”一词最早由传播学者拉扎斯菲尔德提出，指那些活跃在人际传播网络中，经常为他人提供信息、观点或建议并对他们施加个人影响的人物。[①] 网络与新媒体中的意见领袖大多为精英知识分子，他们往往观点十分新颖，有独到的见解，在某个特定领域有令人信服的话语权，或者所发表的意见长期受网民追捧，其谈吐往往远离政治权力中

---

① 转引自展江，吴薇（主编）．开放与博弈——新媒体语境下的言论界限与司法规制．北京大学出版社，2013：45．

心、亲近草根阶层。他们的看法和观点常常会使得网络舆论倒向一边,使得平日里跟随他们的网民在这时也跟随他们一起造势,造成意见一边倒的局面。

在网络与新媒体中,比较典型的意见领袖就是微博中的“网络大V”,即在新浪、腾讯、网易等微博平台上经过个人认证,拥有众多粉丝的微博用户。由于经过认证的微博用户,在微博昵称后都会附有大写英语字母“V”的标志,因此被网民称之为“网络大V”。其实网络大V的评论也只是一种个人看法,并不天然具有权威性,但是由于这些“大V”往往各方面的知识积累比较丰厚,其见解更加独到而有说服力,所以受到网民的追捧,粉丝数量日益庞大,众多粉丝的拥簇赋予其微博以不同程度的权威性。如果说在博客风行的时代,徐静蕾,杨澜等网络红人的博客一直拥有较高的点击率;那么到了微博时代,韩寒、罗永浩、王思聪等人成了新一代“红人”,其微博粉丝量超过10万,他们的言行和观点影响着大多数粉丝的态度和取向。

但是对于网络大V来说,个人形象至关重要,一旦自身不检点曝出负面新闻,其正面形象将瞬间瓦解,如有名的网络大V薛蛮子,原本粉丝数庞大,但由于曝出嫖娼事件,瞬间由红转黑,其辛苦打造的微博亦灰飞烟灭。

(三)草根评论

众多网民的参与,使得网络与新媒体评论天然带有草根性质。网络与新媒体的准入是零门槛、零要求的,对所有人开放。这种开放性,给广大网民提供了一个平等交流的机会。大量普通网民的观点和意见通过网络与新媒体汇聚、交换和传播,这使得评论不再只是媒体从业者和上层知识分子的专利,而更加接近平民阶层。

“草根”,就是社会中最常见的普普通通的那部分人,不同于专业评论员和网络大V,他们往往没有很高的社会地位,也没有很高的文化水平,但是他们的评论往往出于真心,代表了普通百姓的真实想法。因此他们的评论没有华丽的辞藻,没有苍白的说教,也没有烦琐的论证,他们的评论更简单、直白、朴素。

专家学者和网络大V毕竟是网民中的极少数人,更多的是芸芸众生,草根网民占据网民中的绝大多数,也是发表网络与新媒体评论的大多数人。当然,他们发表的评论数量虽然多,但往往零碎、无力,不引人注目,而且草根评论一直有良莠不齐、鱼龙混杂的缺点。

草根评论是网络与新媒体给社会带来的最大影响:普通人终于也有了行

使话语权的机会。相对于传统评论高高在上的姿态，草根评论更接地气，也更容易引起网友的共鸣。在跟帖评论中，被高高顶起来的热帖，往往就是最代表民意的意见和观点，能比较真实地反映民间舆论。

本章小结

网络与新媒体近年来蓬勃发展，网民尤其是手机网民的数量与规模节节攀升，网络与新媒体评论也随之发展兴盛。网络与新媒体评论主要指所有通过网络和新媒体传播的、具有原创性和新闻性的意见性信息。既包括网络时评、网络跟帖等以计算机互联网为传播渠道的评论，也包括以微博、微信等以新媒体为传播渠道的评论。

网络与新媒体评论有如下特征：具有传播主体构成复杂、传播速度快且有阶段性的传播特征；具有评论态度直接坦率、情绪宣泄多于理性分析的性格特征；具有评论零碎多样、意见来回往复的形态特征；具有草根性、解构性的文化特征。

网络与新媒体评论按照传播平台分，可以分为网络评论频道、网络论坛评论、网络专题评论、博客评论、微博评论、微信评论等类型；按照传播者的不同，可以分为专业评论、意见领袖评论、草根评论这几种类型。其中网络论坛评论由各大网站设立，有专门编辑值班管理（俗称版主，谐音斑竹）。网络论坛评论通常以网民发帖、其他网民回复评价、循环发言讨论的形式进行，以网民发言为主导，是网民自发进行深度探讨的有效方式。

思考与练习

1. 网络与新媒体评论是否有共同特征？
2. 天涯论坛成功的原因是什么？
3. 草根评论在网络与新媒体中是否可有可无？

第三章　网络评论频道

学习目的

1. 了解网络评论频道的发展现状。
2. 了解网络评论频道的内容构成。
3. 掌握网络时评的写作。

第一节　网络评论频道的构成

一、网络评论频道的兴起

网络媒体兴起的同时，网络新闻评论频道也随之兴起，常被简称为“网络评论频道”或“评论频道”。有人将网络新闻评论频道定义为网络新闻媒体专门设置的集纳不同类型评论栏目的固定页面，这些评论栏目里有集中发表的同一体裁或形式的原创网络评论作品，有转载传统媒体或其他网媒的精品评论文章，有以论坛形式出现的多主体讨论式网化评论，有集合不同网友的评论作者文集等等。[①]

频道原本是电视媒体中的一个术语，但被广泛用来称呼网站的分支结构。一个网站往往分为多个不同领域的分支，评论频道就是其中专门承载评论信息的网站分支。因此，可以将网络评论频道界定为：网络媒体中专门用来传播各类评论信息的分支结构。

2000 年 4 月，人民网改版，开设了全国网站第一个言论频道——观点频道。2000 年 5 月 25 日，千龙网开通之日，就推出评论专栏《千龙时评》，一年后改版升格为评论频道。2001 年年底，搜狐网开办网络评论专栏《搜狐视线》，新浪网的《新浪时评》、网易的《第三只眼》也相继创建，成为当时做得较好的原

① 谢峥嵘．红网红辣椒评论频道研究[D]．长沙：湖南大学，2012.

创网络评论频道。

随后，网络评论频道逐渐成为网站建设的有机组成部分。从最初的单个栏目发展成为各类评论栏目大集合，成为网络媒体意见性信息传播的主要载体。2003年10月，东方网在《今日眉批》评论专栏的基础上推出《东方评论》频道。随后东南网《西岸时评》、荆楚网《东湖评论》、大河网《焦点网谈》、长城网《渤海潮评论》、华龙网《两江评论》、南海网《南海时评》、天山网《阿凡提评论》等一批地方重点新闻网站的评论频道相继创建，成为网络媒体中一道亮丽的风景线。

2006年，网络新闻作品首次被纳入中国新闻奖评奖范围，其中列出网络评论单项奖项，成为网络新闻评论发展的里程碑。随后，大河网《焦点网谈》、红网《红辣椒评论》荣获中国新闻奖新闻名专栏奖，《我们怎样表达爱国热情》《网上"恶搞"有悖和谐理念》《谁代表网友给小慧的后妈道歉?》等一批网络新闻评论作品荣获中国新闻奖，大大刺激了网络评论频道的发展和繁荣。

影响较大的网络评论频道主要有人民网的《观点》、红网的《红辣椒评论》等。

案例3-1

《观点》，是人民网的评论频道，2000年4月开设，作为全国第一个网站言论频道，再加上有人民日报集团强势评论员队伍做后盾，《观点》频道很快被打造成人民网的品牌频道，在众多网络评论频道中独占鳌头。2005年，网络新闻首次参加中国新闻奖评选，《观点》频道《人民时评》栏目的《我们怎样表达爱国热情》荣获一等奖，是第十六届新闻奖中唯一获得一等奖的网络评论。

《红辣椒评论》，是红网的评论频道，2004年5月29日，《红辣椒评论》栏目在红网创建三周年推出。口号是"用一面看不见的网络旗帜集聚思想大军"。《红辣椒评论》最突出的特点就是原创性强，在业界有较高的影响力和知名度。2005年、2006年、2007年、2009年《红辣椒评论》已经四次被国务院新闻办互联网新闻研究中心和中国互联网协会互联网新闻信息服务工作委员会评为"中国互联网站品牌栏目"(频道)。2007年，《红辣椒评论》获中国新闻奖一等奖。从2006年开始，红网举办《红辣椒评论》佳作评选颁奖会，扩大栏目的影响力。

人民网、红网等一般将所有新闻评论内容都集中于一个评论频道，但也有例外，如新浪网的评论散布在很多版块，除了在新闻版块内有《新浪评论》这个评论频道之外，还有《新知》频道，以及国际频道里的《国际杂谈》栏目，都属于时事评论栏目。

二、网络评论频道的内容构成

（一）按照内容生产主体来分

按照内容生产主体来分，可分为原创网络评论和转载传统媒体评论。

1. 原创网络评论

原创网络评论是每个网络评论频道的立足之本，能够体现出评论频道的独特个性，以原创观点吸引受众，更能在新闻竞争中立稳脚跟。

从网络评论频道创建之初，网络媒体就意识到原创网络评论的重要性。

案例 3-2

2000 年 5 月，上海东方网开通时就设立了《今日眉批》评论专栏，2001 年 1 月 1 日起，《今日眉批》开始推出原创新闻评论，由总编辑直接主持，约请社会上的知名人士担任特约评论员、专家评论员、社科院评论员、市级机关评论员、共青团评论员等七支评论员队伍，共计 200 余人。[①]

作为全国较早开设的评论频道，红网《红辣椒评论》一直立足优质原创，坚持走差异化路线。红网评论编辑每天从数百篇来稿中筛选 20～30 篇优质评论，进行精编，实现稿件发布“三审制”，严格保证文章质量与结构合理。一方面，对一些角度不错、观点新颖，但存在某方面不足的文章，编辑会通过电子邮件或即时通讯工具与作者进行沟通，指导作者修改，以达到发布要求；另一方面，对一些重点题材，在理性声音不缺位的同时，鼓励“百家争鸣”，给有观点有思想的作者话语平台，实现思维视角的多元化。[②]

为了突出原创特色，千龙网评论频道 2013 年 8 月 2 日全新改版，将评论频道命名为《首都评论》，现已改称《千龙网评》。这次改版的目的就是刻

① 丁法章.漫谈网络新闻评论[J].新闻大学，2008(4).

② 杨国炜，王小杨.微传播时代网络评论频道的应对策略[J].中国记者，2012(7).

意打造原创评论栏目，如《首度网评》《首度追问》《首度评选》《首度话题策划》等。据千龙网自述，千龙网评论频道改版的宗旨是“网评热点、先声夺人、发正能量”。其中，《首度评论》频道重视原创评论，力求第一时间以精心独特的视角、理性的观察、建设性点评、发出主流声音。《首度网评》为综合类原创评论栏目，着力全面聚焦各领域焦点、热点；《首度追问》为追问式评论栏目，着力发挥评论的建设性监督功能；《首度话题策划》着力对重大议题和热点开展多角度的系列评论。①

但是并非每个网站都有实力打造自己的原创评论栏目，更多评论频道既有转载的网络评论，又有原创的网络评论。

原创网络评论中，比例最大的无疑是网络时评。对于每一个网络评论频道来说，网络时评是首要的必不可少的内容，一般会设专门的时评栏目。

有实力的网站还会精心打造个人专栏评论，利用作者的名气人气来拉升自己的点击量，这些专栏一般也以时评为主。如湖南的红网，其评论频道《红辣椒评论》，建立了一支约 700 人的庞大的特约撰稿人专栏，位于评论频道《作品文集》专栏内，真正成为来自全国各地、各行各业人民意见集聚的所在。湖南华声在线网的《华声评论》频道，组建了来自全国各地 160 多人的网络评论员队伍，也是为了更好地打造原创网络时评。

2. 转载传统媒体评论

对于网络媒体来说，全部海量内容不可能都由自己原创生产，转载是最常见最方便的方式。在新闻评论领域尤其如此，传统媒体集聚了众多优秀评论人才，历经多年积累沉淀，又有专人细致把关，因此，在新闻评论方面具有天然优势。传统媒体评论整体上观点更精辟、表达更精妙，更具有大局意识和责任精神，对于原创传统评论来说是有益的补充。

新闻网站一般都会转载本集团传统媒体的评论。如人民网《观点》频道、光明网评论频道《光明时评》等，都开设了《报系言论》专栏，转载集团内部报纸言论。

实际上，转载和原创在网络中并没有分得那么清楚，往往是虚虚实实，你

---

① 千龙网全新打造网络评论推出《首度评论》频道．千龙网，2013-8-2. http://report.qianlong.com/33378/2013/08/02/2821@8835759.htm.

中有我，我中有你。如千龙网《千龙网评》频道的《今日首评》栏目，既有部分原创评论，也有部分转载自报纸评论。

目前网络评论频道的现实情况是转载太多，“千网一面”，同质化现象极为严重。有的稿件一稿多投，有的评论文章多方转载，来源混乱，直接影响到网络评论频道的品质。

如 2014 年 8 月 13 日下午，由北京市禁毒办、市文化局、市新闻出版广电局联合举办北京市演艺界“拒绝毒品，阳光生活”禁毒主题倡议活动。42 家北京经纪机构、表演团体现场签订承诺书，表示不录用、不组织涉毒艺人演出，不为他们以涉毒为噱头进行炒作提供平台。对于这个新闻事件，媒体发表了很多评论，新浪评论首页 2014 年 8 月 15 日列出的标题评论中，有两条娱乐评论是对此事的评价，分别来自《广州日报》和《羊城晚报》，标题下面的文字摘录不一样。表面上看，这是同一选题的两种观点的评论，但点开阅读，其实是同一篇文章，观点一样，字句表达一样，作者是同一个人，只是因为两报用了不同的标题，新浪网转载时分别经不同编辑之手，所以造成此差错（见图 3-1）。

首页 专栏 社论 时政 财经 文娱 体育 蓟门决策 新观察

[娱乐]评论：吸毒明星的七寸在哪里

羊城晚报 08月15日 18:43:22

换句话说，明星吸毒被抓，付出的只是法律代价，他们在经济上却没什么损失，甚至是“不亏反赚”。

>>查看全文

[娱乐]评论：遏制明星吸毒应打准商演“七寸”

大洋网-广州日报 08月15日 15:25:30

俗话说打蛇要打七寸，在我看来，名人明星之所以不吸取“吸毒前辈”的教训，最主要的原因就是没有打到他们的“七寸”上。

>>查看全文

图 3-1　新浪网评论频道截图

（二）网络评论频道专栏划分与内容构成

每个网络评论频道相当于一个自媒体，其内容主要以专栏的形式组合起来。每个网络评论频道的栏目设置都有不同，但也有必不可少的组成部分。

先来看看几个有影响力的评论频道目前的内容构成。

人民网观点频道开设了人民网评、快评、洞鉴、来论、报系言论、每日新评、观点1+1、图解、学习新知这几大版块。其中《人民网评》《快评》《图解》《来论》《观点1+1》《洞鉴》这几个栏目是人民网着力打造的原创性评论栏目。《报系言论》《学习新知》《每日新评》这几个栏目以转载为主，《报系言论》转载自《人民日报》纸质版，《学习新知》《群众路线》主要转载自其他报刊评论，《每日新评》主要转载自其他网络的时评（见图3-2）。

按评论类型来区分，时评栏目占绝大多数。《人民网评》《快评》《洞鉴》《来论》《报系言论》《学习有方》《群众路线》《每日新评》这八个栏目均属于以时评为主的类型，但也有三种类型：有的是网友投稿组成的时评栏目（《人民网评》《快评》《来论》），有的是由网站特约专家或评论员撰写的专栏时评（《洞鉴》），有的是转载传统媒体或其他网络时评的栏目（《学习新知》《每日新评》）。

图表评论栏目一个：《图解》栏目以一张图的形式梳理解读某个主题的新闻，类似于传统报纸评论中的综合性述评，属于图表评论。

创新形式的观点集纳型评论栏目一个：《观点1+1》采取“摘录观点+主持人点评”形式，属于观点集纳型的创新类型。

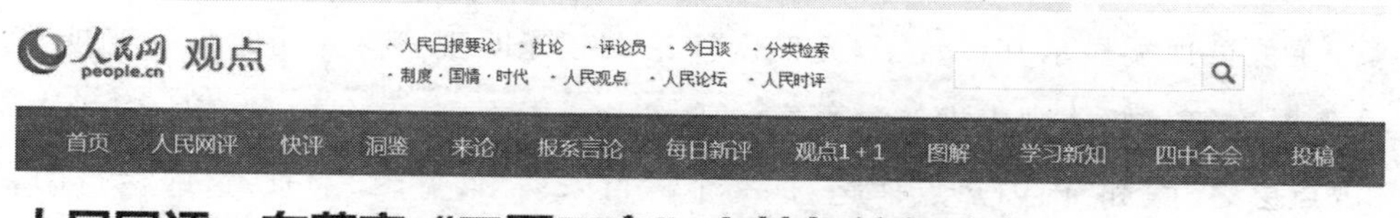

图3-2　人民网观点频道首页截图

（来源：人民网）

再看红网评论频道“红辣椒评论”，设有马上评论、谈经论政、文体娱教、幽默一刀、杂感随笔、辣言辣语、社会纵议、媒体言论、辣点专题等栏目。其中除了社会纵议、媒体言论这2个栏目来自转载之外，其他栏目均以原创内容为主。

按评论类型来区分，“红辣椒评论”也是时评栏目占绝大多数。“马上评论”、“辣言辣语”、“谈经论政”、“文体娱教”、“社会纵议”、“媒体言论”、“作品文集”这 7 个栏目均为时评类型栏目。“杂感随笔”属于杂文性质栏目。“幽默一刀”主要是新闻漫画评论，可以归入图表评论一类。“辣点专题”属于网络专题评论性质的栏目。“时评学院”是关于时评写作的经验交流，属于与读者互动类型的栏目。

图 3-3　红网《红辣椒评论》首页截图

（来源：红网）

光明网的评论频道《光明时评》：直面热点、理性述评、针砭时弊、激浊扬清，在首页顶端显示其设置了《光明网评论员》《光明观察》《光明时评》《光明言论》《犀论榜》《媒体观点撷英》《百家争鸣》《漫话天下》共 8 个栏目，实际上还有《观点会客厅》和《国内热点话题》这 2 个栏目未列出（见图 3-4）。这些栏目中，《光明网评论员》《光明观察》《光明时评》《光明言论》《犀论榜》《媒体观点撷英》《百家争鸣》《国内热点话题》这 8 个栏目均为时评类型。其中：《观点会客厅》为网络专题评论类型；《漫画天下》为新闻漫画，属于图片评论类型。

图 3-4　光明网评论频道《光明时评》首页截图

（来源：光明网）

东方网评论频道设置《滚动》《原创》《今日眉批》《东方时评》《东方快评》《媒体评弹》《今日阅读》《专题》《专栏》《角度》这几个栏目(见图 3-5),其中《滚动》属于新闻报道栏目,《媒体评弹》已经停止,《今日阅读》更新停止在 2013 年 10 月 30 日。实际上正在运行的评论栏目只有 8 个栏目,其中《原创》《今日眉批》《东方时评》《东方快评》《今日阅读》《专栏》这 6 个栏目均属于时评类型,《专题》则是专题评论类型,《角度》属于图表配合时评形式的栏目。

图 3-5　东方网评论频道首页截图

(来源:东方网)

从上述四个网络评论频道的梳理分析可以看出,在网络评论频道的栏目设置和内容构成上,时评类型的栏目占最大比例,图片/图表评论必不可少,网络专题评论或观点集粹式栏目也比较常见。

第二节　网络时评及其写作要求

20 世纪 90 年代,随着新闻改革的推进,媒体新闻评论空前繁盛,各大媒体纷纷开设时评专栏,如《中国青年报》的《冰点时评》、《文汇报》的《文汇时评》、《湖北日报》的《大家谈》等。在网络评论频道普遍兴办之时,时评作为重要的新闻评论形态之一,被“移植”到网络中。

一、网络时评的概念与特征

（一）网络时评的概念

网络时评有狭义和广义之分。广义的网络时评指所有发表在网络上的对时事的评论，既包括网友向网站投稿的原创时评，也包括转载的传统媒体的时评。狭义的网络时评专指网络首发的原创性时事类新闻评论，不包括转载传统媒体的时评。有网络评论实务界人士持狭义网络时评观："严格地说，那些先发表在其他媒体然后转载到互联网上的评论并不能叫网络评论。网络评论是指首先发表在网上的评论。"①

采用广义时评概念的人认为，因为目前网站转载报刊时评非常普遍，而有些时评稿件一稿多投，有可能既被网站录用，又被其他报刊采用；还有的时候，报刊时评直接来源于网络时评，如《人民日报》的《人民时评》就来源于人民网《人民时评》，两者所发的同一稿件难分先后，文章本身并无差别。

但是网络时评与传统报刊时评相比，两者面向的读者不一样，传播的平台不一样，从而对选题、表达等各方面产生影响。网络时评具有不同于传统媒体时评的特征。

因此，本书采用狭义的网络时评的概念，即认为网络时评是指通过网络媒体首发的、以文字为主要传播符号的、较完整的原创时事评论文章。

这个定义有以下三层含义：

(1) 网络时评强调在网络媒体首发和原创，既包括网站设立的时评专栏中发表的时评，也包括在博客、论坛中发表的完整的时评文章。网络时评是特意为网络媒体而写的时评，具有网络传播的特性，而不是转载报刊时评。

(2) 网络时评强调以文字为主要传播符号，是因为"时评"这种文体主要以文字形式出现，在广播电视新闻评论中，对于时事的评论是以节目的形态出现。因而网络时评节目将在网络与新媒体影音评论中了解和学习，对于网络时评文章则在本章学习。

(3) 网络时评是完整的时事评论文章，有较完整的篇章结构，而不是三言两语、零言碎语。在网络跟贴、微博等传播平台发表的较零碎的时事议论，不会冠以"时评"的称呼。

---

① 马少华．新闻评论教程[M]．北京：高等教育出版社，2012：282.

网络时评是网络评论频道必不可少的内容之一，几乎所有的网络评论频道都会设置时评专栏，有的还不止一个。其中人民网观点频道所开设的《人民时评》影响最大，2001 年 3 月 22 日推出，属于较早开办的网络时评专栏之一，曾被誉为"网上第一评"，是国内最具影响力的网络时评栏目。它围绕舆论关注的焦点、百姓关心的热点发表评论，评述权威、有力、语言明快、犀利，点击率最高，转载率最高，网友反馈率最高。《人民时评》早期作者来自网民投稿，也有很多媒体工作者以普通网民身份投稿加入，但很快媒体人士发出的声音占据主流。人民网评选的"2006 年度最受网友关注的十大网评人"中，仅 2 位为非传统媒体工作者，有 4 位是人民日报评论员。

《人民时评》影响力大，成为人民网品牌栏目之一，以至于《人民日报》纸质版有意借助其品牌效应，于 2005 年 4 月 14 日将其"收编"到《人民日报》《视点新闻》版，人民网保留《人民时评》专栏多年，除了转载报纸《人民时评》专栏外，人民网《人民时评》还会另外多刊发几篇时评。2014 年左右人民网《人民时评》取消。人民网观点频道的《人民网评》每天刊载 1～4 条网友投稿的时评。

千龙网开办的《千龙网评》(原《千龙时评》)开办更早，千龙网由《北京日报》社、北京人民广播电台、北京电视台、《北京青年报》社、《北京晨报》社等京城主要传媒共同发起和创办的综合性新闻网站，2000 年 5 月 25 日正式开通。千龙网开通当天就推出《千龙时评》，足见其对时事评论的注重。

(二) 网络时评的特征

网络评论频道中的时评主要以文字形态出现，与报刊时评相比，网络时评有自己的独特之处。

1. 反应快速，新闻性更强

网络信息传播快速的特点，使得网络时评比传统媒体时评"跑"得更快。新闻事实一旦被披露，网民或网站评论员能立即跟进，迅速完稿，即刻投稿，马上发表，时效性更强。

如 2014 年 8 月 10 日下午，湘潭县妇幼保健医院一名张姓产妇在剖宫产时，因大出血而不幸死亡。家属质疑医院隐瞒真相推迟死亡时间，认为产妇非正常死亡。一时间，《产妇死在手术台前医生护士全体失踪》的标题新闻在各个媒体之间转载。8 月 12 日晚，《华声在线》刊载了这则新闻，8 月 13 日见报，网站当天就登出了对此事的网络时评。如荆楚网 8 月 13 日 17:28 登载时评《产妇死亡医生失踪"真相"要兜底》(见图 3-6)，并在 8 月 14 日又推出 3 篇。

报纸时评动作均稍为缓慢,《羊城晚报》8 月 14 日刊登时评《产妇死在手术台:厘清真相才有“价值判断”》,而对此事其他报纸时评多在 8 月 15 日见报。

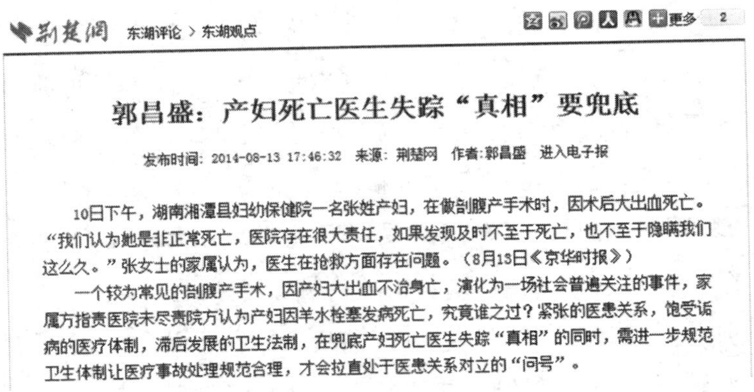

荆楚网 东湖评论 > 东湖观点 更多 2

郭昌盛:产妇死亡医生失踪“真相”要兜底

发布时间: 2014-08-13 17:46:32 来源: 荆楚网 作者:郭昌盛 进入电子报

10日下午,湖南湘潭县妇幼保健院一名张姓产妇,在做剖腹产手术时,因术后大出血死亡。“我们认为她是非正常死亡,医院存在很大责任,如果发现及时不至于死亡,也不至于隐瞒我们这么久。”张女士的家属认为,医生在抢救方面存在问题。(8月13日《京华时报》)

一个较为常见的剖腹产手术,因产妇大出血不治身亡,演化为一场社会普遍关注的事件,家属方指责医院未尽责院方认为产妇因羊水栓塞发病死亡,究竟谁之过?紧张的医患关系,饱受诟病的医疗体制,滞后发展的卫生法制,在兜底产妇死亡医生失踪“真相”的同时,需进一步规范卫生体制让医疗事故处理规范合理,才会拉直处于医患关系对立的“问号”。

图 3-6 荆楚网东湖评论频道时评截图

(来源:荆楚网)

由此可见,传统媒体由于新闻生产周期稍长,难以像网络时评这样快速反应,新闻评论的新闻性在网络时评中被发挥得更加淋漓尽致。

2. 数量庞大,观点多元化

网络传播具有信息海量的优势,这也赋予网络时评为数众多,充分呈现各方观点的优势。从数量上来说,一份报纸所刊时评,每天的总数是有限的。《中国青年报》《青年话题》评论版一般每次刊发 6～8 篇评论。《南方都市报》有 2～3 个版的评论,近来刊发完整评论文章 9～10 篇。但网络评论不受版面数量限制,仅荆楚网《东湖评论》频道的时评栏目中,每天发表的原创时评达 30～40 篇之多,每天这么大的时评刊载量,对于报纸来说是不可想象的。

报纸评论由于版面限制,对于同一事件的时评,一般不会刊发两篇,偶尔有时候为了体现意见争鸣,会刊发两篇相反观点的时评,或因为组织论坛同时刊发多篇。而网络时评不受版面限制,几乎每天都会就同一事件登载多条时评,将各种意见呈现出来,使意见交流和争鸣更加充分。

如 2014 年 7 月 20 日,东方卫视报道其记者卧底两个多月的发现:麦当劳、肯德基、必胜客等国际知名快餐连锁店的肉类供应商——福喜中国公司,存在大量采用过期变质肉类原料的行为。人民网观点频道《人民网评》栏目相继推出“聚焦‘福喜问题肉’系列评论”,前后共 8 篇,来自 7 位作者。其中 7 月 23 日登载 3 篇:《福喜犯法,行业遭殃》《福喜提供过期肉,麦当劳肯德基责任为何？》《对问题食品“零容忍”，促使企业重视安全》。7 月 24 日登载 3 篇：《谁是舌尖上“福喜过期肉”的最大输家？》《洋快餐，只说一声道歉太轻松》《“福喜有组织售卖过期肉”该当何罪》。这系列时评中，因为每个人看问题角度不一样、表述不一样，展现了 8 种不同观点，发挥了观点争鸣的优势。

千龙网在评论频道《一事广评》栏目中，别出心裁地在每篇网络时评后面附上“本网同题其他评论”，并列出其他评论的主要观点，这种设计能更好地进行意见交流，体现了观点的多元化（见图 3-7）。

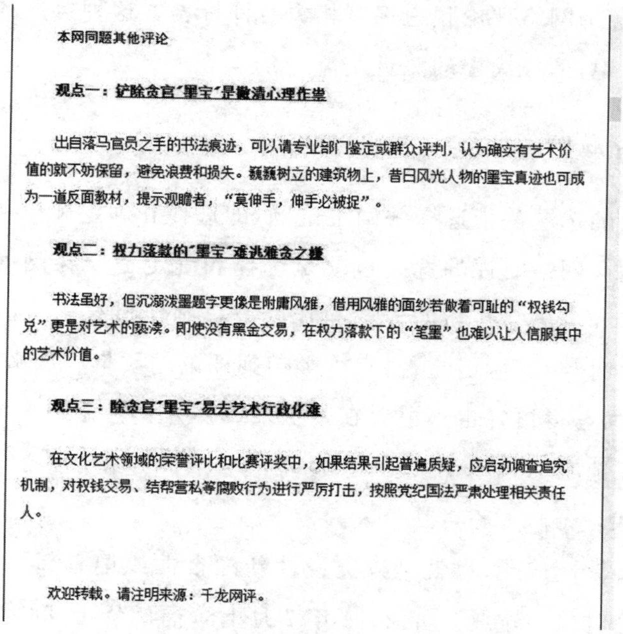

本网同题其他评论

观点一：铲除贪官“墨宝”是撇清心理作祟

出自落马官员之手的书法痕迹，可以请专业部门鉴定或群众评判，认为确实有艺术价值的就不妨保留，避免浪费和损失。巍巍树立的建筑物上，昔日风光人物的墨宝真迹也可成为一道反面教材，提示观瞻者，“莫伸手，伸手必被捉”。

观点二：权力落款的“墨宝”难逃雅贪之嫌

书法虽好，但沉溺泼墨题字更像是附庸风雅，借用风雅的面纱若做着可耻的“权钱勾兑”更是对艺术的亵渎。即使没有黑金交易，在权力落款下的“笔墨”也难以让人信服其中的艺术价值。

观点三：除贪官“墨宝”易去艺术行政化难

在文化艺术领域的荣誉评比和比赛评奖中，如果结果引起普遍质疑，应启动调查追究机制，对权钱交易、结帮营私等腐败行为进行严厉打击，按照党纪国法严肃处理相关责任人。

欢迎转载。请注明来源：千龙网评。

图 3-7　千龙网评论频道截图

3. 互动方便，交流更彻底

网络时评与报刊时评相比的第三大优势在于与读者的互动方面。报刊时评刊出后，读者不便于公开表达自己阅后的感受，不方便与原作者进行交流。而网络时评不一样，读者可以在时评后面跟帖留言，可以马上投稿公开发表自己的不同意见，观点交流更彻底，渠道更畅通。

如 2014 年 8 月 19 日，《中国青年报》在第 9 版文化周刊刊发清华大学教授肖鹰撰写的《“天才韩寒”是当代文坛的最大丑闻》一文，随即引起舆论一片哗然，被直指为“倒韩檄文”（见图 3-8）。有人认为肖鹰的文章切中要害，也有人质疑他纯属个人炒作。19 日中午 12:02，“中青在线”发表国际关系学院副教授储殷的署名文章《不要用大字报的方式来倒韩》。19 日晚，肖鹰接受记者采访，表示写这篇文章出于一个文化学者的责任心，并直指当代文化环境存在病态，才会有韩寒《后会无期》的生存土壤。肖鹰并不否认自己的文章用词比较尖锐，但同时也认为内含的观点较具开拓性和针对性，“时评文章不是调查报告或学术文章，会受到篇幅限制。”肖鹰这篇文章在搜狐网转载的页面后有45 208人参与讨论（截至2014年8月20日17:08）。在凤凰网论坛转载后有658 480人参加，留言53 731条，甚至最热的留言后面还跟着22 038人的推荐（数据截至2014年8月20日17:10）。肖鹰此文引发的时评更是难以统计，几乎各大媒体、各个网络评论频道都有相关时评推出。这种意见的循环往复、互动交流蔚为大观，形成火爆的意见交流场景。

二、网络时评的选题

新闻评论的选题是指选择并确定论题，即选择和确定评论所要分析、议论的对象和范围。网络时评的选题也就是选择和确定适合在网络上发表的、分析议论的对象和范围。在新闻评论写作或节目制作过程中，选题是第一道工序。选题的及时与否、恰当与否，直接影响到评论的质量和成败。有的时评选题不恰当，后面写得再好也不适合在网上发表。为了避免做无用功，一定要在开始时确定好选题。

（一）新闻评论的选题类型

一类是事件性选题，也就是以突发性新闻事件或记者新近采集的新闻事实为分析议论对象的选题。如2014年7月上海福喜公司“问题肉”事件，是一个具体的新闻事件，引发众多网络时评进行议论。这一类选题比较具体，是网络时评的主要选题，所占比例最大。

第二类是社会性选题，也就是与公众生活和工作密切相关的、能够引起普遍关注的社会现象或问题类选题。这类选题不限于某一个具体的新闻事件，而是关注更具普遍性的现象或问题。如房屋强拆现象，这类现象在一定时期内普遍存在，具体的新闻事件则层出不穷。第31届中国新闻奖文字评论一等奖《警惕“精致的形式主义”》，以“精致的形式主义”这种不良现象为选题，具体事件有：抓餐饮浪费，一些店家推出“称体重点餐”举措、出台“‘N’个人只能点‘N－2’个菜”的规定；抓农贸市场精细化管理，个别执法人员便拉着直线检查摊位上菜品是否摆放整齐，甚至连鲜带鱼也要一刀剪齐；抓环境卫生，有管理者要求“一平方米内的烟蒂不得多于两个”“厕所内的苍蝇不得多于3只”，或把地面灰尘扫起来过秤“以克论净”……这其实是一种打着“精细管理”“绣花功夫”的幌子、跟手机拍照一样用“美颜”功能修饰过的形式主义。第30届中国新闻奖文字评论三等奖《把调查研究的“桌子”摆到群众中去》，以调查研究走马观花、浅尝辄止等形式主义、官僚主义现象为选题。第29届中国新闻奖文字评论二等奖《传达不过夜不如落实不打折》，以会议传达不过夜、一开到半夜，但抓落实干劲韧劲不足这种社会现象为选题。这些新闻评论都是以社会现象为选题，对于避免形式主义作风、树立良好新风起到了积极效应。

第三类是常规性（周期性）选题，也就是为了配合重大的节日、纪念日、主题日所确定的选题。如每年7月7日，以纪念“七七事变”为评论选题，这一类选题在各种网络评论中都比较多。

（二）网络时评选题的考量因素

首先，网络时评选题要考虑网站或栏目的定位。有的网络时评专栏偏重民生，有的则偏重时政，有的偏重国内时事，有的偏重国际题材。不同的栏目定位直接影响时评选题的类型。如红网《红辣椒评论》频道的《马上评论》栏目，其评论选题更注重时效性，《谈经论政》偏重政治经济方面的选题，《辣言辣语》则更偏重网友关心的热门话题。

其次，网络时评选题要考虑受众的兴趣和需求。虽说网民没有边界，所有网站理论上面对的都是全世界，但是每个网站的主要受众群体还是略有差别。经常上《天涯论坛》的网民群体，和经常上人民网《观点》频道的网民群体，会有很大的区别。比如会有地域的区别，北京的网民中，经常上湖北日报集团旗下荆楚网看评论的人不会很多；湖北网民中，经常上湖南日报集团旗下华声在线的人也不会很多。不同的网民群体，兴趣爱好、对意见性信息的需求均有差别，网络时评选题要考虑受众的因素。

最后，网络时评选题要能够发挥评论者的特长。由于自身的学识积淀和兴趣等内在因素，评论者往往会对某几个领域的话题有经验有积累有体会，选取擅长的选题，评论者的意见会更深入、更全面，也更令人信服。《中国青年报》评论部副主任曹林认为，要发挥自己对某个专业领域的优势，要发挥个人经验的积累。他说：“从事评论写作的人来自各行各业，有医生、教师、公务员、农民、白领、律师、记者等，医生写教育改革的文章，我不会抱什么期待，教师谈医改，我也不会感兴趣，而一个医生写医改，我就会多看几眼，就是看重那种

‘我’的附加值。”[1]对于每一个普通人来说，由于工作关系或个人兴趣的原因，总会有一两个自己比较了解擅长的领域，选择自己熟悉的话题，扬长避短，是进行网络时评选题时的重要考量因素。

（三）网络时评选题的判断标准

一个选题值不值得进行评论，这就是选题的价值判断问题。对选题进行判断，与评论者个人眼光密切相关。

案例 3-3

胡适在《努力周报》1922 年 7 月 17 日至 23 日的《这一周》里这样写道：“这一周的中国大事，并不是董康（当时的财政总长）的被打，也不是内阁的总辞职，也不是四川的大战，乃是十七日北京地质调查所的博物馆与图书馆的开幕。”

胡适选择“博物馆和图书馆开幕”作为最重大的事件，基于他的价值判断，他认为和政界纷争相比，这件事情能影响国人精神和思想，具有启蒙意味，更能决定中国的前途和命运。

进行选题的价值判断，可以从以下几个方面考虑。

1. 时新性

衡量一个新闻事件是否是最新发生的。如今，报刊时评最快速度是“隔日评”，网络时评最快速度是“当日评”，因此，必须每天勤于浏览新闻，才能获知最新披露的新闻事件，及时跟进评论。但也不可盲目追求时新性，还要看时机是否合适，有的新闻看起来很轰动很热门，实际上事情还在发展之中，事件的真相还不清楚，这时候盲目跟进发表议论，有可能作出错误的判断。比如 2014 年 8 月河南新郑夫妇半夜被抛墓地、房屋被野蛮拆迁事件，刚一报道出来就引发网民的愤怒，集体声讨当地政府，而后政府部门回应说该房屋本就是违建建筑，被拆夫妇向政府道歉。虽然这也可能不是最后的真相，但很显然，事情并非像最初爆料所说的那么简单。回过头来看，网络上最初对此事的评价有失偏颇，这就是太急于跟进热门话题所造成的不良后果。所以说，网络时评的选题首选时新性，但还要注意适宜性。

---

① 曹林．时评写作十讲[M]．上海：复旦大学出版社，2011：33.

2. 可开掘性

有的选题含有深层意蕴，或对社会生活有重大影响，值得运用网络时评进行解读和发掘，这就是选题的可开掘性。

有些国家重大决议或制度出台，对社会将产生重大影响，这样的选题具有较高的可开掘性。如2014年8月15日，国务院法制办公布《不动产登记暂行条例(征求意见稿)》公开征求意见，立即引发一片评议。因为不动产登记与每个人都有关，还可能与未来的房产税征收有关，更重要的是，对于当前火热的反腐反贪有重大影响，动辄几十套房子的贪官将现行……这个条例富有多重含义，有多方面的影响，因而可开掘性强，适合作为网络时评的选题。再如周永康被立案审查，因为其官阶之高，在当前反腐运动正在紧锣密鼓进行的时代背景下，富有深刻意义，具有可开掘性，所以持续好多天都是网络时评的热门选题。

有些新闻事件很时新或很重要，可是没有评论的生发点。如2014年7月"最圆月亮"系列图片报道，还有北极光等天文现象，都很新鲜，但是没有评论的生发点。有些比较新奇的社会新闻事件，也没有多少可开掘的余地。如2012年11月13日《海峡导报》报道，厦门市民李小姐11日意外捡到一张实名制e通卡，好心的李小姐立即报警，民警迅速赶至现场，就近找了一家"胜福兴"糕饼店查询e通卡里面的余额。结果一查吓一跳：卡内余额数字显示为949672.86元。经再三查询，确认是该店的查询系统有问题。这则新闻事件比较新奇，但没有深层的意蕴，既无需质疑，新闻事件本身也没有蕴含矛盾，没有可开掘性。

3. 普遍性

与可开掘性相关的另一个衡量标准是普遍性。普遍性指的是选题具有折射社会普遍问题或普遍现象的素质。

有的新闻事件"似曾相识"，曾有多个类似报道，属于普遍存在却一直没有有效解决的社会问题。如2014年央视春节联欢晚会节目所反映的老人摔倒扶不扶的问题，是近一段时期普遍存在的社会问题。从南京"彭宇案"开始，扶老人引发的纠纷屡见不鲜，时常见诸报道。在医疗养老没有保障的背景下，老人摔倒后随即面临的就是大额医疗费用，因而出现了见人摔倒不愿扶、扶了被讹等不良社会现象。网络时评可以针对这类新闻事件中普遍存在的问题发问和追问，倡导和弘扬正气。这一类新闻事件适合作为网络时评的选题。

有的新闻事件虽然表面上看属于特殊的个例，但却反映了普遍存在的问题。如2018年，虎扑网友在论坛中放了某吴性流量明星的现场版无修干音，指出他这段演唱中的不足，比如气息混乱、严重走音等等，而这些问题恰恰是该明星担任评委时对别人的指责批评。此后，该明星特意出了一首新歌“控诉”，把网友的批评调侃说成无端恶意攻击。这原本是该明星与少数网友之间的纷争，这一事件本身不常见，属于特殊情况，但触及了明星中经常出现的傲慢自大、不重艺德的问题，具有评论价值。《文汇报》因而发表了新闻评论《明星什么时候起“不能批评”了?》，指出其中存在的普遍性问题，作品获得第29届中国新闻奖二等奖。

有些事情或问题仅是个例，并非普遍存在，不适合作为网络时评的选题。如2014年8月17日《重庆晚报》报道的《租客更换门锁玩失踪　房东想卖房治病无法进屋》，事件没有普遍性，也没有可开掘性，不适合作为评论对象。

三、网络时评的立论

（一）什么是立论

立论，是指形成和提出评论的中心论点，即确定评论的主要看法和基本见解。网络时评的立论，就是确立网络时评的主要观点、中心论点。立论和选题有区别，选题确定评论“说什么”，立论确定评论“怎么看”。

立论贯穿于网络评论的始终，起着统帅整篇评论文章或整个评论节目的观点和材料的作用。

新闻评论的立论过程就是作出判断的过程。马少华认为，新闻评论中的观点，作为对新闻事实的认识，是对新闻事实的判断。[①] 台湾学者王民认为，在大部分情况之下，新闻评论所讨论的问题，不外是真或伪的问题，是或非的问题，利或害的问题，善或恶的问题。[②]

如案例3-4这篇评论，就是对干露露事件作出自己的鲜明判断。

案例3-4　为严禁“干露露们”发声出镜叫好！（节选）

新华网长春11月29日电（记者张建）　针对近日网络热议的干露露母女三人在江苏教育电视台竞猜节目《棒棒棒》录制中撒泼撒野、大曝粗口一事，广电总局新闻发言人很罕见地严厉批评了这家电视台并责令停播这个节目，更大快人心的是发言人撂下了一句“断喝”：严禁丑闻劣迹者在视听节目中发声出镜！

① 马少华．新闻评论教程[M]．北京：高等教育出版社，2012：23.

② 王民．新闻评论写作[R]．台湾联合报社，1981：73.

在这里,我们要为这句旗帜鲜明的"断喝"大声叫好!全社会就应该这样旗帜鲜明地行动起来,把严重影响公众视听、污秽不堪的"干露露们"驱除到她们私人的角落,坚决不给她们任何发声出镜的机会,让她们自娱自乐去吧。

(二) 立论的前提

网络时评的立论建立在一定的基础之上。对一个选题作出判断、确立主要观点,先应该了解和掌握以下内容。

1. 要了解选题所涉及的事实及背景

俗话说得好,没有调查就没有发言权。不了解事情的真相,就难以作出正确的判断。对事实及背景了解不全面,所确立的观点有可能有失偏颇。比如2014年7月份沸沸扬扬的芮成钢事件,7月11日,央视财经频道知名主持人芮成钢被检方带走调查的消息传出,一时间,网络、微博、微信上都炸开了锅,众多关于芮成钢的议论喷发出来,而令人惊讶的是,这些议论大多是揭发和讽刺,极少同情。此前芮成钢是与国际对话的青年精英的代表性人物,报道均猜测,他之所以被带走,与其顶头上司郭振玺6月份被检方带走调查腐败问题有关。民间的各种议论惹得芮成钢的高三班主任7月26日以"公开信"的方式为芮成钢鸣不平,呼吁公众等待官方调查结果出来再说。针对芮成钢的各种评论一直到8月初才稍微平息。但芮成钢到底犯了什么错误或有什么违法乱纪的事情,过了一个月也没有任何消息或结论,仍在调查之中。在事实不清楚的情况下,众多没有接触过芮成钢、不了解他的人发表评论,难以说有确切的事实基础。在真相不明朗的情况下,贸然立论是比较危险的,因为真相有可能相反,那么之前的立论就会完全站不住脚。

2. 要掌握相关的政策、法律及法规

很多新闻事件仅仅了解事实本身还不能很好作出判断,需要了解相关政策规定及法律法规要求,才能更好作出判断。近年来有很多惹人关注的新闻事件都涉及司法,如温岭幼师虐童案,大家议论纷纷并表达愤慨,可是我国刑法中没有"虐待儿童罪",该不良幼师被刑拘的理由是"寻衅滋事"。在掌握这些法律规定之后,对该事件的立论就不能仅限于师德人品建设范围了。

3. 具备相关的知识或修养

现在评论界有"专家评论"的倾向,喜欢邀请各方面专家来评论相应领域的评论选题。如网易评论频道列出专栏作者中，有我国著名经济学家茅于轼，《人民日报》海外版的《望海楼》专栏、《光明日报》的《光明时评》专栏，都以邀请专家“专”评为特色，如教育专家谈教育方面的新闻事件和问题，国际关系研究专家评论国际关系领域的新闻事件和问题等。专家对于某个专业领域的话题，有着比常人更深入的了解，具备更全面的知识储备，因而立论将更深入，观点将更精辟。

对于网络评论员和普通网民来说，如果面对一个自己感兴趣而又不甚了解的话题，就应该临时补课去了解相关的知识。如2013年1月11日，郑州一家幼儿园为100多名孩子举行了一场“集体婚礼”。孩子们穿着礼服互相承诺，小“新郎”要给小“新娘”戴戒指，他们的爸爸妈妈也在婚礼现场见证。该幼儿园举行“幼儿集体婚礼”已经不是第一次了，只不过这次规模最大。这则新闻报道出来，很多人认为如今的小孩越来越早熟，批评幼儿园炒作、恶俗等。实际上稍微多了解一下幼儿教育知识，就会发现，现代幼儿教育理念是尊重儿童的成长规律，“结婚”正是孩子们这个阶段的成长规律之一。著名幼教专家孙瑞雪认为，儿童情感的敏感期是在4～5岁，他们开始去了解婚姻和相爱是怎么回事。孩子们自然产生这种情感，也能承受其中的复杂内容。儿童情感的敏感期到来时，不仅要表达爱，也需要学习如何表达爱，在这一点上，家长和老师要帮助孩子学会健康文明的感情表达方式。了解了这些之后，立论就不会仅流于肤浅的呵斥，而会更理性。

4. 了解其他人的意见或观点，以免重复发声

目前网络时评容易出现的一大弊病就是各说各话，说的都差不多。同一类新闻事件重现之时，完全可以先查看一下以往的相关时评，避免重复，提高表达效率。

（三）立论的要求

网络时评的立论是评论者个人意见的表达，但是也应遵循以下要求。

1. 现实针对性

网络时评的立论首先应该具有现实针对性，针对现实问题和矛盾发言。

（1）针对值得关注的舆论动向，立场鲜明地进行立论，引领舆论动向。如《中国教育报》2019年12月26日发表的《让爱国主义成为每一个青少年的精神依靠》，便是针对“为什么有的青少年会迷失方向？”这个舆论动向进行的立

论，评论认为，梦想的困惑、能力的困惑、道德的困惑等，只是个体奋斗中的波折，算不上大方向的迷失。真正危险的是大方向上的迷失：对中国文化和历史缺乏认同，失去了家国情怀，甚至背离了我们民族复兴的方向。在大方向迷失的时候，青少年要依靠什么，才能重新在人生路途的一个个岔路口，作出正确选择？历史的回答是爱国主义。爱国主义应当成为每一个青少年的坚定信仰和精神依靠，在他们困惑和迷茫的时候，可以感受到来自脚下土地的力量，从而激活他们面对未来的勇气。”这篇新闻评论说理严密、论证有力，针对当前青少年的舆论动向立论，现实针对性强。见报后，被学习强国、人民网、光明网、中国教育电视台、广州日报全媒体、中国社会科学网等主流网站、客户端、微信等平台转载，并荣获中国新闻奖三等奖。

（2）可以针对普遍存在的社会时弊立论。2019年短视频兴盛，但存在恶搞短视频泛滥、流量至上的弊病，2019年7月7日，光明网发表时评《恶搞短视频的底线究竟在哪里》，痛斥泼路人粪水、“三俗”主播等恶搞短视频，指出其中所折射的时弊，即以出格和危险博眼球，以违法或“三俗”追流量，而平台方不管不问，甚至分类集锦追逐“变现”，提出“该对僭越底线的恶搞短视频从严从重监管了”。这篇时评直指社会时弊，现实针对性强，被评为中国新闻奖三等奖。

（3）可以针对思想上的困惑和疑虑立论。如干露露以暴露身体为荣、郭美美炫富，这些本身向来为社会道德所不齿，但是她们却因此出名、获利，频频以被追捧的姿态出镜，这一切都容易给青少年造成思想上的困惑：为什么生活中人们批评贬低她们，可是却频频有人请她们出席公共活动，看起来很风光很受欢迎？是不是挑战社会道德就可以成名？有名有利就是不错的榜样？……对于这类事件，新闻评论应该针对这些思想认识上的困惑和疑虑来立论。案例3-4中《为严禁“干露露们”发声出镜叫好！》就是这样，观点鲜明地批评了干露露们的所作所为。

2. 新颖性

网络时评追求立论的新颖性，如果立论不新，与他人论点重复，那就失去了被阅读的必要，也是一种资源浪费。新闻评论的核心就是观点，观点的新颖是意见交流的基础。立论追求新颖性，可以从以下几个方面入手：一是运用独特视角进行立论；二是可以运用新鲜的论据进行立论，如《人民时评》曾经发表一篇时评《英语真的那么重要吗?》。其论题并不新鲜，但运用了两个新鲜的论据，见案例3-5。

案例 3-5　英语真的那么重要吗?

其实,扩大开放、学习外国优秀文化成果,不一定要像我们这样掀起大呼隆的英语热潮。日本历来善学外国之长,且以贸易立国,但人家从来没有像我们这样把英语抬高到如此地位,会说英语的日本人并不太多,甚至连一些获得诺贝尔奖的日本人也不懂英语。日本学习外国的方法,除了派团赴外考察、聘请外国专家、派遣留学生之外,主要的是让少数精通英语的人大量翻译英文优秀著作,供国民阅读。这是一个付出代价小、受益人数多、学习质量高的好办法,可供我们借鉴。相反的例子是菲律宾和斯里兰卡,那里会说英语的人很多,但这两个国家学习外国的成就却远不如日本。这说明,英语并没有我们想象得那么重要。

这篇时评运用日本不大肆学英语却能很好学习外国优秀文化成果,菲律宾和斯里兰卡英语普及程度高但学习外国成就远不如日本这两个比较新鲜的事例,立论新颖而有力。

3. 鲜明准确

这个要求主要是从表达的角度来谈的,论点的表达也是立论的一部分。立论要求鲜明,不含糊,不做骑墙派;立论同时要求准确表达,有时候一字之差就导致意见谬以千里。

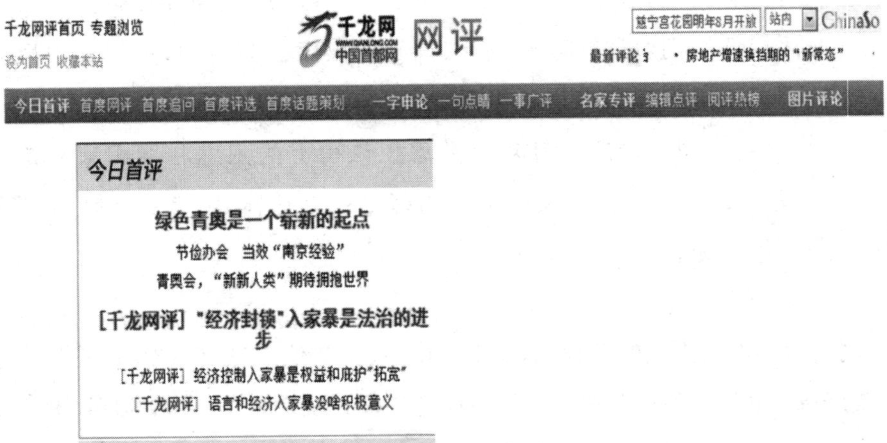

图 3-8　千龙网评论频道截图

时评本身就是个性化的文体,网络时评尤其如此,明确表达自己的观点或立场本是网络时评的题中应有之义。网络时评中经常可以看到意见相左的立论，如2014年8月18日《新京报》报道了深圳市妇女联合会起草的《深圳经济特区反家庭暴力条例(草案)》中，语言暴力和经济暴力也被作为家庭暴力的表示形式。《千龙网评》同日同时登载两篇时评《“经济封锁”入家暴是法治的进步》《语言和经济入家暴没啥积极意义》，两文意见截然相反。

网络时评立论的鲜明准确，还表现在把握好理论的尺度，做到合情合法。

（四）立论的思维方法

网络时评的立论追求观点新颖，可以采用一些不同的思维方式来激发灵感，启发思路。

1. 逆向思维法。

逆向思维也称反弹琵琶法、反向思维法，是从正面事物或道理中求其不足之处、从反面的事例和问题中分析出其中所包含的积极因素，采用与常人完全相反的思路的一种思维方式。如历史上有名的时评《大乱者救中国之妙药也》，就是采用的逆向思维。

如2014年8月，四川凉山州纪委官网通报，该州盐源县卫城镇小学教师谢某因违反《中共凉山州纪委、凉山州监察局〈关于重申严禁违规举办升学宴和谢师宴及杜绝利用节假日公款消费的通知〉》，召集二十多位亲属聚餐，为女儿考入复旦大学操办升学宴，受到通报批评，其所在小学的校长和主管局的局长也被诫勉谈话。这则新闻看起来是处理吃请之风的正面报道。细看通报，谢老师请的是亲属，聚餐花的是自己的钱，谢老师错就错在不该“违规办升学宴”。2014年8月4日，红网《红辣椒评论》登载时评《打击“升学宴”扩大化绝非“铁面无私”》，评论见案例3-6。

案例3-6

此事看似是严格依规办事的结果，但却给人一种变味的感觉。毕竟，在这场所谓的“升学宴”上只有亲属，而不是像某些教师、官员那样，有学生家长，有下属，甚至有各种利益相关者。女儿考上了名牌大学，做父母的与亲属们聚在一起庆祝一下，更多的是纯粹私人的事情。

当公权力过多地介入私生活时，无论是以什么样的名义，也无论是以什么样的形式，都容易招至诟病。因为，这种纯属私人的活动，既未对公共事务、公共财政造成任何损失，也未给他人造成困扰，无论参与或主导这些活动的人是何种身份，都不应受到公权力的干扰。

公权力对具有某种身份的人的私生活的过度介入，看似铁面无私，但对于整个社会来说，其伤害力仍然大于其所带来的“益处”。因为，从本质上来说，这种过度介入是以公权力对个人正常权力的蔑视为基础的，在其眼中，只要你具有某种身份，公与私的界限便变得模糊，或者说，公权力也懒得去区分公与私的界限，这种蔑视和有意无意的模糊，在某种情境下有被推而广之的危险，并最终影响到所有人。

这则网络时评从常人看来的正面报道中，品咂出了不一样的滋味，分析其中蕴含的不合理因素、不足之处。

运用逆向思维法，评论者更容易有不一样的发现，更容易提炼出新颖独到的观点，是观点求新的好方法。

2. 纵深思维法

纵深思维是不满足于表面现象，追问到底，探究事物更深层次、更有价值的思想和底蕴的思维方式。

如新华网评论《两会调座意义不仅在形式》，评论全国两会酝酿调座位的事件，见案例 3-7

案例 3-7

据报道，即将召开的两会酝酿在代表委员座位安排方面体现平等原则，代表（或委员）将被等分五份，每次将有五分之一的代表（或委员）距离主席台最近。最后一次大会，最后座位的代表将成为最前位置的代表。这是全国人大和全国政协会议召开以来，首次调整座位。（《重庆晚报》2 月 24 日）

但形式的变化却传达出一种实质平等的信号。几十年不变的座位排序规律一旦被打破，就会超越某些形式上的平等，而富含更多实质性内容。

一直以来，在各级党政会议上，与会人员座位安排是很有讲究的，这就是人们所说的“座位分大小”。如开会时，什么级别的领导干部坐在什么样的位置，不能有丝毫差错，如出现差错很可能被上升为“政治事件”。开会时的座位安排，往往是重要的人坐在前面，次要的坐中间，次次要的就只能坐在最后面了。这种座位安排，虽然只是形式，但充斥着严重的“官本位”思想，渗透着很多官场上、社会上的“潜规则”。

> 在即将召开的全国两会上，打破延续多年的座位安排规则，率先实行轮流坐前排，不仅是一种创举，更为全国各地树立了一个平等的榜样。代表轮流坐前排，已经超越了形式上的平等，剥去了依附在座位上的“官本位”思想，是一个了不起的进步。

这篇时评就是运用递进思维法，从排座位的变化，层层推进挖掘背后的含义。

运用递进思维法，评论者可以穿透表面现象，挖掘事物深层含义，层层推究现象背后的根源，拷问事物本质，使网络时评达到一定的深度。

3．批判思维法

这是对现存的一切事物或现象进行冷静、理性、精细的审视和思考的思维方式。包括对错误的、丑恶的、虚假的事物或现象的揭露和否定，也包括对公认为正确、美好、真实的事物或现象的重新审视和反思。

如《千龙网评》2014年7月23日登载的《枪杀孕妇民警与家人告别，不忍直视》，评论酒后枪杀孕妇的原平南县刑侦大队民警胡平被执行死刑一事，评论者注意到胡平与家人在法庭告别时的表情痛苦、挣扎；而与胡平的痛苦形成鲜明对照的是网友的反应。在腾讯和腾讯微博上，这条新闻网页下面的评论数量达到了惊人的4万余条。大部分网友的态度都是在欢呼、叫好：“死了活该”“终于得到应有的下场”“死不足惜”“杀无赦”“去死吧”“应该凌迟处死”……评论者不禁反思：“对于被法律判处死刑之人，我们欢呼、庆祝死刑犯被执行死刑的时候，不也是在庆祝一个“培育”出这个死刑犯的社会吗？——而这又有什么值得庆祝的呢？”评论者的反思，就是一种对事物进行冷静理性审视的思维方式。

运用批判思维法，评论者能够更理性对待选题，评论将更有理性。

四、网络时评的语言

网络时评的语言，不像社论和评论员的文章语言那么严肃，也不像广播电视新闻评论的语言那么口语化，而是有自己的要求。

（一）准确

网络时评的主要目的是表达观点、表明态度和立场，所以用语必须准确无误。不然可能无法令人理解和认同，甚至会造成误解。

要做到用语准确，首先就要思考清楚。新闻评论教学经验表明，用语含混往往是因为思考还不够清楚，自己的想法尚不够明确，所以在语言上表现出含混、啰嗦、有歧义的状态。需要作者反复思考，提炼好观点，为用语准确打好基础。

当然，要做到用语准确，最根本的还是要善于运用词汇清楚表达自己的意思，平时要多写多练，写作时要再三推敲、反复斟酌。

（二）简明

网络时评语言应该简洁明了，这表现在两个方面。

一方面，叙述事实必须简练，不是为叙述而叙述，而是为议论而叙述。在交代评论对象的时候要进行有倾向的简缩。一个新闻事件往往篇幅很长，内容很多，在网络时评中没有篇幅详细复述；而网络时评一般选取的是热门新闻事件，受众对此有一定了解，也没有必要过多复述新闻事实，所以必须简明缩写。

另一方面，网络时评的论述语言也应该简洁明了。网络时评面对的是以初高中文化程度为主的受众群，语言不能深奥晦涩，也不能咬文嚼字，应该既简洁，又平易，充分利用语言的概括力，用通俗的字词来表达。

（三）理性

网络时评具有说理性的特征，是说理的艺术，应该控制情感，少用情感激烈的语言，多用理性分析的语言。这也是现在的网络时评尚需锤炼的地方，网络评论中情绪化的宣泄，不仅无益于意见交流，甚至会造成伤害和骂战，不利于形成良好的网络舆论生态。情绪宣泄很容易，理性表达并不容易做到。网络时评应善于合情合理表达，远离网络骂战。

第三节　网络评论频道其他特色栏目

除了时评栏目，网络评论频道还有很多特色栏目。

一、观点集粹型栏目

观点集粹型栏目旨在精选精辟观点，集纳在一个栏目中，并以各种生动形式呈现。这种栏目的优势在于从海量的意见性信息中提取精炼少数观点，使忙碌的人们能够在短时间内了解最新的热门事件和有代表性的意见。

案例 3-8

人民网观点频道《观点 1＋1》栏目就是比较有代表性的观点集粹型栏目（见图 3-9）。《观点 1＋1》是观点频道的一个特色小栏目，由固定的评论员“小蒋”主持，《开栏的话》表明栏目定位和宗旨——“国事，家事，天下事，天天都有新鲜事。你评，我评，众人评，百花齐放任君看。观点各有不同，角度各有侧重，只要我们尊重客观、理性公正。”栏目从周一到周五每日推出，每次选两个新闻事件作为选题，对每个选题摘录 1～2 篇其他媒体时评的观点，再由固定评论员“小蒋”进行点评。评论主体分“背景”“其他媒体评论摘要”和“小蒋随想”三个部分。

小蒋的话： 大家好，我是小蒋。国事，家事，天下事，天天都有新鲜事。你评，我评，众人评，百花齐放任君看。观点各有不同，角度各有侧重，只要我们尊重客观、理性公正。

买iPhone6群殴与卖肾的阿Q心理

背景：美国纽约纽黑文一家苹果店外，两拨排队的中国人为了抢购iPhone6大打出手。警方称，发生打斗的两帮中国人因排队时怀疑对方插队而发生争执，其中1人因前额被割伤而需送院，还有人被撞伤或擦伤。被捕3人将被指控行为不检、破坏社会安宁等罪。

钱江晚报发表董碧辉的观点： 那几个在苹果店外上演中国功夫的，不是纯粹的买家，而是黄牛。哪里有稀缺的资源与旺盛需求的矛盾，哪里就有中国的黄牛。一部iPhone6，在美国买不到1000美元，转售回国内能卖到1.8万元到2.5万元人民币，这里面的利润空间太大了。所以，有人提着一麻袋的现金去扫货，冲着国内这么多土豪，抢到就是赚到啊！几个黄牛为了利益，行为不检，挥拳相向，这当然代表不了所有中国人。但是围绕着iPhone6的发布，夹杂在卖肾买iPhone6等调侃言论中的一些国人所表现出来的种种心态，倒是有一定的典型意义。

央视评论发表林止的观点： 喜欢一款产品，愿意花大价钱购买，没问题。但如果喜欢到偏执的程度，甚至不惜拿肾来换，则是一种病，得治！在有些人看来，面子远比里子重要。只要拿到了iPhone 6手机，哪怕大打出手也在所不惜。还有的同胞，为了抢购不忘排队加三儿，惹来路人异样的目光也在所不惜。更有甚者，某些同胞甘愿冒着犯法的危险，带多部iPhone 6手机闯海关。这样的不顾一切，只为早几个月拿到一部手机，实在是有所不值。苹果再好，也是给人吃的，千万莫让人成为iPhone 6的奴隶！

小蒋随想： 在美国，电信运营商发售的iPhone6合约机的价格只有199美元（折合1200多元人民币）。以美国人的消费水平，要说连在街上乞讨的美国佬都能用上iPhone，恐怕不为过。暂且不谈中美两国通信运营商的补贴与资费差价，在美国“烂大街”的iPhone，在中国却成了“贵族品”，着实吊诡。个别国人不惜卖肾也要买iPhone，甚至将iPhone视为“身份与地位的象征”，不仅让人感叹某些人自甘“命贱”的极度可悲，而且也显露出一些人“炫富”的水平都那么低级。在某种程度上，这已非发达国家与发展中国家生活水平差异的问题，而是中国的部分有钱人与没钱人皆怀有心理自卑，以自轻、自贱、自甘屈辱，又妄自尊大、自我陶醉的“阿Q精神”自慰。

图 3-9　人民网观点频道《观点 1＋1》截图

二、新闻漫画

新闻漫画属于新闻评论之一种，普利策当年亲自定下社论版的内容，其中就包括新闻漫画。在国外报纸的评论专版上，新闻漫画是不可或缺的一个组成部分。新闻漫画尤其是其中的政治性漫画，常常运用漫画的形式嘲讽、评价不良社会风气和政治人物。如美国漫画家保罗·康拉德为《洛杉矶时报》《丹佛邮报》画社论漫画，从哈里·杜鲁门总统一直画到小布什，他毫不客气地批评总统，揭露他眼中的不公正和欺骗。水门事件中，他曾画下尼克松将自己钉上十字架。他曾让小布什的副总统切尼站在战死者公墓中，并说：“七年来，我们尽一切努力保证你们的安全。”他的笔使触及的对象局促不安。他曾获得大量荣耀,其中包括三个普利策奖。

中国也有部分报纸的言论版设立了新闻漫画,如《新民晚报》的名专栏《岂有此理,竟有此事》。1986 年 1 月设立。该专栏由一组(两则)短文组成,同时配以两幅图片,以小见大,对社会上各种不良现象及风气进行批评、鞭挞。

从 2009 年开始,中国新闻奖中也有了网络新闻漫画的身影。第一幅原发网络媒体而获得中国新闻奖的新闻漫画是赵雍的作品《公仆一包烟,百姓一头牛!》,2008 年 12 月 25 日发表在中国新闻漫画网上(见图 3-10)。这则漫画评论的对象是公务员抽“天价烟”现象。自周久耕“天价烟”事件后,“至尊”烟成为某些特殊身份的象征,不仅南京,武汉等市也曾曝出“1000 元/条”香烟供不应求,消费者多为公务员。高价烟被网友认为是钱权交易的附属品。

图 3-10 公仆一包烟,百姓一头牛!

(来源:中国新闻漫画网)

在当今“读图时代”,自然少不了运用漫画、图片、图表进行评论。

如光明网评论频道《光明时评》的《漫画天下》栏目,针对最新热门事件,运用漫画形式进行评论(见图 3-11、图 3-12)。

图 3-11 光明网评论频道《漫画天下》截图

校长吻猪

2014-04-30 10:50　来源：光明网-时评频道　我有话说

校长吻猪　焦海洋　图

湖北省咸宁实验小学副校长洪耀明4月28日成了网络话题人物。当天下午，有网友发图文微博和现场视频说，洪耀明为了兑现之前与学生的承诺——“如果学生不在希望桥和校园乱扔垃圾，就和小猪亲嘴”，在上午的升旗仪式上亲吻了一头小猪。洪耀明随即被许多网友称赞为“中国好校长”。（据4月29日《南方都市报》）G

图 3-12　光明网评论频道漫画截图

三、其他创新形态

不少网络评论频道推陈出新，创造了不少有创意的创新型评论栏目形态。千龙网 2013 年 8 月改版后，推出不少创新性评论栏目。如《一字申论》，每次以一个字的概括精炼表达对热门新闻事件的看法。当然，一个字不可能概括出一个观点，但是这种形式很新颖，简洁扼要，没有阅读压力。千龙网的《一句点睛》，用一句话概括一篇时评的观点，并在首页做成高度概括的句子导读，也很吸引人（见图 3-13、图 3-14）。

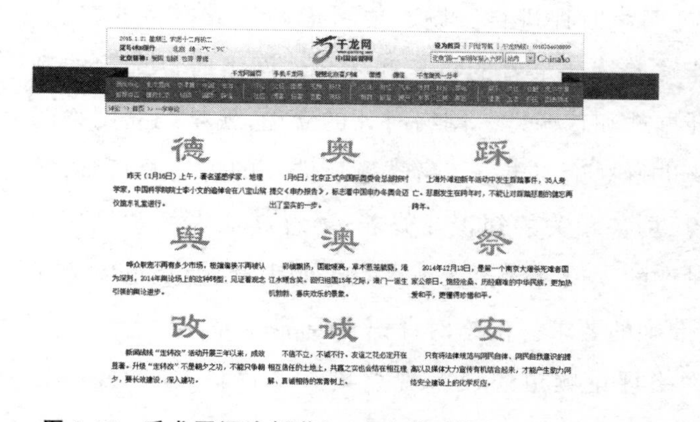

图 3-13　千龙网评论频道《一字申论》截图

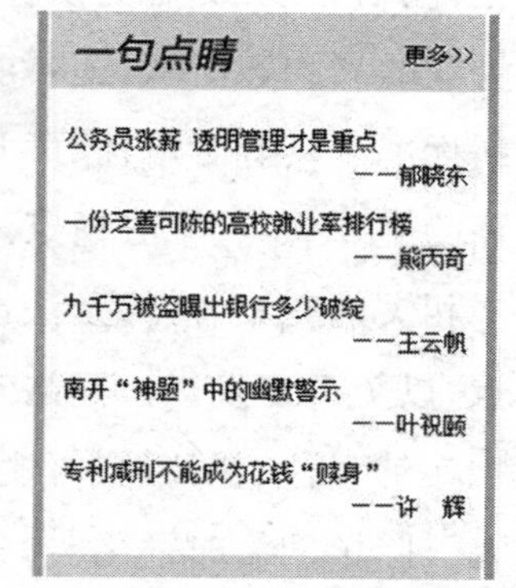
一句点睛　更多>>

公务员涨薪 透明管理才是重点
——郁晓东

一份乏善可陈的高校就业率排行榜
——熊丙奇

九千万被盗曝出银行多少破绽
——王云帆

南开“神题”中的幽默警示
——叶祝颐

专利减刑不能成为花钱“赎身”
——许　辉

图 3-14　千龙网评论频道《一句点睛》截图

千龙网的《编外编》同样也很新颖，由受众担任“编外”编辑，向读者推荐优秀评论，并就当日新闻点题约稿（见图 3-15）。这一设计充分吸纳群众智慧，并“实现作者、读者和编辑间的换位思考”。

图 3-15 千龙网评论频道《编外编》栏目截图

本章小结

网络评论频道是网络媒体中专门用来传播各类评论信息的分支结构。从网络媒体诞生之初，网络评论频道就成为其中的重要组成部分。几乎所有的网络媒体都设立了网络评论频道。按内容生产主体来分，网络评论频道的内容可以分为原创和转载两大部分；按栏目设置来分，其内容除了时评专栏等主体外，还有图片/图表评论专栏、网络专题评论或观点集粹式专栏等类型。

网络评论频道的构成主体是网络时评，网络时评是指通过网络媒体首发的、以文字为主要传播符号的、较完整的原创时事评论文章。与报刊时评相比，网络时评有自己的独特之处：反应快速，新闻性更强；数量庞大，观点多元化；互动方便，交流更彻底。网络时评进行选题时要考虑网站或栏目的定位、受众的兴趣和需求，还要能够发挥评论者的特长和优势。网络时评选题的判断标准是具有时新性、可开掘性和普遍性。网络时评的立论，就是确立网络时评的主要观点、中心论点。进行立论要充分了解选题所涉及的事实及背景；掌握相关的政策、法律及法规；具备相关的知识或修养；了解其他人的意见或观点，以免重复发声。网络时评的立论是评论者个人意见的表达，但是也应遵循现实针对性、新颖性、鲜明准确的要求。网络时评语言要准确、简明、理性。

除了网络时评之外，网络评论频道还设有观点集萃型栏目、新闻漫画栏目、其他创新型栏目等。

思考与练习

1. 网络评论频道一般都刊播哪些内容？
2. 请针对最近发生的某则新闻事件，写一篇网络时评。
3. 请谈谈你在网络评论频道发现的其他创新型的专栏。

第四章　网络专题评论

学习目的

1. 了解网络专题评论的现状。
2. 熟悉网络专题评论的特征。
3. 掌握网络专题评论的制作流程。

网络专题评论已经成为网络评论的重要组成部分，它能充分运用文字、图片、视频、音频等形式，给广大网民带来动态的、详尽的信息通报和解读评析。

网络专题评论本身属于网络专题之一，因此也有人称之为“网络评论专题”，以强调它是网络专题之一种；本书采用“网络专题评论”一词，则是为了强调它作为评论的一种类型，强调从新闻评论的角度来认识它。

第一节　网络专题评论的产生与发展

一、网络专题评论的产生

网络专题评论伴随着互联网的兴起而产生。2003 年前后，新浪、搜狐、网易网站已经发展壮大，号称三大门户网站。但这几家网站的新闻信息主要来自报刊等传统媒体资讯的转载。为了提高竞争力，同时也为了避免同质化，部分网络媒体试图在“原创”上做文章。2004 年前后，网易创办了《今语丝》的网络专题版块，负责人为唐岩，他对国内媒体刊发过的消息进行重新编辑整合，并通过这种方式巧妙表达自己的意见，以专题的形式刊载出来。栏目想要效仿鲁迅创办《语丝》杂志，以集纳同行的声音，来集中传递一种信息，所以将专题称之为“今语丝”系列。《今语丝》一共做了 507 期话题，2006 年解散。在这一时期，以网易为代表的网络评论专题以敢言、直率为主，曾经做出过“关于日本的 N 个谣言”“感谢日元对华援助！”“警察不是危险职业”等一批观点鲜明的专题,这为网易赢得了一定的声誉,当然也因为观点过于鲜明而产生了一些负面的影响。《今语丝》起到了开风气的作用,当时的网络评论专题,主要是为了有别于单纯的资讯转载,以个体的发音,来完成对一家门户网站的形象塑造。①

在《今语丝》开办之后,各大知名网站纷纷推出了自己独具特色的专题评论。腾讯网 2005 年 12 月推出《今日话题》,随后,凤凰网推出《每日话题》,后改称《自由谈》,搜狐则推出了《点击今日》,网易在《今语丝》关停两年后推出《后评论》,最后又改成《另一面》。光明网时评频道的《观点会客厅》、中国网评论频道观点中国的《观察》等一大批专题评论栏目涌现。目前,网络专题评论已经成了许多网站的常设版块、必备内容。各个网站的专题评论频道或栏目各有特色,各自拥有一批忠实的读者群。

二、网络专题评论的概念界定

虽然网络专题评论发展由来已久,但是对于什么是网络专题评论,并没有多少人来探讨。网络专题评论建立在网络新闻专题发展成熟的基础上,因此先来看看网络新闻专题的界定。

(一) 网络专题的界定

有人认为,网络专题是一种系统而深入地反映重大事件和社会问题,阐明事件的因果关系、揭示实质、追踪与探索事件的发展趋势的报道方式。②

从中可以看出,网络专题最初就是指网络新闻专题,是网络独有的一种报道形式,起步较早,对其研究也比较多,但是业界对网络新闻专题的定义仍没有统一的说法。主要有如下几种。

原新浪网总编辑陈彤认为:网络新闻专题是网络新闻媒体在特定的新闻或信息主题下,建立综合性的相对独立的网络新闻报道形式,与日常程序化的一般性网络新闻报道相呼应,也是网络新闻表现形式中的一种主要形式。③

中国人民大学彭兰定义:网络新闻专题是以网络为平台,运用各种媒体手段对特定的主题或时间进行组合或连续报道的形式。④

---

① 李啸天．网络评论专题的前生今世[EB]．腾讯网腾讯评论,2009-9-119:43. http://view.news.qq.com/a/20090901/000035.htm.

② 刘世英,刘国云,贾娟娟．网络时代的宠儿[M]．北京:中国时代经济出版社,2006:163.

③ 陈彤,曾祥雪．新浪之道——门户网站新闻频道的运营[M]．福州:福建人民出版社,2005:73.

④ 彭兰．网络新闻专题的特点和编辑原则[J]．中国编辑,2007(4).

四川大学蒋晓丽认为：网络新闻专题是基于网络技术的支持，综合运用多种表现手段，展现某个特定主题或事件的一组相关新闻信息的总汇。它旨在对现有新闻资源进行深度开发，挖掘出事实背后的真相与联系。①

季桂林认为：网络新闻专题是以“集装箱”的方式，对社会政治、军事、经济、文化等方面的某一主题或某一事件进行快速、立体扫描与透视的一种新的新闻表现样式。②

李爱民认为：网络新闻专题是围绕当前某个重大的新闻事件或事实，以集纳的方式，在一定时间范围内，综合使用新闻各种题材、背景材料，运用文字、图片、声音、视频、图像等多种表现形式进行不间断的、全方位的、深入的报道和展示新闻主题前因后果、来龙去脉的新闻报道样式。③

从上面几种界定可以看出，有的强调网络新闻专题是一种网络新闻的表现形式，有的强调网络新闻专题的集纳性和深度。综合上述说法，可以将其界定为：网络新闻专题是网络媒体围绕某一特定主题，运用多种表现手段，对相关各类信息进行集纳整理，以独立页面立体化呈现给受众的新闻报道形式。

（二）网络专题评论的界定

对网络专题的界定很多，但对网络专题评论，界定非常少，也许是因为网络专题评论本身就是网络专题之一种，也有不少人称之为“网络评论专题”，以和“网络新闻专题”对应。本文采用“网络专题评论”这一说法，是为了强调它作为评论形式之一种的特点。

千龙网前任总裁周科进采用“网络评论专题”的称呼，他认为，网络评论专题是网络媒体的一种重要表现形式，通常围绕某一特定主题（如突发事件或宣传主题），设计固定的专题页面，进行图片与文字、即时新闻与相关资料，有时还会有音视频的集中报道。④

但在周科进的界定中，实际将网络专题评论等同于网络新闻专题，落脚点在“报道”，这无疑混淆了新闻报道与新闻评论的区分，也不符合网络专题评论的现实情况。

有研究者认为，网络专题评论是设置在“评论”频道下的，由网站评论编辑

---

① 蒋晓丽．网络新闻编辑学[M]．北京：高等教育出版社，2004：236.

② 谢军．一个妈妈的两个女儿——浅析腾讯网的两个“成都公交车燃烧事件”新闻专题[J]．四川民族学院学报，2012(2).

③ 李爱民．网络新闻专题的策划[J]．新闻传播，2009(2).

④ 周科进．网络媒体表现形式的集大成者[J]．新闻战线，2004(6).

部来策划的，围绕某一特定的评论话题，运用多种表现手段，对各方观点的评论集纳整理后，形成网站对话题的特有的观点，并以固定的页面呈现给受众的一种新的新闻表现形式。①

这个界定比较详细完备，但是没有考虑到几种例外情况：一是网络专题评论也有直接设置在网站“新闻”大类频道下的情况；二是网络专题评论越来越倾向于原创观点的表达，而不仅仅只是对各方观点的集纳整理；三是有少数专题评论并非围绕话题展开，而是围绕新闻事件展开。

本书认为，如同其他类型的网络专题一样，网络专题评论也具有集纳式、信息量大、形式多样的特点。但网络专题评论有自己的特殊之处：其传播目的主要是为了进行意见表达和意见交流，其传播内容也以意见性信息为主。不过，网络专题评论中并不是只有新闻评论作品，也包含部分新闻报道、新闻链接等新闻报道作品，甚至还有历史资料、新闻背景等其他作品。

因此，网络专题评论可以归纳为：在网络媒体中，集中围绕某个话题或某一主题、运用多种传播方式、旨在进行意见表达和意见交流的、以独立页面立体化呈现给受众的评论形态。

第二节　网络专题评论的特征

一、有代表性的网络专题评论介绍

目前，比较热门的专题评论频道，除了腾讯网的《今日话题》、凤凰网的《自由谈》，还有搜狐网的《点击今日》、新浪网的《新观察》、网易的《另一面》、红网的《观点争鸣》等等。

（一）腾讯网的《今日话题》

腾讯网的《今日话题》属于创办较早，长期发展较为稳定，目前表现最为突出的网络专题评论。

《今日话题》2005 年 12 月创办，自 2007 年 4 月起几乎每天更新一期，周六周日也不例外，截止到 2015 年 1 月 21 日已发布 3046 期，在几大网站的专题评论中更新最勤、推出总期数最多。该栏目的主导思想是“做专业的评论、用常识解

① 杜敏．“网络评论专题”研究[D]．华中科技大学硕士学位论文，2011：12.

读新闻”。《今日话题》选题来源宽泛，包括社会潮流、时尚文化、突发事件等不一而足。为进一步贴近“今日”二字，注重制作有关时事和社会热点问题的评论专题，其中不少选题属于网络热门事件，如“幼童香港便溺争端：无关文明有关情绪”“万人抵制的‘逼婚’广告揭露了什么”“‘最强大脑速算’，奇迹还是骗局”都成为《今日话题》探讨的话题。图 4-1 是《今日话题》其中的一个截图。

图 4-1　腾讯网《今日话题》页面截图

（二）搜狐网的《点击今日》

《点击今日》是搜狐网的专题评论栏目，位于搜狐新闻频道下面。《点击今日》的主旨是“精彩观点尽在今日”。栏目自我介绍是：搜狐新闻最早的深度策划栏目，聚焦热点事件，解析争议话题，内容涵盖经济、科技、文化、教育各个领域，最民生的语言，最独特的视角，最宝贵的常识，挖掘新闻背后的秘密。

《点击今日》创办于 2005 年 3 月，最初名为《今日热点》，从第 15 期开始改称为“点击今日”。第 15 期题为《校园成“江湖”花季　暴力何时休》，于 2005 年 4 月 12 日推出。该期内容分成事件、调查、探讨、声音四大版块，在事件介绍中，按同学、教师、校外三种角度，又分成现象、追问和案例三个方面进行介绍，充分体现了网络媒体海量集纳的特点。对事件的评论则以“调查：三种视角看校园暴力”“探讨：校园暴力事件频发谁之过”“探讨：如何让暴力远离校园”“声音：校园暴力大家谈”几个小版块的篇幅，充分集纳各种声音，进行各个角度的意见交流。

《点击今日》一直坚持到现在，截至 2015 年 1 月 21 日，已经办了 1584 期，平均每月推出 13 期左右，平均 2～3 天出一期，长期的坚持，为栏目积累起可观的受众群（见图 4-2）。

图 4-2　搜狐网《点击今日》页面截图

（三）网易的《另一面》

2010 年 10 月 11 日，网易宣布将旗下新闻资讯类频道进行新一轮的页面改版，新版本提出“有态度的门户”的内容建设理念。《另一面》因而也追求发表“有态度”的言论，追求另一种解读，解读出事物的另一面。栏目给自己的标注是：新闻没有告诉你的事。而网易《另一面》的官方微博标签是：有态度的《网易另一面》——你所不知道的新闻另一面。由此可见，对新闻进行另一种解读，是栏目的主旨和目标。

网易的《另一面》因此在追踪热点新闻事件的时候，往往会换一个角度，换一种思路来进行解读。如对台湾地沟油事件的解读，台湾警方 2014 年 9 月 4 日通报，查获一起以“馊水油”（即地沟油）等回收废油混制食用油案件。后查明经地下油厂提炼的地沟油，被强冠公司收购，被强冠公司提供给下游 235 家业者，出货问题油数量为 782 吨；下游厂商总计 971 家，卫生局稽查已掌握问题油品流向 645 吨，地沟油事件席卷台湾食品行业，许多知名食品老厂“躺枪”。网易《另一面》第 1151 期以这个事件作为选题，但标题是《日本人没听说过地沟油》，针对有关台湾地沟油源自 20 世纪 60 年代的日本的说法进行了解读，认为这个说法没有依据，日本不可能产生地沟油，因为按日本法律规定，废弃食用油必须作统一回收，不可能再被食用。针对企业的废弃食用油从搬运到回收处理的整个流程都有管理单跟踪登记，一旦违规可判 5 年以下有期徒刑。日本家庭废弃食用油也不能倒进下水道，要先做固化处理，再作为可燃垃圾回收。日本政府出资鼓励家庭回收废弃油精炼，使用所制生物柴油的公共车辆会标明“这辆车用的油就是天妇罗油生产的”等广告语。借用日本对待废弃食用油的做法，事实上解读了我国地沟油之困。这个角度与众不同，的确是“另一面”的解读。网易《另一面》的这种另辟蹊径的解读思路在很多节目中都体现出来，如第 1145 期《美国医生对“医闹”：你不仁我需义》，议论 2014 年 8 月底，复旦大学附属儿科医院骨科主任马瑞雪宣称“将不再为‘医闹’女子的孩子提供继续治疗”的事情。第 1131 期《发达国家靠强制医疗责任险防“医闹”》，针对湖南湘潭产妇死亡事件展开议论。这些都采用了另辟蹊径的独特解读思路。

网易《另一面》值得称道的还有栏目组的勤奋和坚持，这个栏目从 2010 年开始创办，属于每日更新的栏目，截至 2015 年 1 月 21 日，已经推出了 1239 期节目。栏目的长期稳定，能够很好地吸引忠实受众。图 4-3 为网易《另一面》页面截图。

图 4-3　网易《另一面》页面截图

这些网络专题评论各有自己的特色，即便有时候会撞题或观点趋近，但因为各自不同的风格而做成了不同的专题。对于门户网站来说，做专题是对没有新闻采写权的一种补偿。同时由于各大门户网站竞争的需要，又促使网络专题评论成为门户网站的必备内容之一。

二、网络专题评论的特征

网络专题评论在形式上具有网络专题的特点，内容上又具有评论的特点。网络专题既具有专题的承继性和超容量性，又具有多媒体性和交互性；而网络评论的选题多样，评论主体多元，观点鲜明，见解独到。通过对凤凰网《自由谈》和腾讯网《今日话题》和搜狐网《点击今日》等网络专题评论进行总体考察，可以归纳出网络专题评论的特征主要如下所示。

（一）以评论为目的，多向度信息集纳

网络专题评论能够集纳多方面的事实信息，既可以进行前因后果纵向溯源，也可以与国外或其他地区进行横向比较，使受众能以更广阔的视野来看待选题所论之事。但众多事实信息的提供，目的都是为了更好地进行评论。

同一个选题，做成专题评论之后，对话题或事件的探讨，会比一篇评论文章、一条微博微信评论，要明显深入得多。首先，专题评论用一个专门的、独立的页面来探讨一个话题或事件，从形式上提供了足够的篇幅，使得表达空间扩大。其次，既然做成专题评论，无论是制作者还是受众，都暗中期待对该选题的讨论要深入、要充分，多角度意见的传播成为专题评论的核心内容。

如腾讯网《今日话题》2014 年 7 月 8 日第 2848 期，主题是“公交性侵：不阻止是纵容嚣张”。在这期专题评论中，先以两行字导语简要介绍了事件经过，附有《东南快报》的新闻报道详情链接。第二个版块对新闻报道进行了重新梳理，提炼出“在本案的情境中，施暴者很嚣张，乘客很‘软弱’”的标题，并分两个小标题介绍：“未帮女孩：男子几乎是明目张胆地要强奸，车厢内乘客却不喝止”“迟助司机：施暴男子并非很强壮，57 岁的他在与 55 岁的司机扭打中并不占优”这两个小标题突出了施暴者的嚣张和乘客的软弱，为“不阻止是纵容嚣张”的主张提供了事实依据。第三个版块“这样的嚣张存在于不少公共交通工具性骚扰中”，则通过统计数字、以往类似新闻报道，凸显公交性骚扰问题的严重性和普遍性。第四个版块提出观点“切勿纵容嚣张，严格防治公交等公共场所的性骚扰太必要”，集纳了香港惩罚严厉、英国展开“专项行动”、日本设女性专用车等信息，论证了防治公交性骚扰中制度建设的必要性和可行性。

由此可见，无论是对以往报道的回顾，还是对国外制度建设的借鉴，都是为了充分探讨公交性骚扰问题。如果不采用专题的形式，很难像这样提供多种事实信息。而这些事实信息，为评论提供了有力的论述依据、有价值的参考

信息。

（二）以话题探讨为主，选题贴近民生

网络专题评论的选题往往以话题探讨为主，透过热门新闻事件的表象，来探究事物本质所反映的问题。这是由于网络专题评论探讨比较深入，不能满足于就事论事，因而关注点往往聚焦于具体新闻事件背后所反映的普遍社会问题。如搜狐网新闻频道在屏首列出的12个分支中，直接用“话题”一词指代专题评论《点击今日》，点击“话题”即出现《点击今日》的页面，表明以话题探讨为宗旨的取向。

网络专题评论的这一特征也通过每一期的标题明显表现出来，如凤凰网《自由谈》2014年4月份共推出7期专题评论，其中有6期是问句型标题，如表4-1所统计：

表4-1　凤凰网《自由谈》2014年4月标题统计

期　数	标　题	标题类型
第712期	生活大爆炸遭禁播　谁给了我们嘲笑荒诞的机会？	问句
第711期	不想当厨子的法官不是好庭长？	问句
第710期	冤案追责：别只聚焦“女神探”	陈述句
第709期	北京需要什么样的副中心？	问句
第708期	奉化塌楼：谁让中国楼房如此短命？	问句
第707期	死磕派律师：“磕”出一个法治中国？	问句
第706期	英国怎样成“腐国”？	问句

问句型标题表明了以话题为主导的特征，新闻事件往往只是一个由头。如“英国怎样成‘腐国’”这一期，借用3月29日英国同性婚姻法开始实施为由头，探讨英国社会对同性恋的态度变化；第708期以奉化楼塌事件为由头，探讨中国建筑质量、寿命问题。

同时，网络专题评论所探讨的话题又有贴近民生的特征。考察当前网络专题评论的选题，可以发现，与普通民众息息相关的社会民生类选题最多。这是因为，社会民生类问题与人们生活息息相关，具有贴近性、紧密性，因而编辑也需迎合受众心理，更多的以社会民生问题为选题，制作许多受众喜闻乐见的评论专题。

（三）受众互动活跃，打造意见交流场

专题评论设有受众发表留言的平台，受众可通过留言区发表自己对新闻事件的看法。网友留言进一步强化了网络专题评论意见多元化的优势，使之成为针对同一事件或问题、多种意见充分交流的场所。

如腾讯网《今日话题》留言区受众相当活跃，互动积极性高，形成了很好的意见交流与互动。前述腾讯网《专题评论》2014年7月8日关于“公交性侵”的中，截至7月9日21:00，已经有16 493人跟帖。对《今日话题》从2013年8月1日到2014年3月1日进行考察可以发现，在这期间一共推出213期专题评论，其中留言数量在10 000以上的专题评论有73期，约占35%；留言数量在5000～9999的专题评论有51期，约占24%；留言数量在1000～5000的专题评论有84期，约占39%；而留言数量在0～999的专题评论比例最小，仅2%。也就是说，98%的《今日话题》专题评论网友留言数量都在1000条以上，59%的专题评论网友留言数量在5000条以上，35%的专题评论网友留言数量在10 000条以上。这些数据充分说明，运用网络专题评论的形式，能极大地激发网友参与，充分发挥网络评论互动性强的优势。

留言数量和参与人数这两个数据表明了网友关注程度，也间接说明了该专题吸引受众的程度，因此，数据被有些网站视为评判一个专题好坏的标准。

但是也应当注意到，有些留言数量少的专题，编辑却觉得做得不错。

（四）追求更多原创，树立网站品牌

网络专题评论实质上是网站追求原创的产物。众所周知，网络没有自主采集新闻信息的权利，网络上传播的内容大部分来自转载，原创的内容非常少。为了打破这种局面，网易2004年开辟了《今语丝》专题评论，就是为了突破转载传统媒体的窠臼、尝试原创自制内容。随后，几大门户网站纷纷效仿推出网络专题评论，将其作为体现自己独特性和创造力的原创基地。如新浪网在《新观察》页面上端醒目注明“新浪原创”，即体现了这种自觉的原创追求。

原创性追求还赋予网络专题评论不一样的地位——它承载着增强竞争力、树立网站品牌的希望，对商业门户网站来说尤其如此。一个有趣的现象是：几乎每个网站的专题评论都设定了自己的口号，这种状况在其他网络频道或栏目中均为罕见，令人马上联想到报纸，几乎所有的报纸都在报头下用醒目的字体宣扬自己的办报思想，而在网络媒体中，仅有网络专题评论被赋予了这种使命：代表网络媒体发声、宣告自己的志趣和追求。如腾讯网《今日话题》的口号是“用常识解释新闻”；网易《另一面》的口号是“新闻没有告诉你的事”；凤凰网《自由谈》首页上的口号是“越谈越自由”，在每一期页面上的口号是“有理不在声高”；等等。

第三节　网络专题评论的构成要素

综合考察各个网站的专题评论，可以发现大部分网络专题评论主要由标题、导语、主体、结语四部分组成。

一、网络专题评论的标题

网络时代催生了标题经济，标题是否吸引人，直接影响到后续的阅读行为，网络专题评论也不例外，每一期都会尽量提炼一个吸引人的标题。

目前网络专题评论中，最常见的标题有问句式标题和观点式标题两种，上文也曾提到，大部分网络专题评论采用问句式标题。

问句式标题：以提问的方式拟定标题，以表明该专题评论的主旨，即探究某个新闻事件背后的原因，或某种社会现象的成因。问句式标题容易激发受众好奇心，引发受众关注，使之产生一探究竟的冲动和进一步阅读的欲望。例如，《赴美建厂：'世界工厂'逆袭美国？》《"土豪村"1300万分红是怎么来的？》《女孩摔婴：真有天生罪犯吗？》《累死累活的中国人最不敬业？》《这个年，公务员们过得还好吗？》《北京地铁涨价：是在驱赶外地穷人吗？》等等。这种问句式标题首先就将问题摆出来，提问的方式促使受众也想探究问题背后的深层原因。

观点式标题，将主要观点提炼成标题，用一句话加以概括，简明扼要地表达网站的立场和观点，引导受众正确理性地看待所论事件。例如：《无需苦大仇深的看待"杀马特"》《"大妈讹外籍男"事件的反思盲点》《一纸"道歉信"教不好摔婴女童》《温岭杀医事件：别再让医生为体制背黑锅》《权利向'大师'求的不是信仰》《延迟退休：莫让"夕阳红"变"老来穷"》等等。观点式标题一句话点明看法，对这个观点感兴趣的受众就会被吸引，进行深入阅读。

二、网络专题评论的导语

导语原本是新闻报道中消息体裁专用的一个术语，特指消息开头用来提示新闻要点与精华、发挥导读作用的段落。[①] 但是在网络专题评论中，也往往在标题下提炼一段导语，起到引子的作用，吸引受众阅读全文。如腾讯网《今

---

① 刘明华，徐泓，张征．新闻写作教程[M]．北京：中国人民大学出版社，2008：152.

日话题》栏目中，专门列出了“导语”小版块。

网络专题评论的导语有以下几种类型。

有的用来介绍该期专题的论题。这往往用在重大事件或重大议题中，主题本身就能引发人们的兴趣，那么就以主题的介绍来作为导入。如2014年8月第1145期网易《另一面》题为《美国医生对“医闹”：你不仁我需义》，导语主要介绍讨论主题：“8月底，复旦大学附属儿科医院骨科主任马瑞雪宣称‘将不再为‘医闹’女子的孩子提供继续治疗’。此事若发生在美国，宣称‘不再提供继续治疗’的医生输掉官司是板上钉钉的事。”这个导语陈述事实，主要介绍该期专题评论的主题。

有的导语用来引发兴趣。如腾讯网《今日话题》2014年8月29日第2900期《劫杀女生案：敲“病态彩民”警钟》，就运用了问句式导语，来激发受众想要深入了解的欲望：“19岁的女大学生高秋曦遇害身亡。同样19岁的犯罪嫌疑人王某某供认，因购买彩票输钱，经济拮据，萌生抢劫念头。人们纷纷在问，因为买彩票输钱就杀人，这是怎么了？”这段导语起到导入的作用，问句说出了人们心中共同的疑惑，激发人们阅读的欲望。

有的导语概括该期专题的大意。2004年9月18日推出的第2920期《院士演讲学子睡倒：谁之错？》，“‘92岁院士站着做报告 学生们趴着打瞌睡’这则新闻引发了热火朝天的讨论。人们分三派：有人怒斥学子们太不懂得尊重人；也有人替学生不平，认为得怪报告本身不精彩，科学大师太不‘接地气’；还有人则认为两方都没错，错在不该把院士与学子们组织在一起。到底如何看？”

三、网络专题评论的主体

网络专题评论既然是对一个事件或话题的集中性的探讨，那么就必须谈得深入，往往既有对新闻背景的详尽介绍，又有对新闻事件的深入解读，或者有各种角度的观点碰撞。网络专题主要有两种结构：一种是横向结构，以观点争鸣为主，以呈现各个角度的看法和意见为主；另一种是纵向结构，以深入解读为主，以层层推进的解剖和分析为主。早期的网络专题评论往往既有横向结构的观点争鸣，又有纵向结构的深入解读，是名副其实的意见和观点的“集装箱”，但现在有些网络专题评论往往主体结构简单、信息单一，只不过是一篇加长版的评论文章。

以腾讯网《今日话题》为例，取其第961期和第2901期进行对比，可以看出主体内容构成的变化。《今日话题》第961期于2009年7月18日推出，标题为《尿毒症拆散夫妻的真假》，见图4-4（见第97页）。第2901期于2014年8月30日推出，标题为《女大学生更容易受侵害吗》，见图4-5（见第98页）。比较两个网页可以看出区别之所在。

《尿毒症拆散夫妻的真假》的主体内容有各种观点和意见、相关辩题的辩论会、佐证正反方观点的新闻、相关专题、腾讯调查、网友热帖等版块，形式上有文字、新闻图片、视频等各种传播符号。这个专题评论包含很多标题链接，所有的链接内容由3篇新闻报道、5篇新闻评论文章和2个相关专题、2个论坛发帖评论、1则受众意见调查组成，内容丰富。

《女大学生更容易受侵害吗》的页面看起来更像一篇长文章，加上短短的导语和结语，配以少数图片，唯一的一个链接是《今日话题》的往期相关专题。

从以上比较可以看出，网络专题评论的主体构成有简单化的趋势，但同时也从转载为主、以复制粘贴为主转变到现在以原创为主。

但既然是网络专题评论，还是应该发挥专题的优势，更应该发挥网络专题海量、集纳的优势，在追求原创的同时，也应该不失内容的丰富和多样。因此，一个优秀的网络专题评论不仅要求集纳丰富的背景材料、各类观点，还应做得丰富多彩，运用多种传播符号，兼顾各种评论形式，引导网民多个视角看待新闻事件。应该具备以下具体内容。

（一）新闻背景材料

对新闻背景材料的介绍，有助于受众了解事情原委，也是意见和观点形成的基础。如腾讯网《今日话题》第2599期《空鼻症杀医血案的“幕后真凶”?》，先摆出了新闻背景材料“两个让人难以理解的怪现象”：一是耳鼻喉科成了高风险科室，专题列举了4个发生在耳鼻喉科的杀医惨案；二是无法理喻的患者发狂——最近的浙江温岭杀医案凶手，一度被家人送到精神卫生中心住院，他正是在耳鼻喉科发狂杀医的凶手。有了这些新闻背景材料铺垫，该专题才进入正题：空鼻症患者生不如死、痛不欲生。深圳鹏程医院血案中，凶手因医生为其治疗鼻炎、治疗结果没达到预期，遂起报复之心，被抓后就说“自己想死”。新乡市第二人民医院血案中，凶手因鼻中隔手术“不理想”，在手术五年后杀死了自己的主治医生……专题成功揭示了“空鼻症”这一罕见病症带来的危害。这期专题引发人们的关注，被多次转载。

腾讯评论

腾讯评论频道 | 腾讯首页 | 手机腾讯网 | 全站导航

今日话题

用常识解读新闻 VIEW.QQ.COM

尿毒症拆散夫妻的真假

第961期 2009.7.18

华商网

患尿毒症的她，是两孩子的母亲，丈夫却在医院不辞而别。

不论事实真伪，我们都可以问：为什么尿毒症能让亲情破碎，或者逼得全家上演苦肉计呢？[详细]

[本期主持：东来]

一周热门话题 专题汇总

1 7月17日 “有钱百姓”推高房价？
2 7月16日 经济越发达，水越黑？
3 7月15日 郑州别墅开发商的成色
4 7月14日 马路上的七宗罪
5 7月13日 季羡林留给我们什么

月度话题榜 点击 推荐

1 为什么还不打开秦始皇陵
2 在高考作文里，读不懂中国
3 高考人数下降说明什么
4 方静是不是间谍，谁说的算
5 29岁能当市长很正常
6 吉林千人中毒，怎样的心病
7 朝鲜核试验目的何在
8 微软切断五国MSN说明什么
9 推下跳桥者是为民除害么
10 中国，悍马的家？

我来说两句

提交 点击查看留言

评论首页 >> 评论
已有1268条评论，共18312人参与
查看所有评论
416062833，欢迎留言！ 更换用户

提交评论

请您文明上网、理性发言并遵守相关的规定

[热帖]腾讯网友 发表评论：为什么医院里一再上演人情悲剧

[有关资格]

我老家就这样的事情：两个女人同时患上了尿毒症.一个女人的丈夫有钱，帮她换了个肾，平安无事.另一个女人她家没钱，被病魔夺去了生命.死后没有两个月，她老公又娶了一个漂亮老婆.可怜的女人呀！每当我想起她，我就会掉眼泪......

[热帖]腾讯网友 发表评论：为什么医院里一再上演人情悲剧

强烈要求国家把外汇储备拿出来设立公民重大病国家赔付基金，凡是穷人看病报销百分之九十，富人看病报销百分之十。这样人民都不会被重大病给迫害了。

[热帖]祝愿你活得好 发表评论：为什么医院里一再上演人情悲剧

[我反对你们]

其实很多病都是自己找的，为什么要国家承担责任？

如果不辞而别是真的，则……

[人非动物，活着不只为趋利避害]

人毕竟不是低等动物，低等动物的求生习性，往往在人际之间不能适应。如能适应，就等于你默认人间通行动物世界的行事规则，允许一些母亲津津有味地吃掉自己的孩子或者喝掉孩子的血液，或者挑动自己的孩子们殊死搏斗，甚至有的母亲会以自己孩子的肉来喂养其他的孩子，就像袋口鼠以及兔子那样。人之所以为人，除了吃喝拉撒、性交繁衍以外，还有更高的精神追求，还有有别于动物情绪的情感。

[无情，比人的任何其他缺点都糟]

而情感，一定是有对象的，一定是要传达的。更重要的，情感是人的确证。用易中天先生的话说，一个人，如果头脑简单，我们会说他是白痴；如果意志薄弱，我们会说他是懦夫；如果能力低下，我们会说他是笨蛋；如果丧失理智，我们会说他是疯子。但无论如何，我们也不会说他不是人。然而，一个人如果无情无义，铁石心肠，一点情感也没有，我们会说什么呢？会说他“简直不是人”，“真他妈的是畜牲”。所以会是这样，正是人在爱与被爱中，在情感交流中，才证明了自己是人。

[即便只是撒手不管，也犯法]

周先生的这一行为，明显和现行法律相互背离。我国《婚姻法》中规定：夫妻有互相扶养的义务。一方不履行扶养义务时，需要扶养的一方，有要求对方付给扶养费的权利（第二十条）。周先生在妻子重病急需照料时弃她而去，“扶养”又从何谈起？更何况就是离婚，也要通过法定的离婚程序，怎么能私自裁决呢？[详细]

如果不辞而别是苦肉计……

[知情人质疑整个事件]

“我是一名大学生，也是一名病人家属，有些话不得不说。她丈夫从深圳回来不过三四天就收拾行李走了。既然要走，为何要大老远跑回来呢？而且他丈夫离开后，她们都很平静，紧接着就拿出了那封信，去找记者报道，当时整个病室的人都不知道她被丈夫抛弃了，是通过报纸报道后才知道的。”[详细]

[公众还要义无反顾地理解和帮助吗]

如果是真，公众与媒体没有理由不协助这对母女寻找弃她们而逃的这个男人；如果是假，岂不是对新闻媒体和公众爱心的一种亵渎与欺骗？的确，这是一个残忍的质疑，很容易让人有一种被撕裂的痛感。如果是“假逃跑”，这个男人错了吗？

[答案依然是肯定的，要帮助]

许多时候，一种声浪四起的时候，很容易忽略一个逃不掉也躲不过的核心事实，那就是冯书琴的尿毒症！她只不过是每年以8%的速度增长的数以百万计的尿毒症患者中的一个，在公众医疗体系尚不足以支撑弱者维系自己生命的时候，面对无奈与无望乃至绝望，社会应该给予足够的宽容。[详细]

现实中，唯有突破常规能换取一线生机

[故布疑云背后，是深深地无奈]

冯书琴不幸的背后不仅仅是一个个人道德问题，其本质上是个生存问题，更是一个社会问题。连起码的生存权利都面临挑战时，道德就是一种选择，无关对错。任何一个人在缺乏应有的社会救济手段和制度保障时，往往以超越常规和突破人伦底线的方式，才能够换取有限的支持，这是悲哀与无奈。

[不管真相如何，真问题都是医保的缺位！]

商业社会中，固然需要守护和重构传统的人伦道德，但更需要建立与现代社会相匹配的生存保障机制。爱心可以拯救一个冯书琴，却不一定能拯救所有的冯书琴，期待我们的新医改能够将冯书琴们的悲剧命运彻底改变！[详细]

CONCLUSION 结 语

有网友不无辛酸地指出，中石化的一个灯的费用（一千多万元）就可以救活一家人啊！……[详细]

辩论会

辩题：大灾大病面前，“策划”一桩新闻的行为属正当

支持正方 支持反方

正方3818人 反方1389人

吸引舆论关注，从而获得公众捐款以支付高额的医药费，这招数早已不新鲜了。我们应该反思的是，是什么原因逼得人们屡屡出此下策呢？

弃伪扬真，是媒体的职责也是公众的需求，真相也许是残酷的，但仍值得追寻。否则岂不是对新闻媒体和公众爱心的一种亵渎与欺骗？

佐证正方观点新闻

救救丁香小慧：公安机关调查后没发现任何虐童证据，医院会诊没有外力致伤，网帖夸大了事实。[详细]

佐证反方观点新闻

丈夫地震中独自逃命：重庆一名女子气愤地表示要离婚，因丈夫在地震来临那一刻，只顾自己逃命。[详细]

相关专题

从前，村子里有10个患了尿毒症的病人，因为医院太贵，他们看不起，于是自己买了透析机治疗……[详细]

腾讯调查

你认为患者丈夫的不辞而别是真心还是蓄意？
○ 是真的想走，不想管了
○ 是蓄意的，为引起关注
○ 说不好

你觉得本期专题质量如何？
○ 很好，会继续关注今日话题
○ 还可以，看后有些收获
○ 无聊，浪费我的时间
○ 很烂，看后就想痛扁编辑

提交 查看

010-62671641 622002076@qq.com

版权声明：腾讯网原创策划，欢迎转载或报道，但请注明出处。违者必究。

图 4-4 腾讯网《今日话题》第 961 期页面构成

今日话题

女大学生更容易被侵害吗

“女大学生失踪”为什么备受关注

图 4-5　腾讯网《今日话题》第 2901 期页面构成

新闻背景材料还应该尽量丰富，这能增加专题评论的“厚度”。网易《另一面》最突出的特点就是给出不一样的新闻背景材料，尤其是国外对类似事件的不同做法，以供读者参考。如针对2014年8月闹得沸沸扬扬的湖南湘潭产妇死亡事件，《另一面》推出第1131期《发达国家靠强制医疗责任险防“医闹”》，介绍了面对医患纠纷这个世界性难题，发达国家普遍强制让医生购买医疗责任保险，既转移医生的赔付风险，又保障患者能得到赔偿，以及多种保险覆盖，规定赔付上限，实行无过错赔付原则等做法。这样的新闻背景材料能起到开阔视野、增加专题评论厚度的作用。不过《另一面》有时候过多注重背景材料的提供，不注重观点和评论，这样的做法也有失偏颇。

新闻背景材料的形式可以多种多样，除了转载报纸上的新闻报道，也可以是图片新闻报道，还可以是广播电视媒体的音频视频相关报道。

（二）各种评论和看法

如果说网络新闻专题是新闻报道的“集装箱”，那么网络专题评论就是新闻评论的“集装箱”，一般都会列出多种观点和意见，而且会精选权威人士或权威媒体的看法作为代表。

在网络专题评论中，融合了媒体评论和网友评论，往往取其精华，抽取部分句子段落具体呈现，同时附上链接。

如腾讯网《今日话题》2009年7月28日推出的第969期《“开胸验肺”之疼》，整个专题评论集纳了8篇新闻评论的精华内容。在“迫使人打开胸腔的规定”的红色小标题下，含有三篇新闻评论：来自南方网的评论《郑州职业病防治所，如何让你相信尘肺病？》，来自《新京报》的社论《工人以开胸验肺揭穿谎言痛何以堪》和来自大江网的《社会合作及时清理制度的尘肺》。在“开胸到底验出了什么”小版块下，含有出自《北京青年报》评论员之手的评论《从“开胸验肺”看职业病维权中的“死循环”》，来自华媒网的《农民工为维权“开胸验肺”凸显了什么？》。在“救死扶伤，应该是第一时间”小版块内也包含有三篇评论的摘要：来自人民网的《“开胸验肺”暴露了什么》，来自半岛网的《那留在胸口上的刀口，是我们每个人的伤疤》，来自大江网的《社会合作及时清理制度的尘肺》。来自以上多篇新闻评论的部分摘录构成了整个专题评论的主要内容。

意见表达的形式也可以采用文字、图片、音频、视频等多种方式来传播。

值得注意的是，现在的网络专题评论流行三段论模式，也就是整个专题作为一整篇长文章，讲究论点、论据、论证三段论，长度上基本达到三个屏，也就是鼠标滚动上下有三个电脑屏幕的长度。如图 4-5 所示(见第 98 页)。

(三) 网友留言等其他意见表达

网络专题评论的主体部分除了引用新闻背景材料和各种意见看法之外，往往还会设置网友态度调查、网友留言、读者来信等其他意见表达内容。

如在上文提到的腾讯网《今日话题》第 969 期《"开胸验肺"之疼》中,除了对新闻评论文章的摘录,还有来自在线网友的意见表达。在网页右侧,还有《今日话题》设立的"辩论会",辩题为《开胸验肺这一刀挨得值》,支持正方的人数有 1.7 万多人,支持反方的人数仅 4000 多人。在网页左侧,则是精选的网友留言,第一条热帖评论道:"连普通医生都能看出来的尘肺,到了职业医生那就看不出来了,伤天害理,无泪。"网友直抒胸臆口语化的意见表达,是对该选题必不可少的意见反馈和意见表达,成为网络专题评论中的有机组成部分。

一般网络专题评论都会设有网友互动版块,这也是对于该专题选题的意见之一种,虽然发言良莠不齐,但能反映出部分网民对事物的态度。如凤凰网《自由谈》后面设有网民留言的环节,网民可以针对该专题评论提出自己的见解,网民与网民之间也可以交流看法。

四、结语

有的专题评论会在最后设立结语部分,用以承接主体部分、结束全文。有的结语表达结论性的意见。

如腾讯网《今日话题》2014 年 8 月 29 日推出的第 2900 期《劫杀女生案:敲"病态彩民"警钟》,认为该案件的根源在于凶手王某某是一个病态彩民,心态极端。该专题最后得出结论:"王某某的案子敲响了彩票业警钟。必须再三强调'负责任博彩'这回事,预防、及时矫正救治'病态赌徒'。否则,强成瘾性的、不负责任的彩票售卖带来的危害绝对不会比老虎机弱。"

有的专题评论不适合或不容易作出结论,则采用引申、联想的结语,寄予期望,意味深长。如凤凰网《自由谈》的《爸妈去哪儿了? 对孩子而言,有父母才是家》的结语:"'回家过年'只是在春节这样特殊时期对留守儿童的特别关注,而真正关心这个群体,就不能停留在春节前的偶然想法。"结语从留守儿童过春节引申到平时也应关心这个群体。又如腾讯网《今日话题》第 2471 期《检方为"聂树斌案真凶"辩护是天下奇闻吗》的结语:"聂树斌案,毫无疑问是我国司法史上极为罕见的案例,同时也是一个不可多得的机会。如果各方最终能把这个案子办得让人信服的话，对民众各方面的法治观念都将有很好的促进。”在案件本身还未明朗，难以下结论的情况下，结语从侧面进行展望显然更稳妥。

除了上述四部分内容之外，有些网络专题评论还会设置往期话题链接、相关议题等小版块或链接。针对不同的话题，往往还穿插一些相关的新闻漫画、图片或相关视频，使网络专题评论内容更丰富、形式更生动形象。

第四节　网络专题评论的制作

一、当前网络专题评论存在的问题

（一）内容单薄，形式单一

网络专题评论原本可以充分发挥专题的优势，在一个专门的页面上，通过视频、图片、文字等形式立体展现，通过多个链接延伸阅读，赋予这个页面足够的广度和深度。可是，目前很多网络专题评论却放弃了这些优势，将一个专题评论页面变成了一篇长篇幅的评论文章，间或插入少许图片。如腾讯网《今日话题》、凤凰网《自由谈》、网易《另一面》、新浪网《新观察》，目前都是包含若干大小标题的长篇评论文章的形式，有的连超链接都没有用上。这也许能在一定程度上表现出编辑的原创性——没有“链接”，纯属原创；但是这种表达形式自动抹煞了网络媒体的优势，没有体现出专题评论集纳式、立体化的特征，不能不说是一种遗憾。

（二）可持续性堪忧

新闻每时每刻都在发生，每天都有新的热门话题产生，对于网络专题评论来说，应该紧跟每日的热点新闻或热门话题迅速更新，或者有规律地定期更新。但实际上，除了腾讯网《今日话题》等少数网络专题评论坚持每天更新之外，其他网络专题评论的更新速度都很慢，凤凰网《自由谈》创办之初差不多每周推出 2 期，周六日休息，可后来越来越没有规律，有时甚至连续几个月都没更新。第 626 期至第 627 期，中间间隔近 4 个月没有更新；2014 年 4 月 29 日推出第 712 期后，直至 2014 年 7 月 12 日仍没有更新；2014 年 4 月份却在一个月之内推出了 7 期，从第 706 期到第 712 期，足见《自由谈》更新之无规律。《自由谈》截至 2014 年 8 月底共发布 725 期，但第 725 期、第 726 期的栏目名称变成了《社会话题》，此前则一直是《自由谈》。

网络专题评论如果可持续性差，将会影响栏目的稳定性，很难培养稳定的、忠诚的受众群体，甚至连原有忠诚受众都可能逐渐流失，最终将导致无法继续生存。

（三）重视程度不够

对于网络媒体来说，尤其是对于商业网站来说，网络专题评论是打造网站自有品牌的一个捷径，本应引起足够的重视。但是很多网络专题评论并不是很受重视，在网站首页上难觅踪迹，往往要层层点击好几级才能看到。例如凤凰网《自由谈》，在凤凰网首页不见踪影，经过凤凰网/凤凰网评论/自由谈，这样三级链接之后，才进入《自由谈》页面。

网站应该重视网络专题评论，并大力加以推荐，将其置于网页显著位置，制造被看到的机会。例如，相对而言，腾讯网对《今日话题》的推荐就比较重视，栏目图标被放置在腾讯新闻频道首页的“网眼”位置，有图有文，引人注目；还利用 QQ 弹窗、微博、邮箱订阅等各种方式进行宣传和推荐，效果更好。

二、网络专题评论的制作

网络专题评论往往以专栏的形式出现。在决定创办一个网络专题评论栏目之前，应该进行详细的调查研究，熟悉受众的喜好和偏向，了解竞争对手的情况，运用差异化战略进行栏目定位。在具体进行每一期网络专题评论的制作时，需要从如下方面入手。

（一）网络专题评论的整体规划

制作网络专题评论，首先要进行整体规划。栏目定位、目标受众、风格特征这些要素在栏目策划之时就已明确。在整体规划阶段，主要进行专题内容的细分和规划，确定导语、主体、结语这些小版块的设置和比重；尤其是主体部分，需要确定新闻背景材料、各种观点、网友留言等的设置和比重；还要考虑是否设立网友态度调查、观点辩论争鸣、视频链接等小版块。

网络专题评论的整体规划需要注重原创性。原创性意味着独特性，是避免同质化、在竞争中胜出的要诀。哥伦比亚大学的帕维里克教授对网络媒体的未来发展趋势进行了“三部曲”总结：复制粘贴阶段、用户化阶段、原创阶段。[①] 目前网络专题评论基本上告别了完全复制粘贴的时代，都在有意识地

---

① 转引自王影，李忠志．商业网站的“新闻原声”——从搜狐新闻看中国商业网站的新闻整合力[J]．网络时代，2003(2)．

追求原创性。但如何结合网络媒体的特性和网络专题的特性来创作网络专题评论，仍然是一个亟需探讨的问题。

网络专题评论的整体规划是对栏目理念的具体实践。每个网络专题评论栏目都会有自己的理念，如腾讯网《今日话题》的资深编辑张东生这样表述栏目的理念：我们在做的过程中，一直遵守的立场就是：客观、理性、积极、向上，更多强调建设性的，而不是直接批评一些东西，或者只批评而不提建设性意见。在进行整体规划时，就要将栏目的理念贯穿到整个专题评论之中去。

（二）网络专题评论选题策划

确定选题，是网络专题评论制作的重要环节。选题恰当与否，决定了该期专题评论的受欢迎的程度。

1. 追求“新”和“热”

网络专题评论的选题首先追求“新”和“热”。在以秒速更新的网络媒体中，一定首先要直面每天的热点问题。腾讯网《今日话题》几乎每天更新，他们每天都要开选题会，先要把当天的热点报一遍，最后确定一个值得关注的话题。而为了确定一个好选题，每天上午要开半个小时的会，每个人报一下题目，最后确定一个题目，然后讨论：我们的立场、我们的诉求在哪儿，我们希望告诉网友什么东西，然后希望网友做什么东西，就是说我们设置什么议程，让网友讨论什么。[①] 从《今日话题》的操作实践可以看出，他们对选题的重视程度，以及对选题“新”和“热”的追求。

2. 从网友兴趣出发

网络专题评论的选题还要充分考虑网友的兴趣和需求。网络专题评论制作的目的不是自我娱乐，而是明确面向广大网友推出，越受欢迎越好。网络媒体的传播效果一般用阅读数、点击率这样的指标来衡量，而且网络媒体完全可以精确显示阅读数或点击率、回复数量、参与人数等数据，因此，这些数据也成了衡量一个网络专题评论受欢迎程度的标准。腾讯网《今日话题》编辑如是说：“我们首先要考虑这个话题要能吸引网友来看，这个是我们最重要的一个标准。如果一个话题不能够得到受众的认同的话，那么这个专题是失败

---

① 张东生．腾讯今日话题幕后——答人大新闻系张国航同学．腾讯博客[EB]．腾讯网，2009-1-19. http://blog.qq.com/qzone/46087267/1251705674.htm.

的。”[①]而具体到腾讯网《今日话题》的选题来说，因为腾讯网的受众面广泛。腾讯QQ基本上覆盖了中国80%以上的网民，所以在选题上有进一步具体的要求：“我们需要这些人都对我们的话题感兴趣。所以我们就会在话题的设置选择上比较广泛。我们希望今日话题能够涉及最广泛的网民的利益，成为他们的关注点。”

腾讯网《今日话题》2014年8月21日推出的第2892期《花季少女搭错车被害该怪谁》，就显示出网友兴趣对于网络专题评论选题的影响。该期专题评论的选题是重庆女大学生高渝搭错车遇害案，因为高渝失联案件早前在社会上已经引起广泛关注，而关于社会环境的安定问题、对陌生人的防范问题是每个人都有话可说的，所以网友对这个选题很感兴趣，有近2万名网友在这期专题评论后发表了意见。由此可见，选择网友感兴趣的选题，才能激发他们进一步阅读和评论的兴趣。

3. 有足够的生发空间

网络专题评论作为一种意见集纳型的评论形态，选题就不能过于狭窄和单纯，而要有一定的争议性，有足够的意见争鸣的空间。和网络时评的选题相比，网络专题评论的生发空间还要广阔一些。因此，网络专题评论的选题应该跳出具体的新闻事件，跳出就事论事的局限，将目光投向具体热门新闻事件背后的普遍现象或问题。如《今日话题》2014年8月29日推出的第2900期《劫杀女生案：敲“病态彩民”警钟》，以19岁女大学生高秋曦被害案中凶手的“病态彩民”心态为选题，超越案件本身，探究这个事件背后的根源和社会问题。揭示出“病态彩民”心态的可怕，提醒人们关注这种社会问题。

网络专题评论的选题还应该有广大网友说话的空间，选题如果太专业、或者太高深，一般网民难以说得上话，参与的网民就会很少。因此，尽可能让最大多数的网民能够参与其中，是确定选题时必须考虑的因素之一。

（三）网络专题评论论述主线的确定

网络专题评论虽然是集纳型的评论形式，内容丰富而庞杂，但编辑心中应该有明晰的论述主线。这条主线是串起所有专题内容、使之有内在逻辑的一条线索。

网络专题评论的论述主线围绕论点展开。论点是对事物或问题所作出的

---

① 张东生．腾讯今日话题幕后——答人大新闻系张国航同学．腾讯博客[EB]．腾讯网，2009-1-19. http://blog.qq.com/qzone/46087267/1251705674.htm.

基本判断，每个网络专题评论栏目都会有一定的价值判断倾向性。如腾讯网《今日话题》，其立场是：在政治上会倾向法治国家，经济上主张市场经济，文化上倡导多元文化。而这样的立场会影响到每一个专题的价值判断。①

网络专题评论的论述主线实际上是对论点的论证逻辑，专题中的各级大小标题就清晰体现了步步深入的论证过程。如案例4-1

案例 4-1

搜狐网《点击今日》，在2014年6月3日推出的第1412期中，采用了层层深入的论述主线，论述主体为四个大标题：招远血案5名嫌犯被捕涉故意杀人、邪教罪——披着羊皮的狼；冒宗教名义控制教徒——邪教综合征：什么让人如此残忍——谁给了邪教魅影滋生土壤？这四个大标题，体现了“事件现象——事件本质——事件原因——事件更深社会根源”这样一个从现象到本质到缘由的逻辑认证过程，论述主线清楚明了。而在每一个大标题下，又有几个小标题作为论证和支撑，如在“谁给了邪教魅影滋生土壤？”这个大标题下，分三个小标题进行论述：社会土壤，乡村凋敝与精神贫瘠；政治土壤，境外敌对势力的渗透；打击邪教和信息公开。三个小标题可以视为三个分论点，有力支撑着上一级大标题的论证。

在观点意见多元化的网络专题评论中，其内在论述主线也应清楚明了。运用各级大小标题，将其串联成有内在逻辑的论述主线，搭建起整个网络专题评论的框架。

（四）网络专题评论的页面设计注意事项

网络专题评论最终以网页形式展示，一个专题一个页面。网络专题评论的页面首先应该美观，充分考虑视觉愉悦效果。有的网络专题评论一打开，首先出现在眼前的就是一张视觉效果较好的图片，该期专题评论的标题就叠加在图片上，这样的设计先声夺人，能较好地吸引受众眼球。

网络专题评论的页面设计应该充分发挥网络媒体信息海量、形式多样的优势，在一个页面之内充分展示观点集纳、形态丰富的特色。应该运用文字报道、即时滚动播报、链接信息补充、视频音频评论、图片评论等多种手段，使网

① 张东生．腾讯今日话题幕后——答人大新闻系张国航同学．腾讯博客[EB]．腾讯网，2009-1-19. http://blog.qq.com/qzone/46087267/1251705674.htm.

络专题评论呈现出多样化、立体化的特征，克服当前单一、模式化的毛病。网络专题评论应该充分集纳各类媒体评论，以摘编或链接的方式，同时呈现不同角度的观点，使得专题真正成为意见的集大成者。

网络专题评论的页面设计还应体现出与新媒体的融合。随着微博、微信等新媒体的兴起，网络专题评论也应该利用这些新兴媒体融合发展，并在页面设计中体现出来。目前腾讯网《今日话题》页面上既有官方微博号，也有微信公众账号，方便网民接收。

本章小结

本章介绍了网络专题评论的兴起和发展，并对这种网络评论形态进行概念界定，认为网络专题评论就是在网络媒体中，集中围绕某个话题或某一主题，运用多种传播方式，旨在进行意见表达和意见交流的，以独立页面立体化呈现给受众的评论形态。

网络专题评论多以专栏形式出现，目前有代表性的网络专题评论有腾讯网的《今日话题》、搜狐网《点击今日》、网易《另一面》、新浪网《新观察》等。当前网络专题评论呈现出如下特征：以评论为目的，多向度信息集纳；以话题探讨为主，选题贴近民生；受众互动活跃，打造意见交流场；追求更多原创，树立网站品牌。

网络专题评论的内容构成主要有标题、导语、主体和结语四大版块，其中主体部分主要包括新闻背景材料、各种评论和看法、网友留言等其他意见表达。

目前网络专题评论有内容单薄、形式单一、可持续性不强、不够受重视的缺点。在进行网络专题评论制作时，需要克服这些缺点，精心做好专题。需要做好网络专题评论的整体规划，合理设置内容版块和页面结构；精选紧跟热点、广受关注、阐释空间大的选题；理清整个专题的论述主线，进行逻辑论证；并最终以美观、视觉丰富的页面呈现出来。

思考与练习

1. 网络专题评论和网络新闻专题有何区别？
2. 网络专题评论与网络时评有何区别？
3. 你看过哪些网络专题评论？觉得它有哪些优缺点？
4. 你觉得网络专题评论怎样才能做到页面内容丰富、形式多样？

第五章　微博评论

学习目的

1. 了解微博评论的现状。
2. 掌握微博评论的特点。
3. 掌握微博评论实务。

第一节　微博的兴起

一、微博的出现

美国《时代周刊》宣称:“微博是地球的脉搏”。一语道出了微博在当今社会的重要性。

微博,即微型博客(Microblog),是博客的微缩版或者变体。最早由博客先驱 blogger. com 的创始人埃文·威廉姆斯提出并于 2006 年 5 月创办了世界上最早提供微博服务的网站 Twttr,即后来的 Twitter(推特)。Twitter 的理念是“无处不在的沟通”,宣传口号是“What are you doing”。目前已成为全球用户数量最多、市值最高的微博服务。

美国推出 Twitter 之后,中国出现了叽歪、饭否、嘀咕等微博网站,随着新浪微博和人民网微博的推出,微博成为继论坛、博客、WIKI、SNS 之后,最热门的互联网工具。

2009 年 8 月,新浪网率先推出新浪微博测试版。2009 年下半年,新浪、搜狐、网易等门户网站也纷纷开启和测试微博功能。2010 年 2 月 1 日,人民网推出的“人民微博”正式公测。以论坛人气著称的天涯社区也于 2010 年 11 月 10 日凌晨推出了微博客。短短几个月内,微博已经成了中文互联网的一项重要内容。

新浪微博的迅速壮大,显然超乎所有人的想象。

中国地产界大亨潘石屹记得,2009 年 8 月,时任新浪执行副总裁陈彤出面邀请他注册微博时，两人正在办公室吃盒饭。潘石屹一边吃，一边问："你说我如果上你这儿开，能达到一百万粉丝吗？"对方想了想："估计得几年时间吧。"

两人都没想到：4 年过去，潘石屹的微博已有了 1600 万粉丝，相当于南美国家厄瓜多尔的人口总数。他成了中国最知名的房地产开发商；而新浪微博，也发展成了中国最具影响力的信息平台之一。[①]

2010 年被称为微博元年。2010 年，最热门的词汇就是"围脖(微博)"，最时髦的事情就是"织围脖"。

2010 年的"两会"成了微博发展的强大推手。新闻媒体充分利用微博：人民网"两会新闻专题"下设的"微博报两会"，成为新闻专题最大的亮点。人民网打出"微言大事博论两会"的口号，开辟《代表委员微博》《两会记者微博》《微博放映厅》《博眼看会》等多个栏目。新华社"新华视点"记者集体开设微博，第一时间发布"两会"鲜活的现场新闻。微博成为两会的新闻源："两会"中的很多热点话题都来自微博，多家报纸开设微博版面，反映微博中网民关心的热点话题和网友热议。微博还成为连接会场内外的沟通桥梁：代表委员们有的直接将议案、建议发上微博，有的将随手拍的会场图片发上微博。而记者、网民一边看微博、一边写微博，成了两会的一道风景线。

经过两会的催化作用，微博用户从 2010 年年初开始一路飙升，如 2010 年 8 月 20 日，姚晨粉丝数量为 2 522 687，居新浪"人气关注总榜"首位，被称为"微博女王"；[②]2014 年 7 月 18 日，姚晨的粉丝数量已经发展到 70 324 825，位居新浪粉丝数量第二名。近四年过去，姚晨的粉丝数量从 200 多万发展到 7000 多万，微博发展的惊人速度可见一斑。而 7000 多万的受众群，是任何传统媒体都难以想象的。相比之下，持续多年世界发行量排名第一的日本读卖新闻，其历史最高发行纪录是 1400 多万。微博所拥有的读者数量，传统媒体无法企及。

截至 2014 年 12 月，我国微博客用户规模为 2.49 亿个，较 2013 年底减少 3194 万个，网民使用率为 43.5%。其中，手机微博客用户数为 1.71 亿个，相比 2013 年底下降 2562 万个，使用率为 30.7%[③]。在经历了 2011 年至 2012 年的快速增长期之后，微博客市场逐步进入成熟期，整个市场呈现出集中化趋

---

① 范承刚，周华蕾，刘志毅等．大 V 近黄昏？[N]．南方周末，2013-9-12.

② 任晓敏．当报纸遇到微博[J]．传媒，2011(2).

③ 第 35 次中国互联网络发展状况统计报告．中国互联网络信息中心，2015 年 1 月.

势，部分运营商对于微博客业务发展战略的调整对整体微博客用户规模造成一定程度的降低。2014 年 12 月，我国微博客用户规模为 2.49 亿，较 2013 年底减少 3194 万，但这种下降只是暂时的，微博 2021 年第三季度财报显示，截至三季度末，微博月活跃用户达 5.73 亿，月活跃用户中来自移动端比例达到 94%；日活跃用户达到 2.48 亿，微博平台依然生机勃勃。

从发展趋势分析，随着用户使用成熟度和内容偏好度的加深，其自身属性也在变化。首先，微博客平台作用提升，已经成为个人、机构以及其他媒体的信息发布交流的平台，同时也为手机应用、社交等提供了平台支持。其次，从内容方面来看，微博客在泛内容、大众化内容的基础上，开始涌现出一些垂直化、精细化的内容，用户个性化需求满意度逐步提升。第三，从用户趋势方面来看，微博客用户逐步“下沉”，从早期的以一二线城市为主，逐步发展到三四级乃至更低级别地区。最后，从价值应用角度分析，随着微博客数据的积累，微博客将在舆情管理、行为预测、网络营销方面发挥更大价值。①

微博之所以能够呈爆炸式增长，有如下几个原因。

一是微博的表达门槛低。微博创造性地对每条信息做了字数限定：140 字以内。这对广大网民来说反而是一种表达上的解放，一种减压。人们无需字斟句酌、无需深思熟虑，随时随地可以将自己的观察、感悟、评价、心情等用微博表达出来。

二是微博用户准入门槛低。无论什么文化程度、什么身份背景，都可以申请开通。发微博就像发短信，很容易掌握。

三是微博使用的技术门槛低，能够使用网页、WAP 页面、手机短信、即时通讯软件（如 MSN、QQ、G-talk 等）以及开放 API 接入并进行开发的第三方互联网工具发布信息。用户之间可以通过转发、分享、评论、私信等方式进行互动。

二、微博的兴起给传统媒体带来新的机遇

2009 年 8 月新浪推出微博服务的时候，与 Twitter 和饭否等微博先驱相比，最大的创新就是在保留通信、社交功能的基础上，极大地强化了微博的媒体和传播功能，这使得此后的微博天然与媒体有缘，给传统媒体带来了新的机遇。②

① 第 34 次中国互联网络发展状况统计报告[R]. 中国互联网络信息中心，2014 年 7 月.

② 李开复. 微博：改变一切[M]. 上海：上海财经大学出版社，2011.

（一）微博扩展了传统媒体的受众群

微博兴起后，传统媒体迅速跟进，纷纷开通微博，在一个新兴传播平台扩大自己的影响。有的借助门户网站进行，在新浪网开通媒体官方微博；有的与报社网站融为一体，如《广州日报》推出大洋微博，《齐鲁晚报》推出自己的微博。

《人民日报》在挺进新媒体中打了漂亮的一仗。@人民日报上线 4 个月，其粉丝数就突破 280 万，超过《人民日报》2012 年度 278 万份的征订量，好比在微博世界中办了一份新的《人民日报》。@人民日报一直是新浪微博中传统媒体粉丝数最高的一个，2022 年 8 月达 1.5 亿人，其视频累计播放量 348.28 亿人。8 月 20 日@人民日报发博 31 条，总阅读数 100 万＋人次，互动数 54 万人次。而@人民日报主持的＃重庆山火＃的话题，8 月 21 日阅读数 8807.4 万人次，讨论 1.8 万人次。这充分说明，《人民日报》借力微博是成功的，传统媒体在微博中延伸和发展了自己的影响力。如图 5-1。

图 5-1　腾讯微博“热门话题榜”截图

（来源：腾讯微博）

（二）传统媒体融合微博内容焕发新光彩

传统媒体也积极向新媒体靠拢，首先想到的是吸纳微博内容，开设微博栏目或版块。如《新京报》的《微博大义》栏目。该报从 2010 年 3 月 1 日起在评论版开辟《微博大义》专栏，每期选取几条热门微博评论刊发，成为反映微博舆论的一个窗口。

《微博大义》“开栏语”这样说道：“‘小’评论的春天也要来了。自本期（3 月 1 日）起，《微博大义》这样一个‘小小评论’栏目开张，本栏目收集微博上的时事八卦、妙语批点、麻辣评论，为‘脖友’提供一片言论‘小高地’。所谓‘义’之大小，仁者见仁，智者见智——‘大义’固然渴求，‘小义’亦然尊贵。”《微博大义》自此成为《新京报》的一个品牌栏目，而且一直坚持办到现在，这也从侧面反映了微博四年多以来一直受追捧的程度。

其他还有《青年时报》的《微言大义》栏目，《都市快报》的《微生活》版面，等等。虽然有些媒体并没有设专门的微博栏目，但是转发微博内容已成为媒体传播的一部分。如广播电视栏目中经常转述微博评论，在评论性节目中尤其如此。而微博大V对热门事件的议论还经常被传统媒体做成新闻报道。

（三）微博给传统媒体提供了大量的新闻线索

现在报业竞争加剧，"独家新闻"难觅，促使报纸媒体的从业者经常从微博中寻找新闻线索，尤其是一些突发事件的线索。

比如2011年7月23日晚上，甬温线杭州段发生了动车追尾的特大交通事故，第一条事故信息由微博手机客户端发出，第一条求助信息也由乘客的微博发出，从而引来大量网友的转发、评论和关注，随后各大网站媒体开始大规模报道。

2014年6月22日深夜，一位女乘客在郑州开往日照的2150次列车上，发现了一名彝族妇女抱孩子、喂养孩子的行为不对劲，疑似拐卖婴儿。她通过@尹宁武大发微博求助，立刻被网友关注。一名郑州网友联系到了山东费县警方并报案。凌晨5时，6名可疑人员在山东费县一下车，就被当地民警控制住。事后证明这的确是一个贩婴团伙。这件事情随后几天都成为传统媒体报道的热门事件。

三、微博的传播特征

中国人民大学新闻学院教授涂光晋将新媒体时代信息传播的特点概括为：新闻的及时性与随动性，意见的自发性与互动性，观点的多元化与情绪化，舆论的集散性与整合性。这四个特点在微博传播中鲜明体现出来。与网络页面呈现的信息传播相比，微博整体上更有自己的独特性。

（一）传播以秒速更新

微博的出现，进一步加快了信息传播的速度。微博更新的速度以秒计，甚至演变成微博直播。

2012年12月7日至11日，中共中央总书记、中央军委主席习近平在广东省考察工作。囿于新闻保密规定，新华社通稿和中央电视台的报道定在11日晚发出。但从7日起，微博客等"自媒体"已开始全程跟踪报道总书记首次离京视察活动。习近平未到之前，香港《大公报》《文汇报》均嗅到苗头并在自己网站上公布将有中央领导人视察深圳的消息。港粤媒体纷纷出动做准备，但发回第一时间"现场报道"的，却是普通网友。

7日下午2时17分，新浪认证为"深圳市华脉资讯有限公司总经理"的@陆亚明发出微博："首长似乎真来了，外面传来警车喇叭声。咱办公室与企鹅大厦直线距离小于500米。听说没有封路。"

随后，他又发了一条微博，描述巧遇总书记车队的情形："车不成队，中间有数辆社会车辆，中巴未拉窗帘，透明玻璃，车速约60公里/小时。"

这条微博被转发超过8.5万次，有2.1万条评论。大家盛赞总书记不封路的亲民、平等作风。

@学习粉丝团以草根追星方式实时直播习近平南下考察："亲：能超您车吗？真是轻车简从哦，不过您这中巴车容易被别人超呐。"

他还在博客中用30篇图文近距离展示了总书记亲民和蔼的风格，甚至美国《华盛顿邮报》也刊登了此事。

《人民日报》《南方日报》等多家报社的官方微博均引用网友的"现场播报"，转发总量以十万计。@央视新闻推荐了网民拍摄的总书记行程"微镜头"，称这组镜头虽没有好的角度，但真真切切来自百姓，是"带有温度的记录"，是真诚的沟通。[①]

这一次的微博直播、微博围观，充分展示了微博快速、灵活的优势。在所有新闻机构因为纪律要求报道滞后的情况下，普通网民用微博这种特殊的方式生动地直播了现场情景。

（二）点滴碎片式呈现

微博传播整体上呈现为碎片化状态，每一条短短的微博，宛如大海中的小水滴，汇聚成微博的信息海洋。

首先是内容的碎片化。微博之"微"，使得它难以在有限的字数内将一件事情、一项意见充分表达清楚，一条微博也许只能表达冰山一角，要看到全貌就需要将很多条微博摆在一起。

其次是微博客使用时间上的碎片化，往往用的是工作生活的间隙时间。第33次《中国互联网络发展状况统计报告》显示：手机浏览器用户平均每次使用手机浏览器时长为10～30分钟，占比为33.1%，用户在使用手机浏览器的习

① 祝华新．报道总书记广东视察自媒体走在了官媒前面[N]．中国青年报，2012-12-15.

惯上主要为每天使用多次,每次使用时间较短,碎片化特点明显。[①](见图 5-2)

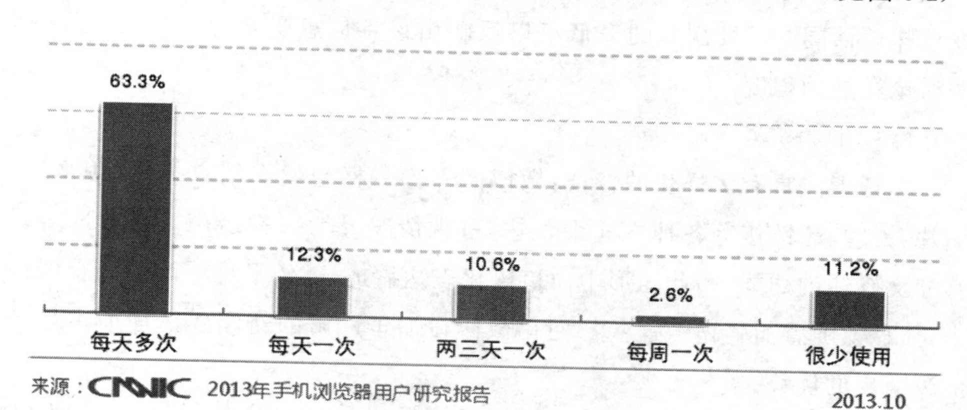

图 5-2 网民使用手机浏览器的频率统计图

(来源:中国互联网络信息中心)

(三)裂变式传播范围广

微博传播主要有两种途径,即粉丝传播和转发传播。当某个微博用户被你关注,立即就成了博主的粉丝,博主发布任何消息或评论,粉丝都能在第一时间看到,粉丝成为博主信息的接受对象,也就是受众。当粉丝觉得博主所发的微博有价值,会进行转发,将受众范围扩大到自己的粉丝。层层转发之后,有越来越多的粉丝会接收到这条微博,就像一颗石子投入水面,会泛起一层一层的涟漪,一条备受关注的微博,也是这样慢慢扩散,达到广泛传播的效果。

从这个角度来说,微博具有媒体属性:粉丝数达到一定程度,就成了真正的大众传播。

互联网上流传一句话:你的粉丝超过 1000 个,你就是个布告栏;超过 1 万个,你就是本杂志;超过 10 万个,你就是一份报纸;超过 1 亿个,你就是 CCTV 了。

微博的核心功能在于"关注""转发"与"评论"。

关注功能实现了信息的筛选,虽然微博上涌动着海量的、碎片化的信息,但通过主动地关注自己感兴趣的博主,从中准确筛选出自己需要的、感兴趣的信息,并传递给自己的粉丝,由此实现了信息源的筛选。

转发实现了海量信息的重组。转发功能使网友主动实现了信息的重组,而且网民在转发的过程中还可以加入自己的评论,从而使原来的微博信息事

① 第 33 次中国互联网络发展状况统计报告[R]. 中国互联网络信息中心,2014 年 1 月.

实或意见内容增加，实现了增值。转发次数决定了信息传播的链条长度。转发意味着认同。转发次数的高低可以反映出该条信息受欢迎的程度、或该话题讨论激烈的程度。

（四）传播形式多样化

微博形式具有多样化的特征：微博能不拘一格地发布消息，可以用文字、图片、视频、超链接等各种方式来表达；可视情况灵活搭配运用。微博本身具有社交媒体的功能，因此无形中向口语化表达靠拢，通俗平易。微博内容的微小化，显得随意而轻松。这些都使得微博在惯于严肃的新闻媒体面前占尽了活泼俏皮的优势。

如果一条微博没有配上图片，就很容易被淹没在大量图文并茂的微博中。所以一些关注度高的微博，都非常注重这一点。如@人民日报 2014 年 7 月 20 日共发布 46 条微博，每一条都配有图片。有的微博本身没有现场图片，也会配上一个资料图片。如一则“12 岁男孩被吸进泳池排水口　洞口直径仅 33 厘米”的微博，配了一幅彩图，原以为是现场图片，点开后发现其实是资料图片，配这幅图主要就是为了吸引受众眼球。配上彩图的微博也确实更容易引人注意。

2014 年 3 月 15 日，新浪微博向美国证券交易委员会(SEC)递交首次公开募股(IPO)文件，其中提到单月微博产生总量：截至 2013 年 12 月，用户在新浪微博上发表的帖子超过 28 亿张，其中 22 亿条微博配图，8170 万张帖子都带有短视频，2150 万张帖子配有歌曲。

很多传统媒体也借鉴“微博体”，适当增加稿件的趣味性，把一些内容做得更浅显易懂，这更能满足当代人“快餐消费”的需求。

新闻出版总署署长柳斌杰曾指出：“即时在线浏览正在取代传统青灯黄卷式的经典阅读，以快餐式、跳跃性、碎片化为特征的‘浅阅读’正成为阅读新趋势。”他认为以快速、快感、快扔为消费特点的“浅阅读”，符合大众流行文化与消费文化的基本特质，符合现代社会人们追求休闲与娱乐的需求，也是出版业发展的一个新的增长点。[①]

他所说的“快速，快感，快扔”，其实就是一种快餐式消费，在繁忙的现代人生活中，已没有多少空闲时间和闲情逸致慢慢欣赏，快餐式消费更符合市场需要。

---

① 柳斌杰.“浅阅读”凸显出版业文化使命[EB]. 新华网，2007-8-28. http://news.xinhuanet.com/newmedia/2007-08/28/content_6619586.htm].

第二节 微博评论的现状与特征

微博给新闻传播业带来巨大的冲击和影响，促使人们以全新的眼光来看待与新闻传播相关的一切，尤其是新闻报道、新闻评论。

一、微博评论的界定

网络评论频道、网络论坛评论和网路专题评论，都有着清晰的边界与新闻报道相区别。这个边界就是：所传播的信息为意见性信息，传播目的是为了发表意见和看法，传播指向是新闻事件或公共性事件、社会问题。

面对微博，这种清晰的边界已经模糊了，无法清楚划出新闻评论的专属地。对于每一位微博主来说，既可能发意见性信息，也可能发事实性信息；既可能是对新闻事件的评论，也可能仅仅是一声心情的叹息、一个表情符号，甚至只是一张晚餐食物的图片；还有可能是一段夹叙夹议的文字。对于整个微博版块来说，也只是按主题进行分类：时事、娱乐、美食……每一类主题中评论和事实信息杂糅。即便腾讯微博设立了“杂谈”版块，里面也不完全是评论性质的内容。

面对迅速被刷新的微博，哪些是微博评论呢？

首先，微博评论应该是在微博上发表的意见性信息。

具体而言，这种意见性信息首先应具有公共性指向，即非私人化，不是对个人生活琐事的议论，而应是对公共事务的评判。比如有的微博议论什么牌子的衣服好看，哪家餐馆的菜好吃，这些就属于私人化的意见性信息，类似于生活中的闲聊，和新闻传播相去甚远。

这种意见性信息还应该具有理性，应该是非情绪化的。不是个人情绪和心情的描述和发泄，而应该是含有理性思考成分的评判。比如有的微博只是一声哀怨的叹息或一句粗鲁的咒骂，完全谈不上意见的表达。

总结起来，微博评论应该是通过微博发表的具有公共性指向的、含有理性思考的意见性信息。

微博评论可以分为首发微博评论和继发微博评论两种。

首发微博评论：有一部分微博本身就是评论性质的，微博用户直接对事物或现象、问题等发表意见看法的，这属于原创性微博评论。

继发微博评论：微博用户转发他人评论意见、或对他人的原创微博评论进行再次评价、互动的，属于继发性微博评论。继发性微博评论有可能表达赞扬、反对，或提出异议、与原发微博用户进行争论等。一般来说，继发微博评论文字较短，甚至有时候只是一个表情符号，但这也是一种意见或态度。如一个鼓掌的表情符号，就能鲜明地表达赞成的态度。

二、微博评论的现状

（一）微博以传播评论性信息为主

虽然在微博中用户可以随意发表任何消息，五花八门。评论性信息更是与事实性信息杂糅在一起，难分彼此，但是评论性信息还是占微博内容的大多数。

有研究者对“7·23 动车追尾事故”的微博传播进行数据统计，选取从 7 月 24 日至 7 月 30 日一周内的排名在前的 118 条热门微博进行具体分析。并将其分成三类：一是消息，指关于事故的动态报道、寻人寻物信息；二是观点，指对人或事物的看法；三是其他，指不属于以上两类，或因形态模糊而无法归入以上两类的微博，比如网友自晒心情、号召等。最后发现：热门微博以带主观评价的观点为主，占 48%；信息类微博次之，占 38%；其他类最少，占 14%（见图 5-3）。但是由于“其他”类中主要为号召、动员类的话语，也具有主观性质，一定程度上也可以看作是一种“观点”型微博，这样观点型微博就上升到总数的 62%。由此可见，所有微博中观点意见性质的微博占据大多数比例。[①]

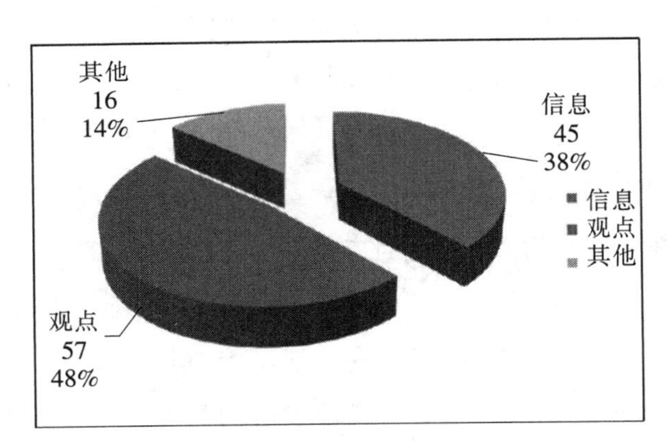

图 5-3　研究者对“7·23”事件中排名靠前的 118 条热门微博信息分类

（来源：中国知网）

上述研究是对热门微博本身进行的分析，事实上，每一条微博后面的类似

① 欧阳斌．微博公共性的传播学分析[D]．清华大学硕士学位论文，2012.

跟帖的“评论”版块，才真正构成了微博数量的大多数。上述研究中的 118 条热门微博由 100 个网友发出，他们所带来的转发加评论总数为 8 137 512 条。[①]而这些微博，基本由评论性微博组成。

以一条发布新闻消息的微博为例，虽然首发微博属于新闻客观事实发布，但其后引出的一长串评论，则主要是对首发微博内容的评价和分析，属于意见性信息。如@人民日报新浪微博 2014 年 7 月 20 日共发表 9 条“＃麦当劳肯德基供应黑幕＃”微博，其中 20:23 第一次发布的微博最热门，截至 7 月 21 日 20:40，共有 1837 人点赞，33 477 条转发，4714 条评论，都是针对此事进行的评论和分析。也就是说，原发微博也许是新闻事实性信息，但继发微博评论，也就是点开“评论”小版块后所看到的，则主要是意见性信息（见图 5-4）。

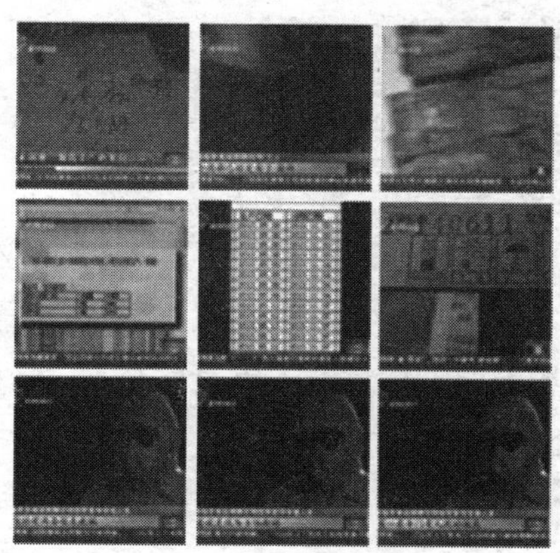

图 5-4　人民日报新浪微博 2014 年 7 月 21 日 20:40 首屏截图

（二）微博评论参与者数量庞大

从传统媒体到网站再到新媒体，参与人群数量都转折性地“大跃进”。

《中国互联网络发展状况统计报告》显示，2014 年 6 月，手机网民规模达 5.27 亿，手机网民规模首次超越传统 PC 网民规模。而到 2021 年 12 月，我国网民规模为 10.32 亿，手机网民规模为 10.29 亿，网民中使用手机上网的比例

---

① 欧阳斌．微博公共性的传播学分析[D]．清华大学硕士学位论文，2012.

达99.7%；使用台式电脑、笔记本电脑、电视和平板电脑上网的比例分别为35.0%、33.0%、28.1%和27.4%。手机作为第一大上网终端设备的地位更加巩固。

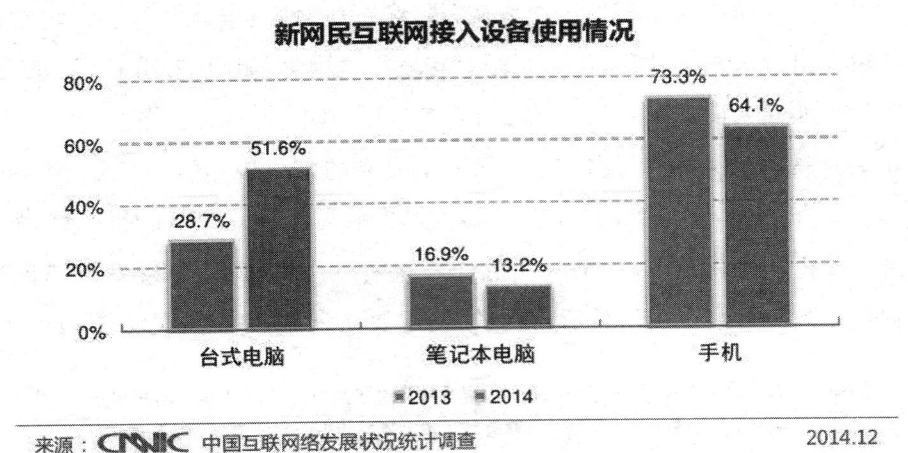

图 5-5　网民上网使用设备情况

（来源：中国互联网络信息中心）

如此庞大的手机用户群体，也使得微博用户数量逐年刷新纪录。

2014年3月15日，新浪微博向美国证券交易委员会（SEC）递交首次公开募股（IPO）文件，其中包括很多首次披露的重要数据。文件提到单月微博产生总量：截至2013年12月，新浪微博月度活跃用户数达到1.291亿个，同比增长34%；日活跃用户为6140万个，同比增长36%。单月微博产生总量：截至2013年12月，用户在新浪微博上发表的帖子超过28亿条。

从这些数据可以看出，仅新浪微博每个月发表的微博就是一个庞大的数字，更不用说还有腾讯微博等其他网站推出的微博。

在这个庞大的微博用户群体中，发表微博评论的主体有哪些呢？主要有以下几类。

1. 传统媒体评论部、评论栏目的官方微博

如@人民日报评论部、@新京报评论、@南都评论等等。

这些微博以每天发送评论信息为主，大部分是转载传统媒体刊载的评论内容，作为传统媒体的延伸传播平台。也有少部分是另行创作的专门的微博评论（见图5-6）。

图 5-6 南都评论的页面截图

（来源：新浪微博）

2. 媒体官方微博

这类微博往往既发表报道内容，也发表评论内容。新浪微博推出的"2013媒体微博年度影响力排行榜"前五位，依次为@人民日报、@央视新闻、@财经网、@新闻晨报和@南方都市报。这五个媒体官方微博中，有四个设有评论版块、常发微博评论。这些评论版块类似于报纸上的专栏，属于一个微博账号中的特定言论专栏，如：@人民日报设有《你好，明天》《人民微评》和《微议录》等栏目，@央视新闻设有《央视微评》，@财经网设有《微评》，@新闻晨报《多报道少评论》，@南方都市报经常转发其@南都评论（《南方都市报》评论官方微博）的微博。此外，@新华日报、@河南日报和@解放日报等省级党报微博，也设有评论小版块，经常发表微博评论，见图 5-7、图 5-8 所示。

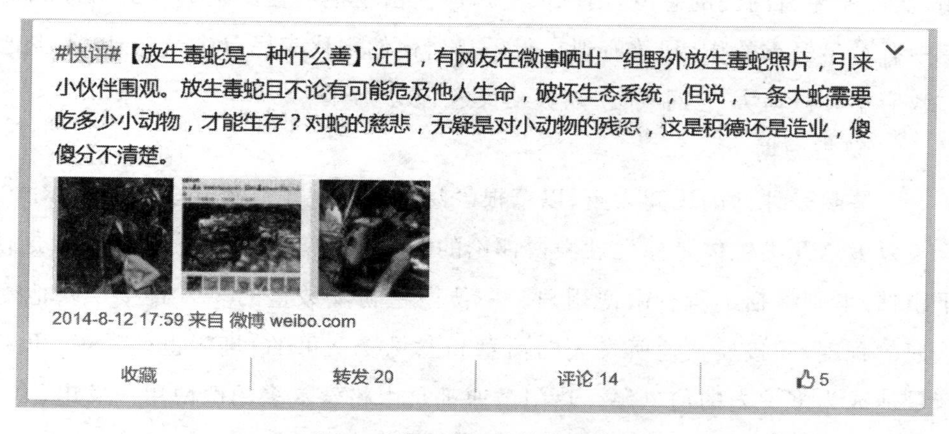
#快评#【放生毒蛇是一种什么善】近日，有网友在微博晒出一组野外放生毒蛇照片，引来小伙伴围观。放生毒蛇且不论有可能危及他人生命，破坏生态系统，但说，一条大蛇需要吃多少小动物，才能生存？对蛇的慈悲，无疑是对小动物的残忍，这是积德还是造业，傻傻分不清楚。

2014-8-12 17:59 来自 微博 weibo.com

收藏 | 转发 20 | 评论 14 | 5

图 5-7 新京报评论的微博截图

（来源：新浪微博）

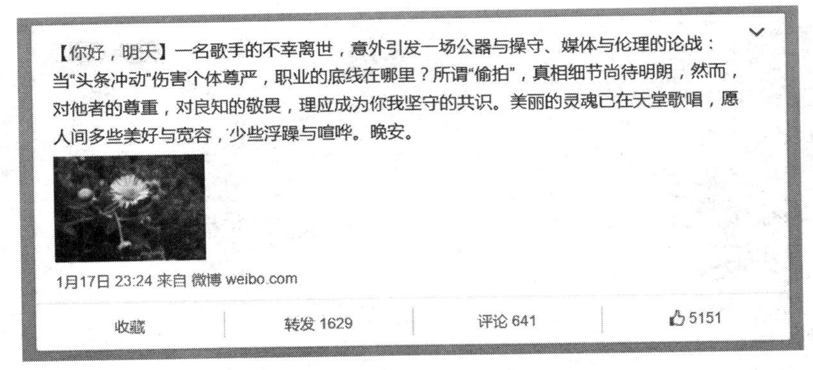

图 5-8　人民日报微博发表的评论，带有“你好，明天”栏目标签

（来源：新浪微博）

这些媒体微博兴起之初，主要转发传统媒体的已发评论，后来逐渐转向专门为微博量身定制。

3. 媒体人士实名认证微博

众多媒体评论员、记者、编辑等新闻从业人员开通的实名认证微博，也以发表评论性微博为主，如中青报评论员曹林、中青报摄影记者贺延光、央视崔永元、白岩松等的个人认证微博。这些微博成为微博评论的中坚力量，人数众多，而且发表的评论性微博数量多、质量高。

4. 微博大 V

一些精英知识分子，指点时事、激扬文字，因其独到眼光与秉公直言成为微博大 V，如李开复、于建嵘等人。这类微博具有传播学中的“舆论领袖”的作用，往往能左右网民的态度，引领舆论风向。由于他们在网络舆论的形成和转变中有举足轻重的作用，政府现在很乐意请他们来代表民意进行对话，不少地方政府举办微博大 V 问政会，以吸纳民意，改进工作。

5. 草根微博

一些热爱评论的民间人士，以草根气息和民间视角赢得众多粉丝追捧。

以上这几类主体是原发性微博评论的主要发表者，继发性微博评论（类似于跟帖）者则囊括了所有微博用户。一位博主粉丝数量的多寡直接反映他受欢迎的程度，间接反映他所发表的信息和意见受认可的程度，也就是说，可以衡量他成为多少人的信息源。热门微博都是由粉丝众多的微博用户发出。

（三）形成评论新格局

1. 媒体评论活跃

新浪微博用户中，有一大批活跃用户来自媒体，几乎所有媒体都开设了官方微博，还有更大量的媒体记者编辑等也开通了微博，这些博主由于长期以来的职业素养和习惯，几乎每天发布消息，更新频繁，而且他们更愿意就各类信息及时表态和评价。

名记者、名主持人已成为微博评论中的中坚力量。截至2014年7月《中国青年报》评论员曹林的微博粉丝数已有45万多，原凤凰卫视评论员杨锦麟的微博粉丝数有143万多。

其实粉丝数并不能代表活跃程度，关键要看实际上微博发表和被关注、被评论的情况如何。“中青报”曹林每天都在微博中发表原创评论，并回复少数网友的评论，进一步讨论，从2009年8月26日注册新浪微博开始，截至2014年7月23日，已发微博20 744条，而且绝大多数是评论性质的微博，其原创微博已经有11页，每条微博都有不同程度的跟进和转发，有的能达到转发量上千条，活跃度较高。

2. 少数意见领袖影响力强

一谈到微博上的意见领袖，马上令人想起“微博大V”的称号。“微博大V”是指粉丝数在500万以上的微博用户，被新浪微博用“V”作为标记。

新浪微博创始之初，就注重实施名人效应战略，短短1年间，新浪微博就拥有了过亿用户，以“V”标注认证用户超过2万人。截至2012年底，新浪微博粉丝在千万以上的大V超过80人，粉丝在百万以上的超过3600人。

名人尤其是演艺明星，更容易成为微博大V。2014年7月22日10:18的新浪微博风云榜中，排在人气总榜前十名的依次为：陈坤、姚晨、张小娴、郭德纲、赵薇、林心如、微博Android客户端、文章同学、新手指南、李开复；有6成是演艺明星。

这些名人拥有庞大的粉丝群，据新浪微博2014年7月20日统计，陈坤、姚晨的粉丝数都在7000万以上(粉丝数量即代表了一种影响力)。他们发任何一条微博都会引发数量庞大的群体关注。赵薇生下女儿后，微博上只发了一个字“哇”，半小时之内吸引了超过1500个粉丝留言；韩寒第一条微博仅是个“喂”，立即评论上万。

如果说粉丝数不能等同于影响力，那么新浪微博推出的“影响力”榜单，则综合了活跃度、传播力、覆盖度三大指标，以综合评价一个微博用户的影响力究竟有多大。2014年7月20日名人榜中影响力排名第一的是少年偶像组合“TFBOYS组合”，影响力指数达到1398。2014年7月7日至7月13日的一周名人影响力榜单中，知名主持人谢娜排名第一，影响力指数达到1220。可见娱乐明星影响力之大。

但是很多粉丝数量众多的名人微博，所发内容并不见得精辟，更不见得会影响公众意见或态度，真正能起到“意见领袖”作用的，是微博庞大群体中的极少数人群。

上海交通大学舆情研究实验室就曾研究发现，2010年影响较大的74起微博舆情案例中，有近五成存在明显的意见领袖。2012年，香港大学曾对1.2万新浪微博用户进行研究。研究发现：为期7天的研究期里，八成的用户并未撰写原创内容——看上去，新浪微博不像城市中心广场，而更像伦敦海德公园的演讲者之角。武汉大学信息管理学院教授沈阳的研究就曾发现：一个总数不超过250人的大V群体，已成为网络热点事件消息传播的核心轴。这250人通常拥有10万以上的有效粉丝，如不能激活他们，则无法将事件推向深入。中国人民大学舆情研究所根据监测结果认为：关于公共事件的微博，一旦达到转发次数超过1万次或评论数超过3000条的临界阈值，就可能会从微博场域“溢出”到社会话语场域，从网络影响到现实。[①]

看似热闹的微博意见广场，其实只有少数的意见领袖。但这少数人的微博，能极大地影响网民对事情的看法和态度、推动舆论的形成。如中国社会科学院农村发展研究所于建嵘教授，2011年1月25日在微博上发起“随手拍照解救乞讨儿童”活动，随即引起全国网友热烈响应、各地公安部门密切关注。一时间，“微博打拐”蔚然成风，并在现实生活中产生影响，解救了不少被拐儿童。这个事件更让网友意识到，可以运用微博来进行环境监测、社会监督。

2013年7月9日，《中国青年报》刊发了一篇通讯报道《花谢旧金山》，怀念韩亚客机失事中遇难的两名浙江女孩。@中国青年报随即在新浪微博发表了部分片段，并附上链接推介这篇报道。一开始，网民们纷纷留言说很受感动。没想到突然有网民发微博找茬：“如果她们在世，知道浙江省委组织部部长蔡奇在关注她俩，王琳佳也许会惊喜地睁大了眼睛，笑眯眯的，而叶梦圆也许不敢相信地跳了起来。”还有人说：“浙江省委组织部部长蔡奇的关注算哪呢？为两位遇难的少女代言？……”

紧接着，对报道的质疑之声开始多起来。复旦大学新闻学院教授陆晔、

① 范承刚，周华蕾，刘志毅等．大V近黄昏？[N]．南方周末，2013-9-12．

《中国青年报》曹林相继批评了报道中不恰当的这段话，引发几千条转发和跟进，都在质疑中青报的新闻伦理和做人底线。最终，@中国青年报发表道歉声明，承认报道措辞不当，并在首页置顶以表诚意。中青报的态度赢得媒体纷纷赞扬。研究表明，陆晔和曹林在此事件中的表态起到了非常重要的促进作用，已然发挥了“意见领袖”的号召作用。

（四）催生民间舆论场

1998年2月6日，新华社内部刊物《新闻业务》周刊刊登了关于“两个舆论场”的讲话稿，这是新华社前总编辑南振中通过深入观察生活得出来的结论。南振中认为在现实生活中实际存在着两个“舆论场”：一个是老百姓的“口头舆论场”；一个是新闻媒体着力营造的舆论场。老百姓从自身的感受出发，每时每刻都会关注一些共同的领域、共同的问题，那些相对集中的社会话题，就成为一段时间街谈巷议的焦点，在口口相授之中形成民间的“口头舆论场”。尽管口头舆论带有明显的感情色彩，有时难免会有片面性和夸大渲染的地方，但却具有“无处不在、无处不及”的特点，在经过“去伪存真”的筛选之后，口头舆论具有一定的参考价值。而且，人民群众总是关注那些刚刚露头的、关系他们自身利害的、普遍感兴趣的重要问题和重大社会动向，因而使口头舆论具有敏锐性和及时性特点，往往成为社会的“风向标”。主流媒体应该认真研究人民群众的喜怒哀乐，研究人民群众的看法和态度，研究人民群众的愿望和要求，以便从群众的口头舆论中触摸到社会跳动的脉搏。①

在微博兴起之后，以草根意见、民众呼声为代表的微博，促使“口头舆论场”或说“民间舆论场”走向公众的视野。南振中十几年前“两个舆论场”的提法，被大家重新关注和思考。如果说十几年前的口头舆论场是分散的、零星的、没有什么影响力的，那么换了不同的社会语境，网络微博开始集中这些零星的意见，并在某些事情上迅速发展成强大的舆论呼声，“民间舆论场”已经初步形成。社会上存在“两个舆论场”成了普遍共识，很多学者开始研究如何打通两个舆论场。

在2011年“7·23动车追尾事故”中，微博成为事故信息的首发媒体，铁道部事故救援中掩埋车头、发布遇难者信息不及时等不当做法也饱受网络舆论的责难。值得注意的是，作为官方主流媒体的新华社于7月24日发表的歌颂救援人员可歌可泣感人故事的特稿《爱心在这里升华》遭到了众多微博网友

---

① 陈芳. 再谈“两个舆论场”——访外事委员会副主任委员、全国人大常委会委员、新华社原总编辑南振中[J]. 新闻记者，2013(1).

的嘲讽和批评。

博主鲜明表达了愤怒情绪和反对意见，不少网友也随之呈现为一边倒的批评，认为这是官方在转移民众视线，掩饰事故灾难。微博作为民间的“自媒体”，也会对官方权威声音展开质疑，形成民间舆论场。有时候官方喉舌的不当做法也会成为舆论的监督对象。[①]

同时也应注意到，尽管草根微博为数众多，甚至有时候因数量庞大而显得声势浩大，但实际上少量精英阶层的微博才占据话语优势、发挥话语影响力。有研究者发现，新浪微博2011年4月11日14时，《今日热门评论》中共有18条微博，其中16条均由新浪微博认证的机构或名人发布；“今日热门转发”中共有100条微博，只有9条微博来自于未经认证的个人。这表明，要想真实反映草根民声，形成真正的“民间舆论场”，还有很长的路要走。[②]

三、微博评论的特点

（一）篇幅短小精悍

微博设定每条信息不超过140字，由于字数的限制，微博评论天然地远离长篇大论，显得短小精悍。虽网易微博将字数限制放宽至163字，搜狐微博不设字数限制，用户在使用微博时有了更大的发言空间，但新浪微博的壮大说明短小微博更受欢迎，更能发挥短小精炼、及时性、互动性强的特点。

对于动辄几百上千字的传统报刊评论来说，写评论不是一件容易的事情。而对于网民来说，一百多字的微博很容易就写出来了，降低了写评论的门槛，激发了人们发表意见和看法的欲望。

（二）发表方便随意

对网民来说，有了微博，参与意见、发表评论更方便。与传统媒体评论不同，微博评论不需要刻意准备，更不讲究章法手法。与论坛评论或其他需要登录网站页面的评论不同，微博不需要提交审查，流程也没那么烦琐。只要有发表的欲望，几分钟甚至几秒钟就可以发送出去，微博是属于每个用户自己的发表平台。

有中国大学生“精神教父”之称的IT界名人李开复2011年曾这样感慨：“如果回到2000年前后，随便到中关村街头拉住一个技术人员问他：‘我怎样

---

① 欧阳斌．微博公共性的传播学分析[D]．清华大学硕士学位论文，2012．

② 同上．

才能在网上发出自己的声音?'他一定会回答说:'建一个个人网站,但这需要钱和时间,还需要懂技术。'是的,仅仅是10年之前,即便是技术人员想在网上发出自己的声音,也得逾越一定的技术和经济门槛,更何况普通老百姓了。"[①]这段话道出了微博的意义——一个能让普通人方便快捷地发出自己的声音的平台。这声音,就是微博评论。

微博发表快速简便,只要有一部移动终端,比如电脑或手机,只要能连上互联网,就可以随时随地发表微博。现在人们最普遍最常见的是用手机发表微博评论。这是因为智能手机体积小,携带方便,而技术的突飞猛进,已经赋予它具备很多电脑的功能。在公交上、在车站、在食堂……在任何等待的几分钟空隙,人们都可以看微博、评微博、发微博,受时空限制小,方便随意。四川省芦山"4·20"地震发生后,《新京报》通过微博账号"@新京报评论"不间断发布稿件,该报一名评论员曾在24小时之内连发十余条快评,对救灾中的谣言、救援志愿者的安全、个别高速公路收费站向救灾车辆收费等很多问题进行评论。这些微评论话题实、角度小、反应快、打动人,转发量一般都达到数百条,个别甚至超过5400条。[②]

2014年8月2日是农历七月初七,号称"中国的情人节",可是早晨7时37分许,江苏昆山市开发区中荣金属制品公司汽车轮毂抛光车间在生产过程中发生爆炸。当场遇难65人,百余人受伤。当天查明,爆炸系因粉尘遇到明火引发的安全事故。@人民日报密切关注此事,12:57发出《微倡议:事故面前,救人第一》。见图5-9。17:46发表《人民微评:昆山爆炸之痛》。如图5-10。@新华视点也在17:34和18:07接连发表两篇"新华微评"。如图5-11、图5-12。

---

① 李开复.微博:改变一切[M].上海:上海财经大学出版社,2011:26.

② 赵新乐.学者:微评论只有评没有论只能叫微评[N/OL].中国新闻出版网/报,2013-5-21.http://www.chinaxwcb.com/2013-05/21/content_269040.htm.

【微倡议：事故面前，救人第一】#昆山工厂爆炸事故#，65人遇难百余人受伤，令人痛心。请地方政府及时公开信息，并彻查原因。同时呼吁：①有关灾难事故，不发伤亡者正面照片，不发血腥照片；②采访伤者请征得当事人同意；③可以反思且必须反思，但当前第一位的是救人。先救人，再反思！转发扩散！

今天 12:57 来自人民日报微博 (664) | 转发(1923) | 收藏 | 评论(424)

图 5-9 《人民日报》微博评论"微倡议"截图

（来源：新浪微博）

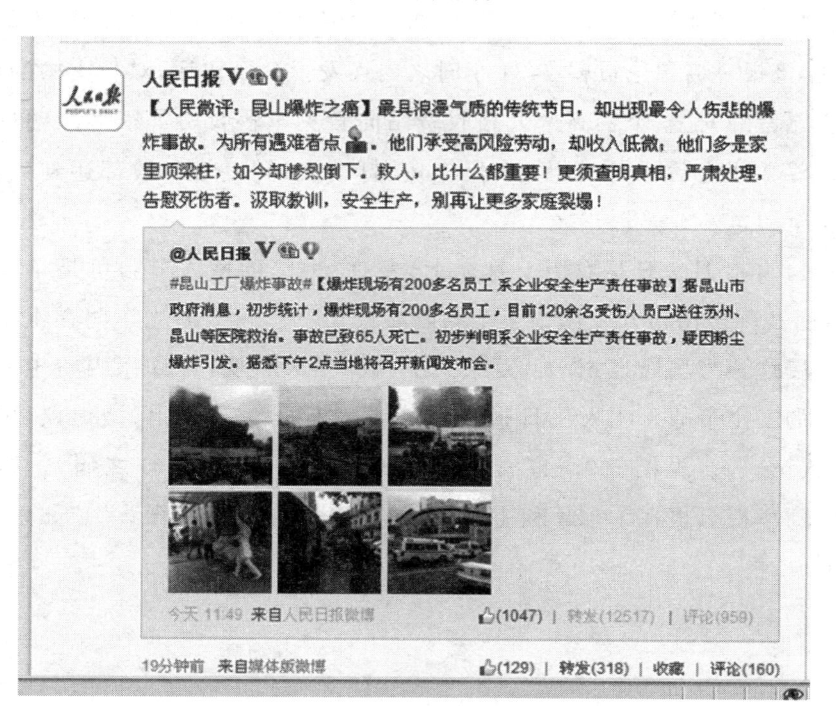

图 5-10 《人民日报》"人民微评"截图

（来源：新浪微博）

#昆山"8·2"爆炸事故#【新华微评】昆山爆炸事故遇难者家属今天格外悲伤。权威部门数据显示，仅今年上半年，全国发生重特大生产安全事故19起，死亡失踪人数200余人。处理几个负责人换不回逝去的生命！抓安全口号响亮，实际效果为何问题不断？！血的教训还不足以让大家警醒和切实行动？！记者张宸

昆山"8·2"爆炸事故

8月2日7时37分，江苏昆山市中荣金属制品有限公司发生特别重大爆炸事

话题详情　3

今天 17:34　来自三星Galaxy NOTE III　(27) | 转发(35) | 收藏 | 评论(21)

图 5-11　新华视点"新华微评"截图

（来源：新浪微博）

新华视点 V

#昆山"8·2"爆炸事故#【新华微评】7月31日，常州燕进石化发生火灾并引发爆炸。仅相隔一天，8月2日苏州中荣金属制品厂又发生爆炸，已致68人死亡，上百人受伤。事故发生看似偶然，隐患其实就埋在日常管理中。生命只有一次，一切生产经营活动当以安全为第一要素，隐患排查决不能走形式。朱国亮

昆山"8·2"爆炸事故

8月2日7时37分，江苏昆山市中荣金属制品有限公司发生特别重大爆炸事

话题详情　3

10分钟前　来自三星Galaxy NOTE III　(10) | 转发(25) | 收藏 | 评论(9)

图 5-12　新华视点"新华微评"截图

（来源：新浪微博）

（三）互动活跃频繁

与之前所有其他类型的新闻评论相比，微博的互动是最活跃、程度最深的。

这种互动，主要表现在原发微博用户和继发微博用户之间的互动，而且主要是评论性质的内容。但凡一个微博用户去回复一条微博，一定是这条微博引发了他想说的欲望，这是一种评论的欲望，而很少是补充客观事实信息的欲望。人们通过转发、回复，表明自己对事件的态度。

这种互动本身是即刻的、跨时空的，来自全国甚至全世界的网民都可以通过微博互动，在这个平台上进行交流。

围绕原发微博评论的议题，网民与博主之间、网民与网民之间都可以展开

互相评论和交流，这种广泛活跃的互动，使得微博成为意见交流与争鸣的最佳平台，这也是微博的魅力所在。

如2014年7月29日17时59分，新华社发布消息："鉴于周永康涉嫌严重违纪，中共中央决定，依据《中国共产党章程》和《中国共产党纪律检查机关案件检查工作条例》的有关规定，由中共中央纪律检查委员会对其立案审查。"全文共77字，比定于18时整发布的电稿提前一分钟发布。这条消息瞬间被疯狂转载，亦引发各种点评。新浪微博显示的数据表明，"周永康被立案审查"在18小时内的讨论数量接近3000万。

（四）形式丰富多样

微博最大的优势就是可以充分利用多种形式来进行表达，微博评论也不例外，可以是一段完整的评论文字，可以是一段夹叙夹议的随笔，也可以是一句话、一个词、一个表情符号，还可以是图片、漫画、微视频等。

微博表达的随意性，使得微博评论花样百出，尤其是近年来流行的各种"体"，"凡客体""咆哮体""豆瓣体""高晓松体""甄嬛体"……

图5-13 微博"蜗牛体"截图

（来源：新浪微博）

如2013年流行的"蜗牛体"，见图5-13。一开始只是一条描述韩雅蜗牛霜拥有强大肌肤修复功能的微博："姑娘们有救了！今天老公出差提早回来，我用蜗牛霜抹在情人留下的吻痕上，ANYA！吻痕居然不见了！"就这样一条简单的微博，经过网友的想象加工，逆天的、吐槽的、调侃的纷至沓来，内容诙谐幽默，令人捧腹。"蜗牛体"一时间在新浪、腾讯微博上一路关注飙升、迅速蹿红。一时之间，"蜗牛体"微博横行："写不完作业的花朵们有救了！今天我用蜗牛霜抹在心爱的笔尖上，ANYA！文思泉涌，作业居然唰唰唰写完了！""嫌弃身份证丑的妹子有救了！今天看身份证，又嫌弃了自己N久，我用蜗牛霜抹在身份证上，ANYA！头像居然变美了，终于敢亮出自己的身份证了！"

各种"微博体"极具娱乐精神，在娱乐广大网民的同时，也凸显了微博的形式多样，微博评论原来还可以这么好玩。

四、微博评论存在的问题

（一）微博用户流失的问题

经历了网络谣言满天飞、国家集中打击网络谣言之后，不少微博用户明显对微博失去了信任和信心。据第33次中国互联网络发展状况统计报告，进入2013年，社交类应用变化明显，社交类网站（包括狭义的社交网站和微博）近年来用户增长趋缓，不少社交类网站面临用户流失、用户结构变化的问题。

具体对于微博来说，一方面，2013年微博整体活跃度下降，超过五分之一的用户活跃度下降，但仅十分之一的人活跃度提升。根据CNNIC《2013年中国社交类应用用户行为研究报告》显示，过去一年内减少使用微博的网民比例占22.8%，增加使用微博的比例为12.7%，减少的比增加的多。

另一方面，由于具有社交元素的应用增多，如微信的推出和逐渐普及，微博用户流失。其中高层次用户活跃度变动最为剧烈，这一部分博主不仅增加使用微博的比例最高，减少使用的比例也最高。根据CNNIC《2013年中国社交类应用用户行为研究报告》显示，月收入5000元以上的用户，最近一年减少使用微博的比例高达26.1%，增加使用的比例也有14.3%，均高于其他收入段的微博用户；学历上看，大专以上学历的用户，最近一年减少使用微博的比例高达23.7%，增加使用的比例也有13.2%，均高于其他学历段的微博用户。见图5-14。

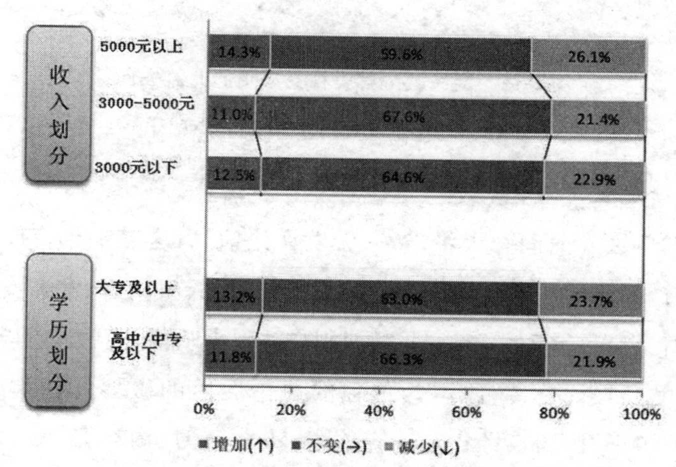

图5-14 2013年微博用户变化的网民特征

（来源：中国互联网络信息中心）

造成这种现象主要有四个原因：

(1) 是认为“社交类网站浪费时间”。在活跃度下降的微博用户中，有40.1%人认为太浪费时间，不愿意经常使用，活跃度下降。

(2) 出现了其他可以代替微博的新的应用，比如说微信。减少使用微博的人中，37.4%的转移到了微信。如图5-15所示。此外，其他类似应用出现，也对微博有替代作用。

(3) 长期使用之后对微博缺乏新鲜感，从而减少使用，33.2%的微博用户是由于这个原因减少使用的。

(4) 由于与朋友互动减少，降低了网民使用社交网站和微博的积极性。①

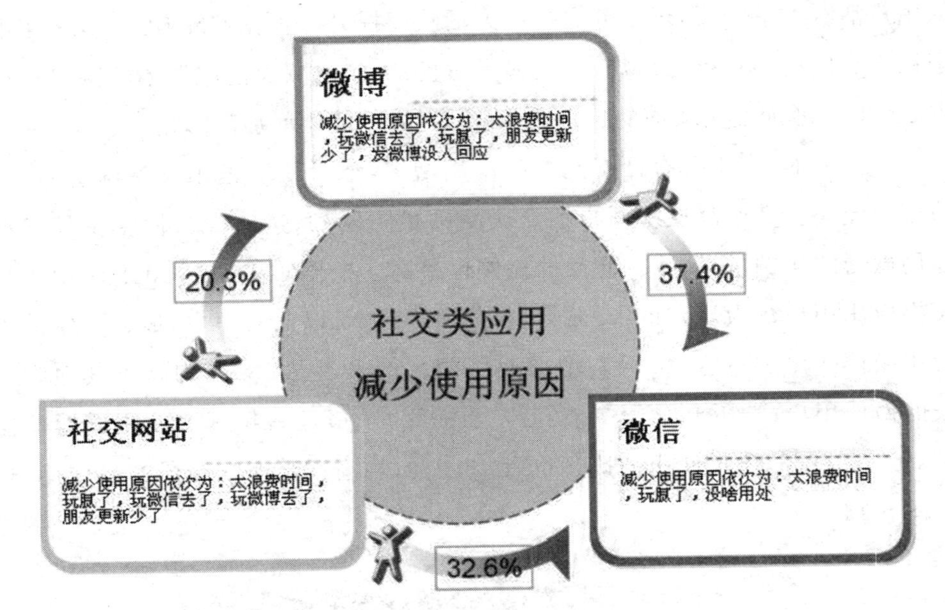

图5-15 网民减少某类社交应用的分流去向

(来源：中国互联网络信息中心)

(二) 持续发展的问题

微博评论需要花时间每天维护，每天发评论信息，这需要花费很多时间和精力，没有对评论的热情是难以做到的。相对来说，每天发动态、发事实信息比较简单，发评论性信息更耗精力。有一些微博用户就因为坚持不下去，难以为继。

如@人民日报评论部，原本为单独的评论性质的微博，但是其首页显示，2010年10月9日14:44发出第一条微博，转发微博，内容是10月8日《人民

① 中国互联网络信息中心．第33次中国互联网络发展状况统计报告[R]．2014:58－62.

时评》专栏评论的摘要。但2012年9月3日停止更新。期间共发37条微博。@人民日报视点的微博显示，2010年11月23日16:42发出第一条微博，内容为人民日报来论栏目的征稿启事。2011年11月4日11:09为最后一条微博，共发24页微博，发微博较多，却也无疾而终。

（三）传播面趋向狭窄的问题

微博的独特功能中，有一项是指定推送，有的微博用户会向粉丝发出推送信息的邀请，特别是媒体官方微博。比如@南都评论给新加入粉丝自动发出的私信，见图5-16。

感谢您关注我！想看到更多精彩独家内容，就订阅我吧，回复DY即可。

图5-16　南都评论截图

（来源：新浪微博）

而微博的关注功能，也会促使微博用户在海量信息中选择自己喜欢的类型，长此以往，网民会越来越局限于自己感兴趣的话题和内容，进入一个个不同的话题“圈子”，形成形形色色的“微群”。这既是微博的优势，能很容易找到兴趣相投的博主，聊共同兴趣的话题，互相就这一方面交换信息或意见。但是这也是微博的劣势，因为人们会越来越局限于少数“小圈子”，反而会越来越封闭，缺少开阔的眼光和开放的心态，这并不是一件好事。如同一位学者所说，我们仅抬头45度仰望少数一部分人。

（四）传播失范的问题

微博兴起之后，微博的强大影响力让一部分人看到了商机，逐渐出现了许多有违伦理的现象。

1. 出现了虚假评论

一些大的微博用户，有目的性地发表一些对产品、企业的评价，有时候按别人授意进行赞扬性的评价，有时候受人指使发表贬低性的评价，不顾事实，歪曲真相，以获取某种利益。

这种行为大大冲击了微博的可信度，直接危及微博的生存基石。因为微博平台中的评价、交流，都是基于互相信任为基础进行的。面对一个谎话连篇的人，用户还有交流的欲望吗？

2013年闹得沸沸扬扬的“八点二十分发”事件，就让公众对微博的信任产生了动摇。央视“3·15”晚会当晚，著名艺人何润东在微博上发了一条““#315在行动#苹果竟然在售后玩这么多花样？作为“果粉”很受伤。你们这样做对得起乔帮主吗？对得起那些卖了肾的少年吗？果然是店大欺客么。大概8点20分发。”见图5-17。微博瞬间被疯狂转发，大家纷纷猜测何润东是受人之托发这条微博的，对方指定他在大概8点20分发，可是他忘记了将“大概8点20分发”删掉。虽然那条微博发了之后几乎秒删，何润东也立刻发微博澄清刚刚是被盗号，但是公众根本就不相信。这件事情严重伤害了人们对微博的信任。

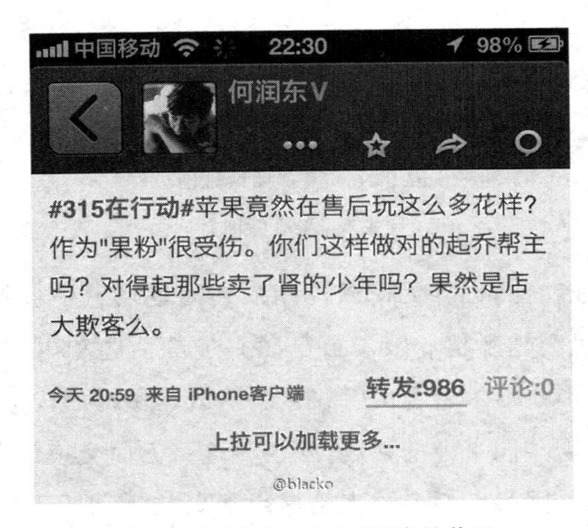

图5-17 “八点二十分发”事件截图

2. 容易滋生网络谣言

有的微博用户为了追求粉丝量、扩大自身微博账号影响力，捏造虚假信息攫人眼球，导致不知情的众多微博用户跟风上当。

中国社科院发布的2013年《中国新媒体发展报告》表明，从2012年1月至2013年1月的100件微博热点舆情案例中，虚假信息的比例超过了1/3。

3. 网络炒作

网络推手和网络水军出现并迅速壮大，通过故意炒作推动个别微博用户受到大量关注，或通过不当手段将个别微博用户的粉丝数量推向虚高，使之成为网络红人。

（五）活跃度的问题

微博看似众语喧哗、一派热闹景象，给人一种意见交流非常充分的感觉。媒体名人动辄粉丝上千万，媒体评论部纷纷开设官方微博为数众多。

实际上，真正在微博中发表对公共事务进行理性思考的评论性质言论的并不多，能坚持每天都发的更是少之又少。如在新浪微博 2014 年 7 月 22 日的影响力排名榜中，@老沉，也就是新浪网总编辑陈彤，表面上看起来数据很光鲜：粉丝数 4 257 983 个，微博总数 31 556 条，自 2009 年 8 月 28 日就已注册，但是其原创微博仅仅 4 页，而且很多只是信息传递。

第三节　微博评论实务

一、微博评论的写作要求

（一）善于提炼观点，点到为止

与传统媒体评论的长篇大论相比，短小精悍的微博评论在这个信息爆炸时代更容易获得用户的关注和青睐。140 字的微博评论中，没有介绍新闻事件、社会话题等评论对象的余地，也不可能进行充分论证和深入分析，必须直截了当、直奔主题，切中要害，将自己的观点和意见表达清楚。而要在 140 字之内将观点立场有条理地表达清楚，并不是一件容易的事情。就好比螺蛳壳里做道场，要小而精致。

因此，必须善于提炼自己的观点，学会将自己最核心的观点提炼成一两句话表达出来。同时对观点不做过多铺陈和论证，点到为止即可。

如图 5-18，这条微博是《中国青年报》曹林与刚上任的兰州大学新闻学院院长林治波对掐的产物，林治波原为人民日报驻甘肃记者站站长，由于曾在微博上发表否认 20 世纪 60 年代大饥荒的历史、赞美原重庆模式，被有些人视为“左派”。传出他被任命兰州大学新闻学院院长的消息后，以曹林为首的微博用户发表质疑和批评，“挺曹派”和“挺林派”一时间在网上争得不可开交。作为论争的产物之一，曹林 7 月 15 日在《中国青年报》上发表评论文章《当新闻学院院长是需要资格的》，在自己的微博同步发表评论内容。但是，发表在报上的评论文章连标题一起共有 1382 字，曹林在微博中用 140 概括了全文内容，还包括标题和链接网址。对比这条微博和同题评论，用户会发现微博短短一百多字的确已经覆盖了全文的主要观点，只是囿于篇幅的局限，无法展开论述，只能点到为止。

当新闻学院院长是需要资格的http://t.cn/RPhXP4T宣传部长、媒体老总和新闻学院院长，分别主导新闻生产的政界、业界和学界。在我看来，担当新闻人才培养任务的新闻学院院长位置最重要。一，首先得在政界、业界和学界有影响力感召力；二，媒体实践加学术研究专长；三，用对新闻的激情和信仰去感染学生

7月15日 07:13 来自搜狗高速浏览器 (43) | 转发(140) | 收藏 | 评论(47)

图 5-18 《中国青年报》曹林微博截图

（来源：新浪微博）

相比传统媒体评论，人们更愿意看微博评论，就是因为微博评论能在短短140字内浓缩思想精华，使浏览者能快速查看了解。

有的人会觉得，可以用发连续微博的方式来表达，就不用费劲去提炼观点了。事实上现在有很多微博的确经常将一篇长文割裂成几个微博连续发，但这样有可能破坏观点的整体性，使得微博碎片化的缺点进一步凸显。

精心提炼的观点可以做成小标题，放在开头，以吸引网民眼光。如@新华视点的“正义不会缺席”，这条微博见图5-19。

【新华微评：正义不会缺席】广西平南酒后枪杀孕妇民警胡平22日被执行了死刑，此案因涉警涉枪、影响恶劣一度广受关注，依法公开的庭审、判决和执行，彰显了司法的公平、公开与公正。死者家属虽经历了等待，但正义没有缺席。张周来 潘强

7月22日 18:30 来自三星Galaxy NOTE III (65) | 转发(81) | 收藏 | 评论(42)

图 5-19 新华视点的微博截图

（来源：新浪微博）

中青评论：用人性温暖突破新闻盲区http://t.cn/RPLuJ72马航坠机事件迷雾重重，国际航班在战乱纷争的敏感上空被不明来源的导弹击落，差不多集中了所有能够想象到的负面元素，自然让媒体亢奋。海南台风造成的损失虽然巨大，却是一场自然灾难，缺乏可以挖掘的负面元素，自然就成了一些媒体的新闻盲区。

7月22日 07:45 来自搜狗高速浏览器 (33) | 转发(71) | 收藏 | 评论(34)

图 5-20 @中青评论的微博截图

（来源：新浪微博）

图5-20中@中青评论的这条微博评论同样提炼了“用人性温暖突破新闻盲区”的小标题，使网友一看而知大意，容易受标题打动而看详情。

（二）用语简洁，通俗易懂

140字的微博看似容易，其实要写好并不容易。要在有限的篇幅内，将意见和看法表达清楚，用语就不能啰嗦繁复，而应力求简洁，能用一个词的不用

一句话，能用一句话的不用两句话。

微博评论还要注意用语习惯，多运用网络语言、网民习惯的语言，这种“微语言”，实际上也是一种变化了的群众语言。简洁、通俗是微博评论的语言特征。

图 5-21 这条微博是曹林自己对于宣传工作的思考结晶，对于政府部门宣传工作的失误，用简单通俗的三两句总结概括出来。

宣传切忌用力过猛，过了反易炒糊。所谓过猛，就是将民众看来很正常、官员应做的事，过份用力赞美歌颂；或将民众觉得不正常的行为，当成正常行为去吹捧。宣传被反感，很大程度上就源于这种官民感觉失调，无法共鸣，一些宣传者没有站在常人常情常识角度去思考，过度用力。打通两个舆论场，首先要有共情力

7月15日 12:21　来自搜狗高速浏览器　　　　(59) | 转发(75) | 收藏 | 评论(49)

图 5-21　《中国青年报》曹林的微博截图

（来源：新浪微博）

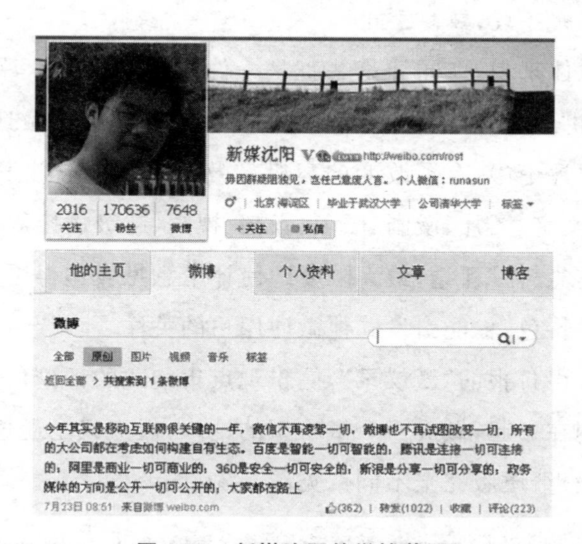

图 5-22　新媒沈阳的微博截图

（来源：新浪微博）

长期从事舆情监测的沈阳教授，原为武汉大学教授，现已调往清华大学，他对于新媒体作出如此评价：“腾讯是连接一切可连接的，阿里是商业一切可商业的，360 是安全一切可安全的，新浪是分享一切可分享的，政务媒体的方向是公开一切可公开的，大家都在路上。”语言简洁而风趣。见图 5-22。

对于媒体机构来说，一个官方微博有多人打理，更有时间和精力精心雕琢微博的文字表达。

另外，微博面对的网民文化水平大部分属于中等程度。中国互联网络信息中心的研究表明，截至2020年12月，初中文化水平的网民最多，占40.3%，其次是高中/中专/技校文化水平的网民，占20.6%；初高中文化水平的网民占到全体网民的六成以上。

因此，恰当的微博表达应该以面向初高中文化水平的人为主，运用网民日常生活中的语言——他们熟悉的语言，达到他们能轻易理解的程度。故而微博评论不能用语太专业、太深奥，应该简单、简要，便于理解。

对于媒体官方微博来说，更要避免官话、套话、空话，更不要过多采用文绉绉、晦涩难懂的成语典故。比如“高度重视”“明确要求”“英明决策”“擂响战鼓”“着力打造”“切实加强”这样的词汇，带着浓浓的“官”味，很容易引起网民的反感。正如中青报评论员曹林所说：“评论需要表达效率，而太装的辞藻设置了阅读障碍。”

（三）多种表现手段，融合运用

对于传统媒体来说，新闻评论一直是一件严肃的事情。评论有说理性的特性，要摆事实讲道理。在形态上，传统媒体新闻评论很难做到趣味性和说理性并存。在微博评论中，有了改变的契机。微博评论更应该发挥微博的传播优势，充分利用文字、图片、漫画、图表、音频、视频、超级链接等多种形式，组合成立体多姿的“多媒体”评论，最大限度地使评论意见表达得更加生动形象，展现出微博评论的特色，更能引发其他微博用户的关注。

下图中@人民日报的“微议录”，属于观点集纳式的评论，将几条有代表性的微博内容集纳在一起，做成一个微小型的论坛，但又只是通过一条微博发出来，与《人民日报》纸质版完全不同。见图5-23、图5-24。

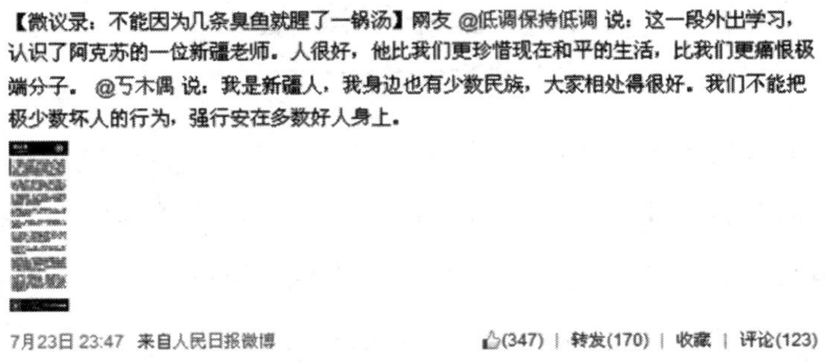

【微议录：不能因为几条臭鱼就腥了一锅汤】网友 @低调保持低调 说：这一段外出学习，认识了阿克苏的一位新疆老师。人很好，他比我们更珍惜现在和平的生活，比我们更痛恨极端分子。 @丂木偶 说：我是新疆人，我身边也有少数民族，大家相处得很好。我们不能把极少数坏人的行为，强行安在多数好人身上。

7月23日 23:47 来自人民日报微博　　赞(347) | 转发(170) | 收藏 | 评论(123)

图5-23　@人民日报的“微议录”截图

（来源：新浪微博）

【人民微评：为新疆孩子正名】挨打、偷盗、染毒……哈里克年仅18岁，却有不幸的童年、扭曲的少年。谁毁了他的健康人生？可恨的人贩子、残忍的“蛇头”！哈里克的悲剧并非孤例，不少像他一样遭拐骗、被迫偷窃的新疆孩子被标签化，可谁知道他们背后的血泪！严惩违法者，为新疆孩子正名！

@ 丂木偶：新疆人虽说也有坏人，但并不是每一个新疆人都是坏人。我们不能把极少数坏人的行为，强行安在多数好人身上。我是新疆人，在新疆生活十几年，我身边也有少数民族，大家相处得都很好。

@ 低调保持低调：这一段外出学习，认识了阿克苏的一位新疆老师。人很好，他比我们更珍惜和平和现在的生活，比我们更痛恨极端分子，也和我们一样痛恨腐败，痛恨地域歧视。

@ 双胞胎 meimei 美琳：哪里都有好人坏人，不能因为几条臭鱼就腥了一锅汤。好人应该得到好报，坏人应该得到严惩。

@ 怜汐灬：我也觉得，请在正名的时候考虑一下，不要动不动就“新疆恐怖分子”，请不要随意加上新疆的前缀。

@S 诗诗妹儿：不是所有的人都那么可恶，因为他们从小缺少知识，缺少正确的引领。哪个孩子的心灵都是纯净的，只是那个孩子遇到的人不一样，在不同环境下，造就了他们现在的情况。

@ 我仅仅是一个 _ 过客：人贩子太没人性了，毁了孩子的一生。希望他能够忘记过去，好好开始新生活，不要报复社会。

@ 祝你属于我：大家对新疆人的印象都不好，都说新疆的小偷特别多。其实好多新疆小偷都是被拐卖，然后被迫去偷东西。哪里都有坏人，请不要再把小偷的帽子扣到新疆人头上了，比起这些偷东西的孩子，那些人贩子和头目才最可恶。

@ 咏夫毅然：我碰到过几次，有的儿童只有 4、5 岁样子，几个一伙在闹市要钱，甚至抱住人的大腿，不给钱不放手，给少了不放手，背后有大人在指使。有谁能舍得让自己的亲生儿女去干这种事，这也是一群被拐骗的儿童。拯救他们吧，让他们也能过上正常儿童的生活。

图 5-24　@人民日报“微议录”中图片的具体内容

（来源：新浪微博）

最常见的处理是发文字评论的同时，附带图片或微视频，如图 5-25 所示。

【你好，明天】明天，甲午战争120周年祭。一场战争改变了两个国家的命运，日本在强国迷梦中跌入军国主义深渊，中国则从屈辱中踏上曲折复兴路。今又甲午，日本右翼蠢蠢欲动，甚至把中日比作一战前的英德，但中国不再软弱可欺，中国人也不想重蹈覆辙。历史不容遗忘，悲剧不容重演！

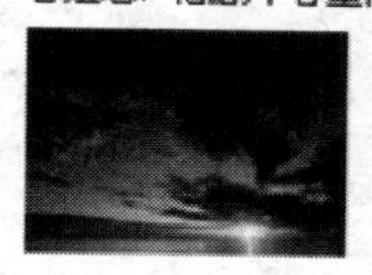

47分钟前　来自人民日报微博　　👍(888) | 转发(843) | 收藏 | 评论(349)

图 5-25　附带图片的微博评论

（来源：新浪微博）

(四) 评论态度理性,有责任意识

虽然微博评论很多时候是私人化的、随意的,但是在微博平台上发表,就是面向公众公开发表。公开场所发言,就应该对自己的言论负责任,应该以理性的态度发表意见和看法,而不是情绪化的表达,更不能失去理性走向偏激和谩骂,中央电视台新闻中心副主任梁建增说:“要有江山的情怀,不能有江湖的情绪。”《人民日报》评论部主任卢新宁认为:“理智比情绪更重要,逻辑比表态更重要。”

因此,在发表微博评论前应该冷静思考,理性选择议题;评论时避免冲动和情绪化,做出理性判断;写作时用语要中立客观,进行理性表达。

一些非理性、情绪化、偏激的观点容易引发群体性的负面情绪,裹挟着大家卷入情绪的洪流,非但于事无补,反而有时候会对社会产生负面影响。要避免先入为主地在微博新闻评论中加入个人情绪立场。在冷静思考、全面了解后再写评论,这样的微博评论才能有力量。

如图 5-26 这则评论,对于马航飞机被导弹击落,荷兰遇难者遗体回国仪式的评价,评论中没有煽情、没有激动,而是冷静、理性的分析。

2014 年的“方崔大战”,则是不冷静、不理性用语的典型。方舟子和崔永元因为对转基因食品有不同看法,争论越来越激烈,恶言相向,频爆粗口,最终闹到法庭上。

对事物有不同看法,是很正常的事情,应有求同存异的宽大胸怀,能够容忍不同看法,能够尊重不同看法,这样,思想争鸣才可能持久,思想才有活力,我们才可能在争鸣中越来越接近真理。

南都评论 V

【短评】荷兰人告诉我们,人类存于世界并非为了消除灾难,而是要敢于坦然接受灾难。肃静的仪式,隆重的葬礼,隐含的是一个国家的态度,伫立的是人类情感的力量。而当人们选择了坦然,选择了让死者有尊严的离去,生者也会倍加感到一种活着的勇气与动容。http://t.cn/RPbemtd

30分钟前 来自皮皮时光机 (2) | 转发(2) | 收藏 | 评论(1)

图 5-26 南都评论截图

(来源:新浪微博)

二、微博评论的推广

（一）勤耕耘，巧交友

微博用户要想获得较高的人气和影响力，首先就要勤于耕耘，每天都有新内容、新信息，才能刺激粉丝不断光顾，拥有粘度较高的铁杆粉丝，所发微博的阅读量才能比较高。设想一下：一个几周甚至几个月不发新微博的博主，原有的粉丝会频繁光顾吗？粉丝只要光顾几次没有看到新内容，可能就懒得再光顾了，甚至最后取消关注。

勤耕耘不仅局限于在自己的微博中多发言，还应勤于在知名微博中发言。微博上是随意结交朋友的场所，微博用户关注不同的对象，会对自己的人气和影响力有不同的影响。关注人气高的博主，并在其中发言，就有可能被更多的其他粉丝看到，增加了自己被关注的可能。通过成为知名微博的粉丝、积极与知名微博互动，更容易提高自己微博的阅读量和转发量，慢慢培育出自己的粉丝群。

（二）参与争议话题

微博上各种话题起起落落，有的会得到持久的讨论，有的很快就被遗忘。一般来说有争议的话题更容易得到人们的关注。自己发起争议性的话题，或参与争议性话题的讨论，不失为一个提高被关注机会的好途径。@人民日报非常善于使用这一策略，比如图 5-27 这条微博，就是议论一件大家争论激烈的事情。

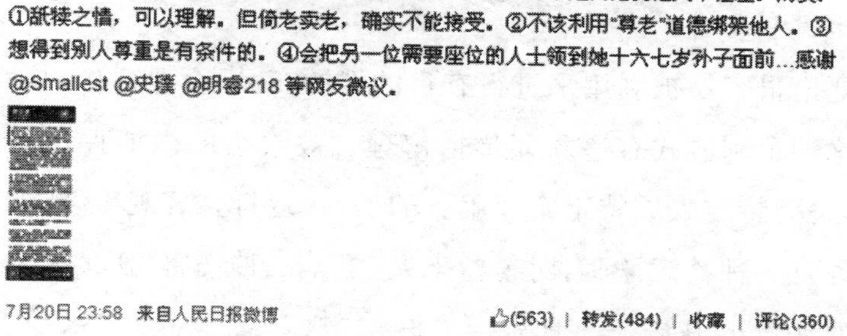

【微议录：让座那点事儿】老人将唯一空位让给十六七岁孙子继而指责他人不让座。网友：①舐犊之情，可以理解。但倚老卖老，确实不能接受。②不该利用"尊老"道德绑架他人。③想得到别人尊重是有条件的。④会把另一位需要座位的人士领到她十六七岁孙子面前…感谢@Smallest @史璞 @明睿218 等网友微议。

7月20日 23:58　来自人民日报微博　　(563) | 转发(484) | 收藏 | 评论(360)

图 5-27　@《人民日报》的微博评论截图

（来源：新浪微博）

这条微博很快受到网友关注，带来评论 360 条，转发 484 次，点赞 563 次。@人民日报常在第一时间抢发对突发事件新闻报道，成为话题讨论的主持人。

如2014年7月@人民日报主持“#麦当劳肯德基供应商黑幕#”，几天之内该话题引发2000多万人次阅读，3万多条讨论，有效使自己成为关注的中心。

三、微博评论的伦理限度

（一）拒绝语言暴力

微博评论应拒绝“语言暴力”，保持评论语言的干净，营造理性舆论环境。

虽然网民能在微博中自由表达，获得了一定的言论自由权利，但各种宣泄式、情绪化、非理性的言论，也在微博评论中屡见不鲜。甚至有时候失去理性的网民形成一边倒的片面意见，对意见不合者进行谩骂和语言围攻，使得其他网民不敢发声，集体偏离了理性的轨道，甚至出现其他极端情况。如2013年“林妙可受辱事件”，2013年3月29日，林妙可一家人去一家面店吃拉面，当晚7:14，@林妙可顺手发了一条带图的微博。“我替服务员来抻面，还挺有意思，吃起来更香了，有机会你们也试试自己动手抻面。”原本很健康很生活化的内容，却因受到一个名为“@山川青空”的博友（自称“日本AV女优，正在学中文”）的关注和转发，竟在无聊网友间引发了一些成人话题和不知所谓的露骨调侃。当晚11点左右，@林妙可连发两条微博，对网友评论表示愤怒，并要求微博网站净化环境。其实自从微博流行以来，微博论战、微博攻击的新闻就不绝于耳，成为微博评论中的负面成分。

还有的网民由于自身文化素养所限和个人因素，喜欢在微博中宣泄、放纵、搞笑。甚至因此出现了网络“哄客”，他们通常匿名或以马甲的方式现身，发表具有明显的攻击性和嘲讽性的言论。

（二）拒绝出卖自我

微博评论很容易被利用来进行有目的性的商品、企业评价，从而获取不正当利益。这种牟利方式有违新闻传播伦理。被收买的微博评论是虚假的、扭曲的评论，是为特定人或特定企业服务的，不一定符合客观事实。这样的评论对网民来说是一种蓄意欺骗，对粉丝来说，更是一种伤害，伤害了粉丝的信任，伤害了微博评论的基础——真诚。何润东“八点二十分发”就是一个很好的教训。

因此，博主们应该拒绝自我出卖，拒绝用微博评论来换取利益，共同维护微博的良好运行状态。

本章小结

2010 年被称为微博元年，经过 2010 年两会的催化作用，微博用户一路飙升，截至 2021 年 9 月，微博月活跃用户达 5.73 亿，月活跃用户中来自移动端比例达到 94%，日活跃用户达到 2.48 亿。微博具有速度快、点滴碎片式呈现、裂变式传播范围广、传播形式多样化的传播特征。

微博评论指通过微博发表的具有公共性指向的、含有理性思考的意见性信息。微博评论可以分为首发微博评论和继发微博评论两种。目前微博中以传播评论性信息为主，微博评论参与者数量庞大，微博评论形成评论新格局，并催生民间舆论场的形成。其中参与微博评论的主要有：传统媒体评论部/评论栏目的官方微博、媒体官方微博、媒体人士实名认证微博、微博大 V、草根微博等。

微博评论具有篇幅短小精悍、发表方便随意、互动活跃频繁、形式丰富多样的特点。微博评论有如下写作要求：善于提炼观点，点到为止；用语简洁，通俗易懂；多种表现手段，融合运用；评论态度理性，有责任意识。微博评论还需注重自我推广，要勤耕耘，巧交友；善于参与争议话题。微博评论更要注意伦理限度，拒绝语言暴力；拒绝出卖自我。

思考与练习

1. 微博是传统媒体的终结者吗？
2. 微博评论在社会生活中起到什么作用？
3. 请尝试发表一则微博评论，并与同学们交换评价。

第六章　微信评论

学习目的

1. 了解微信及微信评论的发展现状。
2. 掌握微信评论的特征。
3. 掌握微信评论实务，能编辑或写作传播效果良好的微信评论。

第一节　微信的兴起与发展

一、微信的兴起

微信是腾讯公司于 2011 年 1 月 21 日推出的一款专门为智能手机终端提供即时通讯服务的应用程序。用户可以通过智能手机和微信应用与好友分享文字、图片，并支持分组聊天和语音、视频对讲功能。

微信推出之初，最特殊之处是可以实现跨运营商、跨手机操作系统的"免费"短信互发。"微信，能发照片的免费短信。"——这是腾讯微信首页的广告语。

根据腾讯公司的介绍，微信是类似于电子邮件或网页浏览器的网络通讯方式。而微信最吸引人的地方在于它几乎是免费的：用户只需要支付运营商流量费用。通过走 GPRS 流量，1M 流量 1 元钱，可以发上千条文字小消息。如果换成当时通用的电信或移动通讯系统的短信，标准收费为每条 0.1 元，1000 条短信就要 100 元，相比之下，微信简直就是免费的。

跟以往发送短信不同的是，微信还具有实时对讲机、视频聊天等多种功能，而且微信发送图片、语音、视频非常方便。通过微信语音对讲，几乎就是免费的通话。使用这么方便，微信立即吸引了众多消费者的目光。依托腾讯 QQ 原有的庞大用户群，以及对腾讯 QQ 及时通信系统的熟悉，人们很快就接受并熟悉了微信。直接挑战了中国电信运营商最为成功的增值业务——

短信。

其实在腾讯公司推出微信前后，陆续有多款类似的应用软件推出。在微信问世之前，2010 年 10 月 19 日，功能简单的跨平台基于手机通讯录的即时通讯软件 KIK，在 App Store 和 Android Market 上线 15 天后，即吸引了超过 100 万用户下载。2010 年 12 月末，小米科技研发的类 KIK 应用——米聊正式上线，并遭遇智能机发烧友的热捧。继腾讯推出微信之后，盛大移动推出“Youni”，开心网上线“开心飞豆”，联通“沃联系”登陆苹果 App Store，苹果推出 IM 产品 iMessage。诺基亚推出免费信息平台“诺基亚 IM”……越来越多厂商加入移动互联网市场。

移动网络终端越来越普及，即时通讯应用随之大受欢迎。有一句在互联网流传甚广的话描述了这种状况：用户数从零到 100 万，Twitter 用了 2 年，foursquare 用了 1 年，facebook 用了 9 个月。2010 年 10 月 19 日，KIK Messenger 用了 15 天。

在上述即时通讯应用中，腾讯微信无疑是一颗闪耀的明星。微信推出 433 天之后，用户数突破 1 亿个，成功谱写了移动互联网时代的新奇迹。腾讯公司发布报告称，截至 2014 年 3 月 31 日，微信海内外月活跃用户总数已经达到 3.96 亿个，而且微信在海外用户中发展势头还很好。

微信的快速普及，得益于其方便新鲜的用户体验，也得益于 2013 年底开始的“嘀嘀打车”微信支付推广活动和 2013 年除夕的“微信抢红包”活动。据腾讯财富通统计，除夕夜参与红包活动的总人数达到 482 万。

从 2013 年开始，微信俨然已经出现了替代微博的势头。微博用户开始下降，微信用户开始上升，据中国互联网络信息中心的调查，网民有从微博向微信转移的趋势。

手机浏览器成为网民接入移动互联网的主要入口。据调查，用户使用手机浏览器的频率较高，75.6%用户每天都使用，其中 63.3%用户每天使用多次，相比 2012 年 9 月手机浏览器的使用频率有所增加。[①]

微信官方的公开信息显示，截至 2014 年 7 月底，微信月活跃用户数接近 4 亿个，微信公众账号总数 580 万个，日均增长数由去年的 8000 个上升至 1.5 万个。单是微信平台推广功能公测 7 月份期间，已有 8000 多个广告主、1000

① 第 33 次中国互联网络发展状况统计报告[R]. 中国互联网络信息中心，2014：75.

多个流量主参与其中，微信总用户超过 6 亿个，[①]可见微信改版的影响面十分广。

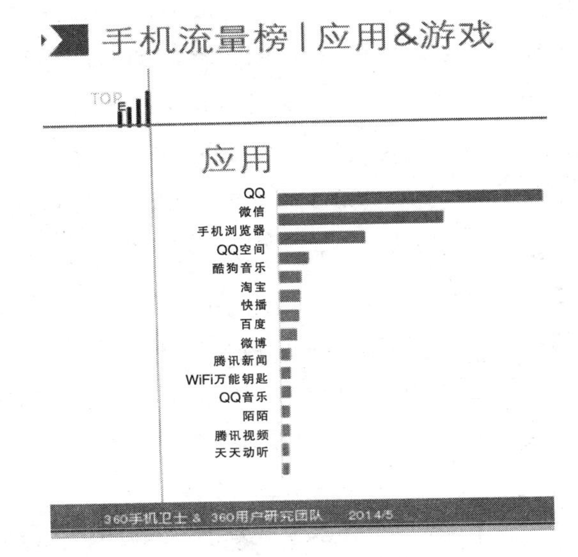

图 6-1　手机应用排名

（来源：360 公司）

2014 年 5 月，由 360 手机卫士 &360 用户研究团队推出的《2014 年中国手机流量使用报告第一期》中，在各类手机网络应用中，排名第二的就是微信，远远超过 QQ 空间、微博等应用。

二、微信公众平台的传播优势

2012 年 8 月 23 日，微信公众平台上线，将微信这一基于朋友圈的私人通信社交工具进一步拓展成具有公开性、公众性的信息平台，使得微信公众平台具有了媒体传播的属性，进一步将微信推向发展的高峰。

微信公众平台一直在小心翼翼的探索中前进，不断完善和发展各项传播功能。2013 年 8 月 5 日，微信 5.0 上线，进一步将微信公众账号分成“订阅号”和“服务号”两种。其中，订阅号每天可以发一条群发信息，没有推送，信息显示在独立的订阅区；服务类每月只有一条群发信息，可以推送，消息仍然显示在会话列表。2013 年 12 月底，腾讯悄悄开放了订阅号“底菜单”功能，在每个

① 互联网前沿追踪：微信公开公众账号阅读数[N/OL]. 新华网，2014-8-7. http://news.xinhuanet.com/zgjx/2014-08/08/c_133541350.htm.

微信公众账号页面底部增加了分类推送小菜单，供用户自选内容，增强了微信公众账号的传播力。“订阅号”主要功能为推送信息，类似于以往订报订刊，广受媒体欢迎，“服务号”的功能主要偏向客户服务，企业使用较多。

目前国内媒体纷纷开通微信公众订阅号。通过设立微信公众账号的方式展开媒体微信运营。如扬州日报微信公众平台 2013 年 8 月 5 日试运行，仅用了三天的时间，就吸引了 500 家用户，成功满足订阅号上线条件。

（一）“订阅-推送”模式，实现准确传播

微信公众平台的口号就是“在这里，阅读更简单”。媒体的微信公众账号主要通过吸引粉丝关注，定向为用户推送新闻信息。其传播模式是“订阅-推送”：当用户关注了某个微信公众账号之后，此微信就会向你推送消息；取消关注，此微信账号就不会再推送了。这一点与微博不同，微博发送时所有人都能看到，但有可能都不点击阅读；但微信公众账号发送是指定发送，只发给订阅的人，也就是有阅读欲望的人。

这种“订阅-推送”模式，最大的优点就是保证了传播的准确和有效。它不追求粉丝数量的庞大，但求小群体的准确传播到达。微信公众平台既具有一对多传播的扩散能力，同时又具有点对点的准确传播能力。

这种传播模式类似媒体新闻信息的订阅，因而很快吸引了大批媒体入驻。纷纷在公众平台第一批抢滩登陆。

表面上看，微信公众平台上的粉丝数和阅读数与微博相比，简直不堪一提。可实际上，由于微信几乎 100％的到达率，微信上的数据不显赫，但是很实在。比如微信公众账号“人民日报”2014 年 8 月 4 日发了 10 条消息，平均每条的阅读量约 47 586 次。而新浪微博@人民日报 8 月 4 日关注最多的是关于云南鲁甸地震的消息，题为《【紧急呼吁：为生命让路】＃云南鲁甸县地震＃》，该条微博被转发 31 391 次，评论 3100 条，点赞 7077 次，三个数加起来也只有 41 568 次，而这个数据与@人民日报 23 221 778 的粉丝数相比，传播到达率不足千分之二。

（二）自主订阅，实现分类传播

在微信平台中，订阅者只会收到其所选择的微信公众账号发送的信息，充分体现了自主性、自发性。

相对来说，微博上信息太多太泛滥，面对海量信息，常常无所适从，需要花很多时间去淘自己想要的信息。而在微信公众平台，通过订阅自己感兴趣的领域，就能得到对方精心准备的相关资讯。

对于微信主来说，可以通过从后台查看订户信息，按地域、性别、喜好、需求等不同的指标分组，进而将所有资讯进行分类传播，准确地定向发送。比如对体育爱好者发送更多体育类信息，对关心时政的订户发送更多时政类信息，对不同地区的人发送更多当地信息……这样，既可以避免信息无效发送，也可以避免订阅用户信息过载，提高传播效率，让媒体的各类信息资源充分发挥作用。

分类传播做得好，订阅用户就能得到满足自己需要的信息服务，接近于“专享订制”，还会吸引更多有相似需求的人来订阅，形成良性循环。

(三) 群发方式，提高传播效率

通过微信公众账号发送信息还有一个显著的特点——群发。点击发送，就会直接发到所有关注自己的用户那里。所以，公众平台又像一个群发短信平台，但是在内容上，微信要比短信丰富得多。

微信群发功能的传播效率是微博所欠缺的。即便是粉丝数量几千万的微博大V，也不能保证每条消息的阅读次数都很多，而微信公众账号哪怕只有几万人订阅，却能保证每条消息都有这么多人看到。微信的传播效率接近100%准确到达。

微信5.0规定微信公众账号中的订阅号每天只能群发一条消息，这对它起到很好的约束作用。微博公众账号必须自我克制，每天推送的内容必须精练，否则将直接导致用户取消关注。因此，微信公众号都很珍惜每一次的信息推送，追求内容质量，更不能赤裸裸地用广告信息来骚扰微信用户。这些都无形中从整体上提高了微信公众平台所有推送信息的质量。

腾讯公司也有意采取一些措施来提高传播质量，避开植入式广告等不良信息、无用信息、骚扰信息的发送。比如“集赞”，原本“赞”是社交网络中的一种符号，表示赞赏、支持的意思。“赞”的标志通常为一个翘起的大拇指，也有心形或笑脸形式。而“集赞”是为了达到营销或其他目的，请求别人对一条消息进行赞许和支持，通常会许诺送礼品或其他利益。“集赞”活动人为操作微信用户对商品的评价，存在一些欺骗性内容，甚至出现欺诈骚扰用户的现象。微信官方从2014年6月9日起，升级全新技术手段，采用“技术＋人工举报”的方式对“集赞”行为进行全平台清理和规范。公众号累计发现两次有集赞行为，封号7天；公众号累计发现二次有集赞行为，封号15天；公众号累计发现三次有集赞行为，封号 30 天；公众号累计发现四次有集赞行为，永久封号，且不可解封。

紧接着，腾讯公司于 2014 年 7 月 7 日开始微信公众号的广告功能公测，微信认证的公众账号可成为广告主，定向投放广告，精准推广自己的服务；公测期间关注用户数 10 万个以上的公众账号可成为流量主，在指定位置提供广告展示，获取收入。广告主和流量主都能查看广告效果。这个功能使得微信上的广告发布有章可循，广告信息公开透明。

这两个举措让灰色营销、植入式广告等不良信息得到过滤，骚扰信息被阻隔，微信公众平台在自媒体道路上走得更为稳健。

精确高效的传播效率，使得微信自媒体只要少量的粉丝就足以达到一定影响力，就能因此通过各种途径盈利。《21 世纪经济报道》记者曾航创办了微信公众账号"移动观察"，他自认为这是属于一个人的手机报。他坚信凯文·凯利的"一千铁杆粉丝"理论：只要有 1000 名铁杆粉丝，微信自媒体就能盈利并活得很好。

（四）基于信任，用户黏度更高

微信从社交工具起步，一开始就形成了较私密的人际传播、群体传播为主的特征，更多的是点对点沟通与信息传播。在开放公众平台之后，增加了一个个以公众号为中心的有限范围的粉丝圈子，主要是一对多的定向传播。

无论是朋友圈的"熟人圈子"，还是公众平台的"粉丝圈子"，都具有极强的私密性，都是基于信任才加入、才构成"圈子"的。粉丝对微信主忠诚度相当高，而粉丝中的铁杆粉丝，更是基于某种精神上的认同和默契，是微信主最忠实的受众，用户黏度相当高。

如《扬州日报》着力于将其官方微信公众账号打造成"微刊物"和"微社区"的结合体。既有纸媒上的扬州新闻、报纸优秀版面、城市周刊、梅岭周刊等内容；又有《轻松一刻》《美文推荐》《走进扬州——旅游攻略》等栏目，还有动漫剧、微电影、有报料热线、订报热线、节日祝福等与用户的互动栏目，以及不断推出的各种策划活动。

有了上述四方面的传播优势，微信迅速被接受、被认可、被普及也就毫不奇怪了。

三、微信用户类型

微信的用户类型主要有以下四类。

（一）个人社交用户

这类用户主要运用基于通讯录的朋友圈功能，运用微信来和朋友联系，开展私人社交活动。微信个人用户更具私密性的语音、群聊，有时候作为新闻亲历者告诉我们身边正在发生的事情，有时候作为评论者发表对新闻事件或热门话题的评论和看法。

（二）微信自媒体用户

这类用户充分发挥微信公众平台的传媒属性，以个人名义开通微信公众账号，相当于个人开设了一个媒体，通过优质内容来吸引志趣相投的订阅者，每天向自己的订阅者推送某一类型的信息。

相比微博来说，微信更适合做自媒体，因为微博所发信息很容易被淹没，需要不停地发，不停地设法引起关注，微博自媒体会受到时间和精力各方面的严重挑战。但是在微信上不一样，微信限制发送信息的条数，施行“订阅-推送”的模式，微信自媒体可以每天精心打造内容、准确推送给自己的订户，个人有能力做到。

如微信自媒体佼佼者程苓峰，创办了“云科技”自媒体，面向“云科技”卖广告，3 个月、15 个广告主总价 20 万。程苓峰认为，一个 40 人的杂志一个月得 100 万广告才能活，一个自媒体一个月 1 万广告就能活了。他坚信微信自媒体用户未来能蓬勃发展，活得很好。

（三）媒体微信用户

微信推出后，不仅受到广大网民的追捧，报刊、广播、电视、杂志等传统媒体也纷纷抢滩微信，将微信公众平台视为新的传播阵地。《人民日报》社推出《人民日报》《人民日报评论》微信账号，中央电视台先后推出“央视新闻”“央视评论”“央视财经”等多个微信账号，《中国青年报》推出了“中青在线”微信账号……媒体微信用户已经成为微信大家庭中的中流砥柱。

事实证明，传统媒体借力微信公众平台是明智的发展思路。2013 年 4 月 1 日，央视新闻频道正式推出认证公众账号。在央视新闻频道播出微信公众账号上线的消息后，第一天的订户增长数就超过 22 万个，收到用户回复信息 12 万多条。

正如一位媒体人士所说：对于传统媒体而言，微信可以把新闻信息直接推送到用户的手机上，是到达率最高的媒介之一。我们看重的，当然不仅是新闻信息和生活资讯的到达率，更看重作为传统媒体影响力在新媒体领域的开疆拓土。微信平台，既是我们传统媒体拓展用户资源的利器，更是我们应该紧紧把握的新闻传播变革之机遇。[①]

（四）企事业单位用户

这类用户分为两类：一类是通过推送特定信息，与特定群体进行互动、树立自身良好形象、扩大影响；另一类是提供各类服务信息。

企事业单位原本几乎都已开通微博，有的已经在微博平台拥有较高的粉丝人数，但在微信这个更新的新媒体平台推出后，大家也乐于增加一个新的传播通道。中国社会科学院新闻与传播研究所主编的新媒体蓝皮书《中国新媒体发展报告(2014)》指出，截至 2014 年 3 月底，我国政务微信发展总量已达 5043 个。

有的政府部门善于运用微信来展开讨论，形成议题。2013 年 3 月，《秦风热线》联合纠风、物价、教育等相关部门制作《治理教育乱收费　我们在行动》专题，提前 20 天在微博、微信以及网站显要位置发布节目"评论中小学收费"的主题预告和投诉方式，话题点击量超过了 16 万次，微博、微信留言 1350 条。

第二节　微信评论的特征

微信蓬勃发展，微信评论也相应得到长足发展。数据显示，2013 年两会期间，中央电台各频率官方微博、微信发稿 1500 多条(次)，共收到听众短信、微博、微信、语音留言等各种反馈、评论 150 多万条(次)，也为前一年同期的三倍多。全台收到的听众反馈和网友评论数量与往年相比大幅攀升，其中，仅中国之声新浪官方微博、腾讯官方微博、官方微信就收到留言、评论 109 万条，其中语音留言 25 000 多条，远远超过历史同期。[②]

一、微信评论的界定

微信评论是指通过微信这种即时通讯应用所发送的，具有公共性指向、含有理性思考的评论性信息。

微信评论首先是一种评论性信息。微信评论不同于微信新闻报道或其他

① 周保秋．微博公众平台建设"三部曲"[J]．传媒观察，2014(5)．

② 中国记协．2013 年全国两会新闻报道研讨会(文字实录)．中国记协网，2013-3-21．http://www.xinhuanet.com/zgjx/zhibo/20130321/wz.htm．

对客观事物进行描述再现的信息，微信评论是一种主观评价，是微信主基于自己的见识和经验对客观事物作出的判断。

微信评论具有公共性指向。不是私人生活中的闲聊，不是对私人生活中日常事物的评价，而是对与公众有关的新闻事件、公共事务的评价。

微信评论是理性思考的结晶。微信评论不是情绪化的宣泄，不是心情日记，而是对具有公共性指向的事物进行的冷静思考和客观评判。

微信评论以首发评论为主，微信的回复有两种情况：一种是一对一进行，这时旁人无从知晓；另一种是在朋友圈公开回复，那也只有这个小圈子内少数人可见。

二、微信评论的类型

微信公众账号“徐达内小报”于 2014 年 7 月 31 日发布“7.31 微信公众号影响力排行榜”，其中《老徐时评》《大家》《丁来峰》所推送的内容均为时事评论，央视新闻、澎湃新闻、人民日报、凤凰网都在微信公众号内设有评论小栏目，新闻评论在微信平台中的分量可见一斑。见图 6-2。

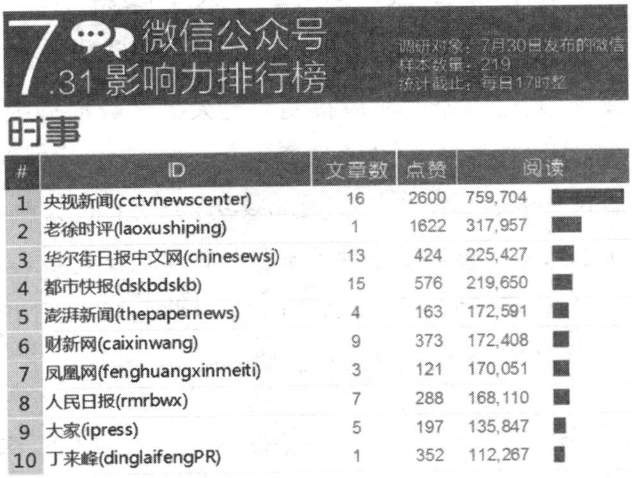

7.31 微信公众号影响力排行榜

调研对象：7月30日发布的微信
样本数量：219
统计截止：每日17时整

时事

#	ID	文章数	点赞	阅读
1	央视新闻(cctvnewscenter)	16	2600	759,704
2	老徐时评(laoxushiping)	1	1622	317,957
3	华尔街日报中文网(chinesewsj)	13	424	225,427
4	都市快报(dskbdskb)	15	576	219,650
5	澎湃新闻(thepapernews)	4	163	172,591
6	财新网(caixinwang)	9	373	172,408
7	凤凰网(fenghuangxinmeiti)	3	121	170,051
8	人民日报(rmrbwx)	7	288	168,110
9	大家(ipress)	5	197	135,847
10	丁来峰(dinglaifengPR)	1	352	112,267

图 6-2　微信公众号 2014 年 7 月 31 日影响力排行

（来源：微信徐达内小报）

依据评论主体的不同，微信评论有以下几种类型。

（一）朋友圈微信评论

朋友圈微信评论指在朋友圈内对各类新闻事件、热门话题等展开的评论，包括在朋友圈内直接发表评论、朋友圈好友的留言点评、朋友圈内发起群聊等发表意见和看法的评论信息。朋友圈微信评论类似于朋友私聊，优点是具有相当高的私密性，既然不是公开面向社会，言论便无拘束无限制，表态更真诚更直率。

如 2014 年 8 日，以关怀“渐冻人”为主题的“冰桶挑战”在全球刮起风潮，中国很多明星纷纷加入“冰桶挑战”，一时之间冒出好多类似新闻。某学者在朋友圈评论此事：还有没有点创意？老是跟在外国人后头亦步亦趋。有点创新思维行不行？这位学者直言，在朋友圈发言，对方都是自己的朋友，更适合说点真心话。

在微信朋友圈中发表信息时，发信息的微信主为传播者，被纳入朋友圈的好友们成为传播受众。微信主的朋友可以对其所发信息进行评论或点赞，此时微信主能见到圈内朋友所有的“赞”和“评论”，以及好友之间的意见往复，但对微信主的朋友们来说，只有彼此互为好友才能看到对方的评论。如果其中某个朋友跟朋友圈所有其他用户都不是好友，那么他只能看到自己的评论，而看不到所有其他人的评论。所以，即便有些微信主所发的信息有很多“赞”和“评论”，但不见得全部为人所知晓，这不仅取决于其朋友圈人数的多少，还取决于这些朋友是否互为好友。

微信朋友圈还有一个特别的功能是发起群聊，此时相当于一个小型的网上沙龙。发起人能够勾选决定哪些好友参加这次群聊，这样有助于按照不同类型的话题来组织不同的朋友展开讨论，优点是讨论效率比较高、意见真诚直率，而且能避免负面评论在朋友圈中引发二次传播与发酵，避免产生不良连锁反应。即便朋友圈内有非常激烈过分的言论，也不至于会引发舆情失控。所以微信朋友圈评论是能够充分享受言论自由的一个平台。但朋友圈评论最遗憾的是，不管讨论有多热烈多精彩都不为外人所知。

（二）微信自媒体评论

微信推出三年后，令人惊讶的是出现了一批以评论为专职的微信自媒体。这类用户充分发挥微信公众平台的传媒属性，以个人名义开通微信公众账号，相当于个人开设了一个媒体，通过优质内容来吸引志趣相投的订阅者，每天向自己的订阅者推送某一类型的信息。他们各有自己的特色和风格，以过硬的内容吸引了相当数量的铁杆粉丝，有的因此淘到了微信的第一桶金。

微信公众号“罗辑思维”便是其中的佼佼者，这是由罗振宇和申音共同创办的自媒体，包括微信语音、视频、线下读书会等具体互动形式，主要服务于

80后、90后有"读书求知"需求群体，打造互联网知识型社群。这个微信公众号于2012年12月21日开通，同时在优酷网上线同名视频节目。"罗辑思维"微信公众号则每天早晨6:30推送一段60秒语音，回复某个指定的词语之后，再加推一篇文章，并附带其他活动消息。"罗辑思维"的口号是"有种、有趣、有料"，做大家"身边的读书人"，倡导独立、理性的思考，凝聚爱智求真、积极上进、自由阳光、人格健全的年轻人。"罗辑思维"视频节目属于知识性脱口秀节目类型，不在微信中推送，每周更新一期，每期由罗振宇就某一个知识性主题展开自己的梳理和评价。见图6-3。

图6-3 微信"罗辑思维"手机页面截图

2013年，"罗辑思维"成了最火的自媒体，一年内粉丝数量达110万个。"罗辑思维"还创造性地开微信自媒体会员制之先河，率先尝试互联网收费模式，在不承诺任何会员服务的前提下，6个小时的时间内，有5500个会员自愿付费订阅，募集会费160万元。第二次招募付费会员，一天入账800万，创造了微信自媒体的运营神话。

2014年5月17日，罗振宇和申音和平"分手"，罗振宇有意独立运行这个项目，申音则将致力于新产品的推出。

"罗辑思维"的成功，说明微信自媒体评论有广阔的需求，有很大的发展空间。当人们习惯于使用微信作为获取信息的通道，那么自然当他需要意见性信息时，也会通过这个平台来寻找和获取。

在微信自媒体中，来自传媒界的人士占了天时、地利和人气，很容易将个人的微信自媒体做得风生水起。他们凭借自身拥有的信息资源优势，指点江山，激扬文字，极大地满足了微信用户对独特、精辟观点的需求。

“罗辑思维”主办者罗振宇原来是中央电视台的制片人；《我就壹说》创办者林楚方是《看天下》杂志前执行主编、南方周末前高级编辑；《石扉客——法政观察》的创办者石扉客是知名政法记者，曾历任南方报业传媒集团21世纪环球报道记者、央视《社会记录》编委、《南都周刊》编委……传媒人做微信自媒体评论，既有对社会长期深入的观察和思考，又有见多识广的眼界和高度，还有人脉、名气带来的扩散效应，这三个方面的优势，使得他们的微信自媒体评论一经推出便大受欢迎。《石扉客——法政观察》自2013年2月28日开张，到5月被关，总共积累了25000订阅数。

2014年8月7日，国家互联网信息办公室正式发布《即时通信工具公众信息服务发展管理暂行规定》，共10条，以规范即时通信工具服务提供者、使用者的服务和使用行为，对通过即时通信工具从事公众信息服务活动提出了明确管理要求。这个规定一出来，许多网民解读为对微信的约束，纷纷称之为“微信十条”。其中第七条规定，“新闻单位、新闻网站开设的公众账号可以发布、转载时政类新闻，取得互联网新闻信息服务资质的非新闻单位开设的公众账号可以转载时政类新闻。其他公众账号未经批准不得发布、转载时政类新闻。”按照这一规定，所有微信自媒体都不能转载和发布时政类新闻。而在现行文件中，“时政类新闻”不仅包括新闻报道，也包括新闻评论。微信自媒体评论将受到严重冲击。微信自媒体评论何去何从，还需进一步观察。

（三）媒体微信评论

微信平台传播的各类评论性信息中，媒体微信评论是最“像”传统评论，也是评论质量整体最高的部分。媒体微信评论包括媒体以及媒体评论部官方认证的微信公众账号所发表的评论性信息。

媒体官方微信公众号大多发布的是新闻信息，但也会有部分评论信息。如“人民日报”微信订阅号的菜单包括《微博精粹》《每日热点》《特色栏目》三大版块，《特色栏目》又包括《人民时评》《人民论坛》等各个栏目，主要转载当天纸质媒体的相应栏目内容，触击不同的菜单和子菜单，就会自动收到该版块当天的信息推送。

媒体评论部门官方微信以推送评论性信息为主，除了转载传统媒体的评论外，有的还会增加一些适合微信的其他评论。如人民日报评论部的官方微信“人民日报评论”，除了转载《人民日报》上《今日谈》《人民论坛》《人民时评》等报刊评论专栏外，还另外设有“高层”“聊政事儿”等微信专栏。如2014年9月10日“聊政事儿”中推出《习近平批评“去中国化”，是在批评谁?》的评论，作者为“党报评论君”。人民时报社推出的微信公众号“侠岛”已小有名气，以“拆解时政迷局”为己任，发表了大量精辟中肯的评论文章。

媒体的评论部门入驻微信，能更好进行舆论引导，在新媒体平台上有效缓解社会矛盾，在几亿网民中弘扬社会主义主流价值观，推进社会迅速稳定科学向前发展。如何做好微信评论，是摆在传统媒体面前的新课题。

三、微信评论的特征

作为一种新媒体平台发表的意见性信息，微信评论具有与网页评论、微博评论相似的一些特征，如传播快速便捷，跨越空间距离等。2013年“4·20芦山地震”，周六早上8时许发生地震，随即微博和微信上就出现了大量关于地震的新闻和微评论，极大地满足了公众同时对事实性信息和意见性信息的需求。

微信评论还具有与其他网络评论、新媒体评论不一样的个性特征。

（一）私密性与公开性并存

微信集私密性和公开性于一身。微信的私密性使之大大不同于微博。微博主要面向不确定的陌生人进行传播，是一个完全开放的信息平台，虽然也可以发私信，但更主要的是面向所有人公开发表的信息。一个微博主页就像一个个人门户网站，属于由个人主导的面向大众的传播。

微信主要在朋友圈和粉丝圈内进行传播，传受双方关系私密。这种私密性还表现在每一个用户的网络关系方面，微博用户的关系网是公开的，微信用户的关系网是私密的，外人不知道微信主有哪些好友、有哪些粉丝。

微信评论的私密性首先表现在微信朋友圈评论上。糅合了人际关系的因素，微信的信息交流内容更为私密。任何用户在微信朋友圈内的留言和评论，只有共同的微信好友才能看到，其他人完全看不到。评论和互动都在个人或小群体之间进行，私密性强。

微信评论私密性的特点也有一定的好处：评论内容的传播是可控的、安全的，不会向所有网友显示，因而更加直言无忌。不少微信主都曾表示：在微信上发言更大胆、更放心，因为只在自己可以控制的范围内流传。微信朋友圈是自己能控制的，微信公众账号的订户群体也是可以控制的，对自己所排斥的订户可以拉黑取消订阅。

如微信公众账号“旧闻评论”，创办者是《南方都市报》评论员宋光标，因为担心微信中对南方报业集团的各方面评价引起同事不满，多次恳请有些人解除对自己的关注。如其中一次所推送评论的结尾，如图 6-4 所示。

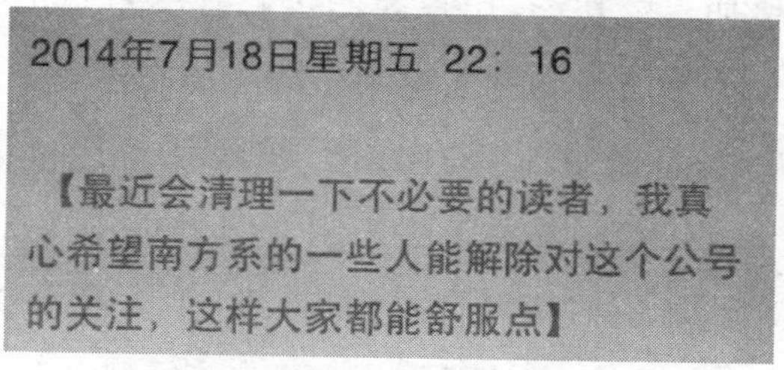

2014年7月18日星期五 22：16

【最近会清理一下不必要的读者，我真心希望南方系的一些人能解除对这个公号的关注，这样大家都能舒服点】

图 6-4 微信“旧闻评论”截图

微信公共平台则大大拓展了传播范围。微信私人账号所发表的评论主要在朋友圈内流传，微信公众账号面向所有公众开放，任何人都可以通过订阅成为该公众账号的受众，这赋予微信评论公开性的特征。

但这种公开性目前仍然是有限的，微信公众号“订阅-推送”的传播模式，使得微信评论信息仍以单向传播为主，其推送处于有限公开、相对私密的状态，不订阅，对方就不会推送，受众就无法看到内容，甚至有的订阅需要付费，如“罗辑思维”，不然就无法看到最新内容或最全面的内容。

这种有限的公开性对新闻评论来说很不利，评论最重要的是要进行意见的表达和交流，而微信相对私密的传播特点，使得微信平台中的讨论和争论远不如微博那么广泛和公开。在微信公众平台中，几乎只有意见的表达，而少有意见的交流。缺乏意见交流的平台，难以形成对话题的充分热烈讨论，难以形成微信舆论场。

（二）有限互动，交流欠缺

从传播学角度来看，微信传播是一对一、点对点的传播，以人际传播和群体传播为主，其传播效果具有准确性、有限扩散性的特点。这与微博不同，微博侧重大众传播，可以实现一对一、一对多、多对一、多对多的交互传播，信息的发布与接受完全面向所有用户公开，发布者无法预知信息的接受情况。

微信评论难以进行公开广泛的意见交流。一方面，微信受众无法得知某个微信公共账号及其内容受认可的程度，更没法和其他受众进行讨论和交流，这与网络跟贴、微博评论都不同。

另一方面，微信用户在收到微信评论后，只能与微信主运用私信进行互动，但并不能肯定会收到微信主的回复；而微博用户在进行评论时，可以看到其他微博用户发布的评论信息，并且可以同时与微博主及其他任何一个点评者展开讨论。

直到2014年7月24日微信再一次改版后，微信大批量公开微信公众账号的阅读数，同时增加点赞功能，用户才能了解到文章热度及阅读效果，但仍然无法进行信息交流，不能得知别人对某个内容的态度。

一项研究表明，在订阅过纸媒官方微信（包括曾经订阅过后来退订）的233位微信用户中，有157人认为促使他们订阅的最主要原因是可以从纸媒官方微信中获得最新、最快的新闻资讯；另外，有117人希望通过订阅获得娱乐消遣以打发时间，108人表示订阅是出于喜欢该纸媒；95人订阅是为了参与公共事件或热点话题的讨论，75人是因为受了别人的推荐而订阅。①

从这项研究可以看出，对于这95个（约占40%）以参与公共事件或热点话题讨论为目的的订阅者来说，如果只能接受评论信息，而不能进一步就此展开互动和交流的话，其使用微信的兴趣会越来越低，其活跃度会大受影响。

（三）融合多样，形态丰富

微信评论没有像微博那样的字数限制，所以可以更充分地说理和论证，从这个角度来说，微信比微博更适合进行评论，而且微信可以充分运用文字、图片、视频、音频、超链接等各种方式进行，发展出各种各样形态多样的微信形式。

如“罗辑思维”的微信形态是语音为主打，配合文字、图片。每天早上6：30给订户们发送的是一段60秒钟的语音评论，回复某个指定的词语后，会收到一篇相关文章。但文章也不是孤伶伶的文字，而是配上彩图和其他活动信息，正好是一个手机屏幕的篇幅。点开文章之后，不仅文章标题下面有图片，文章后还有“罗胖曰”小版块、每周五在优酷网更新60分钟评论视频的链接，如图6-5所示。

---

① 李小华，易洋．基于用户调查的纸媒官方微信传播效果实证分析[J]．中国出版，2014，(4)下．

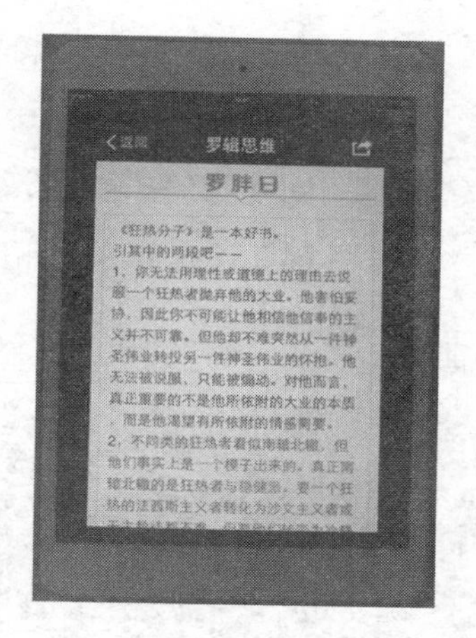

图 6-5　微信“罗辑思维”截图

更多微信评论以文字主打，但若配上图片或视频，则会更加生动。

如微信公众账号“旧闻评论”往往在标题下配一副手绘漫画，在结尾处配上一段视频，以音乐视频居多。如图 6-6、图 6-7 所示。

图 6-6　微信“旧闻评论”截图

图 6-7　微信“旧闻评论”结尾截图

而微信公众账号“石扉客——法政观察”曾用“三接头皮鞋”来形容自己的微信形式，如案例 6-1 和图 6-7 所示。

案例 6-1

【石五条】不定期奉送五百字以内精简短文。

【石壹篇】不定期奉送一篇千字左右长文。

【扉女郎/非女郎】不定期奉送由美女/帅哥担纲的福利。

其中“扉女郎/非女郎”主要是美女图片，为了对这个时政微信号进行软性包装和平衡，吸引受众点击。

新媒体新秀“澎湃新闻”则采用小栏目分类形式，设置《澎湃时评》《澎湃社论》《澎湃思想》《澎湃追问》等传播意见性信息的评论栏目，并努力打造每个小栏目的稳定风格。如图 6-8、图 6-9 所示。

图 6-8　微信“澎湃新闻”截图

图 6-9　微信“澎湃新闻”截图

第三节　微信评论实务

一、如何做好微信评论

（一）注重原创，讲求质量

目前微信评论最大的缺点就是原创性缺乏，尤其是媒体微信公众号中，基本上都转发纸质媒体评论，缺少单独为微信平台而发表的评论。在原创性方面，微信自媒体评论倒是做得很好，尤其是进行市场化运作的微信自媒体，有意识地以独特视角、原创评论赢得受众。

微信虽然没有像微博那样的字数限制，但是微信公众账号由于对推送次数的限制，必须珍惜每一次推送的机会，精心雕琢每一次推送的内容，追求推送质量。

以微信公众账号“罗辑思维”为例，罗振宇自述每天早晨60秒钟的语音评论非常耗精力。他总是以精益求精的态度来精心打造这60秒语音，有时候要录几十遍才感到满意。罗振宇自述：“我每天的微信语音，我强制自己录到60秒，一秒不差。我每天都要录几十遍，我才能录到那60秒。”罗振宇说，这就是一个死磕自己。“这个东西有必要吗？没必要，但是我收获了一个东西叫做尊重，老罗干事认真，而且我一天都不缺。”这种认真的、精益求精的态度，赢得了粉丝的尊重和信任。

虽然罗振宇认为，新媒体不再内容为王，而是人格为王；认为微信自媒体要想成功应该打造“魅力人格体”。但罗振宇自己的魅力人格是通过什么塑造的呢？归根结底，还是因为内容。正是由于微信公众账号“罗辑思维”每天推送的语音和文章的内容，以及优酷网上同名视频节目的内容，才堆积出罗振宇富有人格魅力的个人形象，从而得到众多粉丝的追捧和信任。在这个前提之下，罗振宇采用会员招募制度、策划各种营销活动才能一呼百应，才有了后来的微信自媒体奇迹。

（二）图文声画，形式丰富

微信评论应充分发挥微信评论形态丰富的优势，将微信做得更加生动活泼。

微信评论应该尽量配上图片，这是许多微信用户总结出的经验。

微信公众账号“扬州日报”经过一段时间的摸索，将推送时间定于上午九时左右，使用户一上班就能接收到前一天的重要新闻和当天的重要新闻预告。经过考察，他们还发现推送内容为一条主消息加四条辅信息为佳，以图文结合形式推送，这正好是手机屏幕所能显示的容量。①

“央视新闻”公众账号编辑团队经过多次调整，先后向订户推送过央视主持人口播语音信息、独家视频信息，最终形成了目前“早晚推送精选新闻图文专题，随时推送重大突发新闻独家资源，以图文素材为主，注重多媒体搭配”的推送模式。如图6-10所示。

图 6-10　微信公众账号“央视新闻”的微信评论截图

在日常精选新闻的选取上，“央视新闻”一般为订户选择四条消息，包括一条重大新闻、一条央视的独家报道、一条民生消息、一条网络热点信息。在实际操作上还会灵活变通，比如新闻中心重点项目的推介、互动话题等。编辑团队还准备下一阶段将更加注重公众账号的消息质量，严格控制推送次数和推送消息的数量。②

“央视新闻”的《一图解读》栏目，2014年8月7日推出“以后微信会变成什

---

① 周保秋．微博公众平台建设“三部曲”[J]．传媒观察，2014(5)．

② 蔡雯，翁之颢．微信公众平台：新闻传播变革的又一个机遇——以“央视新闻”微信公众账号为例[J]．新闻记者，2013(7)．

么样”，用一张图展示了“微信十条”颁布后，微信面临的状况。这张央视评论员组出品的图形，因生动形象的独特解读方式，阅读数达10.1万人，进入徐达内.com评选的8月8日微信公众号影响力前十强，排在时政类单篇作品第三名，可见结合时事热点的图片形式的解读多么吸引人。

同时也要看到，大部分微信评论都不注重形式多样化，反而因为没有字数限制，回到了报刊评论的老路子，仍然从头到尾一篇长文章。这样一来，除了换了传播平台，微信评论和报刊评论还有什么区别呢？这种做法完全放弃了微信的传播优势，实在可惜。

（三）页面简洁，吸引阅读

微信起初仅能在手机上接受和使用，后来腾讯与搜狗合作，现在可以在搜狗中通过搜索引擎在网页浏览器打开阅读，但是微信最主要的呈现地点仍然是手机移动终端。

因此，微信评论推送时都会考虑到手机屏幕的大小。如果首先就将整篇评论的内容全盘推送出来，密密麻麻的文字恐怕会吓跑部分受众，每天的内容应首先设计成简洁凝练的页面，正好适合手机屏幕大小，仅推送标题或摘要，如果受众有阅读兴趣，再点击阅读全文即可。

除了考虑移动终端屏幕大小之外，推送页面还要考虑受众的阅读习惯，以便于查阅的方式呈现。

1. 碎片化的阅读习惯网民使用手机上网往往是在每天点滴零碎的有闲时间里进行，所以微信评论不能太长，不然零碎时间内看不完；微信评论还要有清晰的内在逻辑，环环相扣，吸引受众一直看完或听完。

2. 先入为主的阅读习惯。网民往往凭第一印象来决定要不要点击阅读，如果第一眼足够吸引人，如果查阅够轻松不费劲，网民会很乐意点击打开看看内容。“罗辑思维”之所以成功，跟它便于接受有关，罗振宇戏称自己每天早上60秒语音是“马桶伴侣”，很容易就可以听完。石扉客的《石扉客——法政观察》之所以要设立“扉女郎”，主要也是为了第一印象能吸引人。

因此，微信评论推送页面的标题或摘要也再三雕琢，使之能给人良好的第一印象，吸引人们关注并点击阅读。如“老徐时评”2014年5月30日推送的《爱国不需要得瑟！》一文，评价的是7000名中国人组团赴美旅行，在洛杉矶齐声高唱中国国歌、升起五星红旗、拍大合影，并声称“每人平均刷卡消费1万美金”的约定。标题口语化，选题平易不高深，能吸引人进一步阅读。

二、传统媒体如何借力微信评论

新媒体对传统媒体形成巨大挑战。市场分析机构尼尔森的调查显示，60%的电视观众在看节目时，手边都有智能手机、iPad或笔记本电脑，而边看电视边发微博、微信评论的人越来越多。

新媒体也给传统媒体带来新的机遇，如人民日报、央视新闻抓住新媒体发展自我，扩大在新媒体的知名度和受众群。对于这些积累深厚、公信力较强的“国”字号媒体来说，微信评论正是他们借力新媒体的好对象。

（一）开设微信评论抢占新媒体舆论阵地

在当前传媒竞争激烈的情况下，传统媒体已经难以靠获得独家新闻取胜了；在信息传播的时效性方面，传统媒体也根本无法与网络新媒体相比。传统媒体目前最大的优势就在新闻评论方面，许多报纸从“新闻纸”向“观点纸”转变。

在媒介融合、传统媒体借力新媒体的背景下，传统媒体同样可以充分发挥评论的优势，从浩如烟海的各类信息中脱颖而出，对热门新闻事件和社会话题及时发声、积极参与，成为微信平台的意见领袖。

媒体微信评论的观点立场可能引起批评和吐槽，但只要媒体微信不怕被吐槽，积极真诚地参与讨论和对话，一定能够赢得用户的尊重和拥护。

中国网民数量庞大，而且使用手机上网的比例逐年增高，微博微信这些即时通讯工具使用使用频繁，很多新闻事件刚一发生，微博、微信上的评论随即出现并迅速扩散。传统媒体需要适应媒体使用方面的新变化，积极拓展新媒体受众群。目前最火爆的新媒体无疑就是微信，传统媒体应开设微信评论，用思想的感染力和影响力，来吸引、打动微信受众，拓展新媒体市场，抢占新媒体阵地。

（二）借力微信评论进行互动

微信评论常被用来作为传统媒体互动的手段。如电视媒体运用微信来为节目征集线索和评论，并选择用户的精彩回复作为节目内容的一部分。2013年两会期间，微信公众号“央视新闻”与央视晚间的《24小时》节目组合作，推出“微观两会”，每天对一个两会热点话题征集微信评论，每天的回复量都在2～3万条。与微博互动的“留言板”效果不同，在微信平台上的互动更为私密，类似于“小纸条”的功能。从编辑团队的整理结果看，相比微博的网友评论来说,微信网友的回复质量要更高。[①]

凤凰卫视的《全媒体全时空》栏目设置了"微言送听"版块,通过微信与受众进行即时互动,受众通过微信对事件发表即时评论,通过微信中的音频直接将受众的评论传达出去。使得受众直接参与到节目当中,有效吸引网民的目光,拓展潜在受众群。

江苏电视台城市频道的《南京零距离》节目中,就专门开设了观众微信评论的小版块。将一些网络热门话题和精辟微信评论引入荧屏展现,将受到微信用户较高关注的评论者引入观众视野,能够有效引起年轻受众的共鸣。

(三)营造微信社区,培养忠诚受众

微信的私密性使得微信朋友圈逐渐聚集了意气相投的群体;微信公众号订阅模式则使得具有共同价值取向和精神需求的用户逐渐聚集,这使得微信社区的形成有了可能。

传统媒体想要培养铁杆粉丝,完全可以通过微信评论来聚集自己的目标受众,并进一步将其发展成忠诚受众。

如微信公众号"人民日报评论"《微议录》栏目推出话题征集活动"你的年假休上了吗",收到不少网友留言。9月22日汇报:"亲爱的大家,最新一期微议录征稿见报啦～请网友@快乐共分享、@石久砚、@钜子留言您的具体地址和邮编,以便我们邮寄些许微薄稿费～欢迎大家关注微议录栏目,并积极参与后续征稿活动!"并附上报纸截图。"微议录"经常发起征稿和精选部分刊登内容的活动,如2014年6月7日发布"【微议录征稿】如果没有高考,今天你会在哪里?"6月11日、12日,《人民日报》连续两天刊登微信网友留言。微信上的"微议录"与报纸上的《微议录》相交织,相得益彰。

类似"微议录"的这种活动方式凝聚了人气、活跃了传统媒体内容,可以说一举两得。

本章小结

微信是腾讯公司于2011年1月21日推出的一款专门为智能手机终端提供即时通讯服务的应用程序。用户可以通过智能手机与微信应用与好友分享文字、图片,并支持分组聊天和语音、视频对讲功能。自从2012年8月微信公

① 蔡雯,翁之颢.微信公众平台:新闻传播变革的又一个机遇——以"央视新闻"微信公众账号为例[J].新闻记者,2013(7).

众平台上线后，微信从私人通信社交工具发展成具有公开性、公众性的信息平台，具有了媒体传播的属性。

微信公众平台的传播优势有："订阅-推送"模式，实现准确传播；自主订阅，实现分类传播；群发方式，提高传播效率；基于信任，用户黏度更高。微信的用户类型主要有四类：个人社交用户、微信自媒体用户、媒体微信用户、企事业单位用户。

微信评论是指通过微信这种即时通讯应用所发送的，具有公共性指向、含有理性思考的评论性信息。依据评论主体的不同，微信评论有以下几种类型：朋友圈微信评论、微信自媒体评论、媒体微信评论。

作为一种新媒体平台发表的意见性信息，微信评论具有与网页评论、微博评论相似的特征，如传播快速便捷，跨越空间距离等。但微信评论还具有如下个性特征：私密性与公开性并存；有限互动，交流欠缺；融合多样，形态丰富。

要做好微信评论，应该注重原创，讲求质量；图文声画，形式丰富；页面简洁，吸引阅读。传统媒体也应借力微信评论发展自己：开设微信评论抢占新媒体阵地；借力微信评论进行互动；营造微信社区，培养忠诚受众。

思考与练习

1. 微信是否是新闻评论的适宜载体？为什么？

2. 你如何看待以评论见长、并以此营利的微信自媒体？

3. 请申请一个微信公众号并发表评论，请试着持续运营一周以上，和同学比一比粉丝数和阅读数。

第七章　网络与新媒体影音评论

学习目的

1. 了解网络与新媒体视频评论的节目类型。
2. 掌握网络与新媒体视频评论各类节目的特点。
3. 了解网络与新媒体音频评论的节目类型。
4. 掌握网络与新媒体音频评论各类节目的特点。

第一节　网络与新媒体视频评论

一、网络与新媒体视频节目的发展

在网络与新媒体普及的同时，网络视频随之被广泛应用。2006 年被称为网络电视元年。

中国互联网络信息中心 2008 年对网络视频进行了界定：网络视频是指网民借助互联网所体验到的视频服务，含在线视频浏览（包括视频分享、宽频影视、播客、视频搜索及线上视频的各类应用，例如视频看房和视频购物等）、网络电视（P2P 流媒体下载软件）、网络下载本地浏览等各种形式的网络视频服务。① 但在 2014 年 6 月推出的《2013 年中国网民网络视频应用研究报告》中，概念被简化为：网络视频是指通过互联网，借助浏览器、客户端播放软件等工具，在线观看视频节目的互联网应用。②

简而言之，网络视频就是通过互联网络传播的影像资料。目前，我国网络视频包括网络电视传播的节目、视频网站自制节目、用户自制上传节目、其他网站视频节目、手机客户端和微博微信等传播的视频节目，等等。网络视频的

① 第 21 次中国互联网络发展统计报告．中国互联网络信息中心，2008：110 页．
② 2013 年中国网民网络视频应用研究报告．中国互联网络信息中心，2014 年 6 月．

内容则无所不包，新闻资讯、电视剧、娱乐综艺节目，等等。

从网络视听节目的生产方来看，据《中国广播电影电视发展报告(2013)》，截至2013年3月31日，全国共有608家机构获批开展互联网视听节目服务，另有19家省级以上广电播出机构获批开办网络广播电视台，22家地市级广电播出机构获批共同建设运营城市联合网络电视台(CUTV)。从业务开办主体性质来看，互联网视听节目服务社会化程度较高。

在新媒体出现以后，通过手机等移动终端看视频的人数不断增加。

从用户角度来看，网络环境日趋完善、智能手机普及、视频厂商加强客户端建设，这些因素共同促进了移动端视频用户的快速增长。根据中国互联网络信息中心的统计，截至2021年12月，我国网络视频(含短视频)用户规模达9.75亿，较2020年12月增长4794万，占网民整体的94.5%。其中短视频用户规模为9.34亿，较2020年12月增长6080万，占网民整体的90.5%。[①] 这些数据表明，中国网络视频用户规模大，使用率高，用户保持高位规模。如图7-1所示。

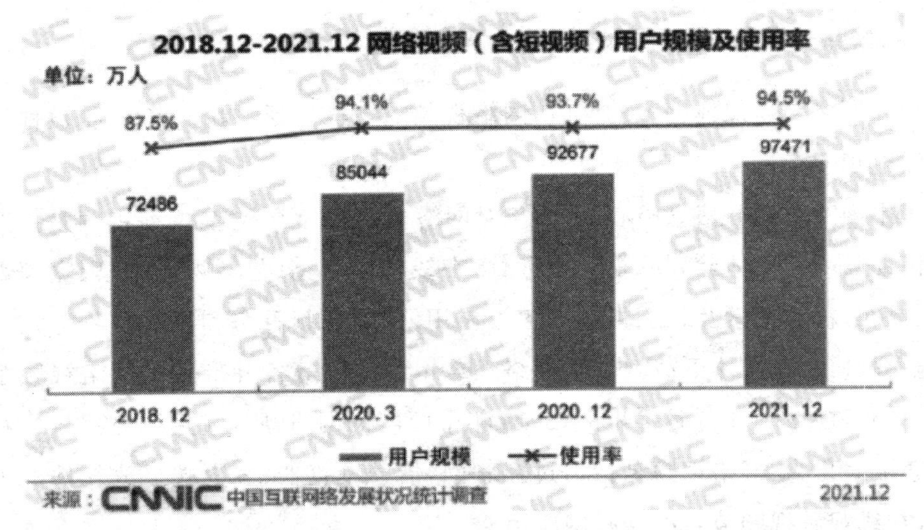

图7-1　中国网络视频(含短视频)用户规模及使用率率

(来源：中国互联网络信息中心)

目前，中国网民在各类网络应用中，网络视频使用率排名第2，仅次于即

① 第49次中国互联网络发展状况统计报告，中国互联网络信息中心，2022年2月

时通信的使用率。

网络视频发展情况如下：首先，收看渠道方面，网络视频用户继续向移动端转移。《第49次中国互联网络发展状况统计报告》表明，截至2021年12月，我国网民使用手机上网的比例达99.7%，移动端的使用率占绝对优势。其次，内容方面，各大视频网站内容自制的力度加大。强势的电视台开始培育自己的网络传播渠道，收紧自制节目版权。在这一形势下，各视频网站都把自制节目作为发展的重点，明星、金牌制作团队都加入自制剧的制作中。最后，政策方面，国家新闻出版广电总局对网络视听节目的监管加强。对原创视频节目制作的重视，带动了评论节目的发展。总之，视频评论以往只在电视媒体上出现，网络发展起来以后，随着网速提高、流量变大，慢慢移植到网络与新媒体传播平台，并发展出自己独特的形态。

视频评论以往只在电视媒体上出现，网络发展起来以后，随着网速提高、流量变大，慢慢移植到网络与新媒体传播平台。

二、网络与新媒体视频评论的发展

（一）网络与新媒体视频评论的含义

网络与新媒体视频评论，指的是所有通过网络与新媒体平台传播的、以视频形式出现的新闻评论类型（以下简称视频评论）。这里所说的新闻评论是广义的，不一定是完整的节目，只要具备新闻评论的新闻性、说理性、公众性，这样的视频资讯，都可以视为视频评论，包括以视频形式发布的网友留言或点评。视频评论有原创和转载两大类，我们需要了解和掌握的是原创性的视频评论。

（二）网络与新媒体视频评论的发展

网络与新媒体中的视频评论最初来自转载电视媒体的新闻评论。我国电视新闻评论20世纪80年代初期开始起步，此后经历了三代模式变化。第一代，照搬报纸模式。由播音员朗诵写好的新闻评论文字稿，仅有播音员的半身图像。而且这些新闻评论文稿还不是由电视媒体的人自己写的，往往采用的是《人民日报》或新华社的新闻评论稿件。第二代模式，突破报纸模式。这一时期出现配合的画面，但许多画面与评论内容脱节。第三代模式，突出电视传播特性。约在1990年前后形成，这一时期开始探索以有声的画面语言来论证观点。以《焦点访谈》为代表开创了全新的国内电视新闻评论模式，并引发全国性的“焦点访谈热”，众多省级电视媒体纷纷创办类似栏目。随后，各种电视新闻评论节目纷纷亮相，进行了有益的尝试。凤凰卫视更是以评论节目为主打，启动名主持人模式，陆续创办了《新闻今日谈》《时事亮亮点》《解码陈文茜》《一虎一席谈》《时事开讲》等众多电视新闻评论栏目。央视拥有《新闻1+1》《今日关注》《央视财经评论》(原《今日观察》)等知名电视新闻评论栏目。省级卫视中也有辽宁卫视《老梁观世界》《瞭望评辩天下》，江西卫视《杂志天下》等深受观众喜爱的电视新闻评论栏目。这些形态各异、风格多样的电视新闻评论栏目，为制作网络与视频评论节目提供了样本和深厚养料。

2007年，搜狐视频推出《大鹏嘚吧嘚》，2008年，人民网人民电视推出《小白闪报》(2012年停播)，2009年末，人民电视推出《小六砖头铺》(2012年下半年停播)，这些网络视频评论栏目以新颖的形式、直率幽默的评点，赢得了受众的好评。其中《小白闪报》大胆尝试虚拟主持人，以动画片形式制作节目，令人耳目一新。

从2010年起，中国的视频网站经过上市、版权争夺、网站并购等众多事件之后，逐渐形成了一批较为成熟的在视频节目方面有影响力的品牌网站或频道，如优酷土豆网、爱奇艺网、酷6网、乐视网等；一些商业门户网站和媒体网站的视频频道脱颖而出，如搜狐视频、人民电视等。这些视频网站或频道纷纷打造原创性视频栏目以增强竞争力，但其中娱乐类型节目占大多数，评论性视频栏目相对较少。尤其在2011年国家广电总局下发了针对电视媒体的“限娱令”之后，娱乐性网络视频节目比重明显增加，充满娱乐性的网络自制剧也开始流行。

总的来看，目前网络与新媒体已经逐渐发展出具有自身特色的视频评论，以前视频评论由电视媒体“一统天下”的局面被打破。优酷网的《晓说》、凤凰网的《全民相对论》、人民电视的《一说到底》等诸多原创性的网络视频评论栏目陆续上线，并以独特的“网络风味”吸引了广大网民。尤其是凤凰网，继续发挥凤凰传媒评论节目多、评论员队伍强大的优势，推出不少原创视频评论栏目。

(三) 知名网络与新媒体视频评论栏目

1. 搜狐网《大鹏嘚吧嘚》栏目

2007年1月，搜狐网推出原创脱口秀栏目《大鹏嘚吧嘚》，这是国内第一档互联网在线脱口秀节目，由赵本山的弟子董成鹏主持，主要以娱乐性话题和搞怪解读为主，对热门娱乐新闻进行戏说和点评。这档节目获得了成功，主持人大鹏在互联网视频节目中声名远扬。2013年3月，《新周刊》发布第14份“中国电视榜”榜单，并提出“视频瓦解电视”的口号，发布首个“中国视频榜”，大鹏被评为“年度最佳视频节目主持人”。《新周刊》给予了大鹏这样的评价：他把自己的名字，打在了电影、电视剧以及舞台剧出演名单之上。大鹏是草根文化的代表人物，也是真正诞生于互联网的第一主持人。董成鹏和他的网络视频节目受到来自传统媒体的肯定。此时的《大鹏嘚吧嘚》已经播出近500期，全部播放量超过10亿次。

不仅《大鹏嘚吧嘚》栏目在网络媒体中赢得声誉，其衍生品牌也大受欢迎。《大鹏嘚吧嘚》的第一个衍生品牌栏目是《大鹏剧场秀》，这是一档以小剧场演出形式出现的综艺性质栏目，以大鹏擅长的脱口秀为中心，穿插音乐演唱、小品表演、舞蹈、观众互动等多种表现形式，深受欢迎；第二个衍生品牌是原创网络迷你剧《屌丝男士》，2012年10月10日首播，模仿德国有名的电视剧《屌丝女士》，独立于《大鹏嘚吧嘚》，每周二更新。

《大鹏嘚吧嘚》的节目性质存在争论，有些人认为，这是一档纯粹的娱乐节目，类似于单口相声。但从《大鹏嘚吧嘚》的节目内容来看，不乏对于时事或明显或隐约的点评。而据栏目主持人董成鹏自述，创办初期更像是娱乐播报类型的节目，但随着点击率上升，他觉得这个节目变得有价值，可以去引导很多网友的思维和想法。2008年左右，《大鹏嘚吧嘚》从娱乐播报慢慢过渡到脱口秀，而且逐渐增加时事内容的比重，或调侃或吐槽，增加了对热点时事的评论。[①]

由此可见，《大鹏嘚吧嘚》是面向互联网的新闻评论类型的视频节目。2. 优酷网《老友记》栏目

继《大鹏嘚吧嘚》之后，各大网站均开始打造原创栏目，尤其是评论性栏目，陆续出现很多深受好评的网络视频评论。

2012年8月初，优酷网推出原创谈话节目《老友记》，请名人做主持，邀请自己的老友做嘉宾，以老朋友会客的方式进行跨界访谈，所谈内容涉及时事、经济、人文、环保等方方面面，一周一期。如《老友记》第一季之Mr. Pan，由潘石屹跨界当主持，分别对话了刘谦、曹云金、王小帅、刘强东等人。主持人在与

① 大鹏：做喜剧的首要条件是“放下身段”[EB]. 搜狐网，2014-2-17. http://news.sohu.com/20140217/n395135435.shtml.

不同行业、职业、性别、年龄的朋友攀谈中，真实、自然、放松地进行观点的碰撞与交锋，畅聊时事、社会、人生。节目开播两年，创下了2亿次点击的纪录。《老友记》最吸引人的地方就是主持人和嘉宾都有名人效应，而以“老友”的身份交流，嘉宾与主持人之间没有距离感，谈话很放松。节目风格少了电视节目里的严肃刻意，多了网络节目的随意轻松。而网络谈话节目没有那么多限制和要求，整个节目做得更真实，更亲民，一些跨界组合对话产生的“化学反应”往往超过预期。如第4期《致命商战》中，刘强东在潘石屹“砸烂一个旧世界，创造一个新世界”的鼓励下，不禁雄心勃勃地说：“要将价格战再打5年！”潘石屹表示：“真正成熟的市场是不希望和平的，一旦形成垄断就太可怕了！”在音乐才子宋柯主持、汪小菲作客的一期节目中，两人从大S聊到家庭生活，从婚姻聊到企业经营，又从做菜聊到音乐。话题随意切换，曝出不少名人私事，同时夹杂自己对生活和社会的理解。《老友记》追求既高端大气又接地气，很能吸引网民。

3. 优酷网《晓说》

著名音乐人高晓松2012年3月开始在优酷网开设网络脱口秀节目《晓说》，每周五上新，30分钟一集，每期由主持人高晓松谈论一个热门话题，每个月《晓说》会邀请嘉宾制作一期特别对话节目。《晓说》的节目话题会提前在网上公布，与网友互动。

《晓说》是高晓松跨界当主持的产物，面向网民、原生于互联网络的评论栏目。栏目对自己的介绍也充满了“网络味”：清谈脱口秀节目《晓说》。一不当公敌、二不当公知，一切只因闲来无事小聊怡情。上说日月星辰，下说贩夫走卒，动机绝不无耻，观点绝不中立。每周五早八点，《晓说》准时Morningcall，欢迎围观，欢迎拍砖，欢迎吐槽，欢迎撒娇！

从《晓说》的内容来看，既有对历史的回溯与解密，也有对现实的另类解读。如第二季的第54、55期，主题是“普京的克里米亚(上)(下)”，正值2014年3月克里米亚公投事件引发各方激烈反应的时候，高晓松在节目中介绍克里米亚的战略地位，属于一种背景解读。

《晓说》最大的特点就是从主持人个人眼光来看世界、观历史、评时事。以一种随意宽松的态度款款道来，常常从侧面切入，从野史、戏说、秘闻的角度切入，贴近受众心理。

《晓说》获得很大成功。其第二季的总播放量达3.2亿多次，被评论25万多次，被收藏11万多次(数据截至2014年8月)。

《晓说》同时也有微信版本，这样手机观看也很方便。微信《晓说》被播放近5.7亿次，粉丝数有19万多人。可见《晓说》在新媒体中同样受欢迎，见图7-2。

图7-2　优酷网《晓说》首页截图

（来源：优酷网）

2014年6月高晓松将《晓说》搬到了爱奇艺网，改名《晓松奇谈》。2014年6月6日开始在爱奇艺上线播出，还是每周五早八点上新，每集节目30分钟左右。

除了上述三个栏目之外，优酷网的《罗辑思维》、56网的《微播江湖》等网络原创视频评论栏目都取得不俗的口碑。凤凰网的《凤凰视频频道》更是着力打造原创评论栏目，其下设的《原创》分频道有多个原创视频评论栏目，有《全民相对论》《又来了》《纵议院》等时政评论栏目，还有《防务全球通》《天下兵锋》《马鼎盛军事观察》等军事评论栏目，充分发挥凤凰传媒集团在视频评论方面的优势。

三、网络与新媒体视频评论的构成要素

相比其他网络与新媒体评论，视频新闻评论的特点在于传播形态的不同，它是综合运用画面、声音、字幕和论述语言的一种新闻评论，这就是视频评论的四大构成要素。

（一）画面

画面可以直接再现事物和场景、记录新闻事件发生发展的过程。主要用来表现事实。画面包括活动影像画面，如现场画面、资料画面、电脑动画等；也包括静止影像画面，如图片、图表、绘画等。

与纪录片、电视剧等视频节目不同，视频评论运用画面应坚持为说理服务的原则，以说理为导向、为线索来取舍和组织画面，同时还需要善于调动各种表现技法和编排手段，加强画面自身的论辩能力。

（二）声音符号

包括声音语言，也就是谈话或解说的同期声；音响，有现场音响、资料音响等；音乐，有现场音乐、配乐等。

视频评论中的同期声很重要，有的时候同期声发挥解说、介绍新闻事件的作用，有的时候同期声发挥直接议论、进行评价的作用；还有的时候，同期声发挥增强真实感、渲染现场气氛的作用。

（三）字幕

字幕是指后期运用电子技术叠加在画面上的文字。字幕能使人在听不清楚或听不懂的情况下“看”懂节目内容，在一定程度上弥补了电视评论稍纵即逝的弱点。

在视频评论中，字幕主要有两个作用：一是可以发挥提示、强调的作用。将核心观点或精彩言论做成大字体字幕，以吸引受众注意，加深印象。二是可以发挥补充、说明的作用。特别是作为对声音的补充，一边听一边看，受众能更好地理解节目内容。

如在凤凰网原创视频评论《又来了》第 40 期中，谈到湖南因军训引发冲突这一事件时，画面上出现了粗大的“到底有没有必要军训”的字样，起到强调和提醒的作用（见图 7-3）。

图 7-3　凤凰网《又来了》节目截图

（来源：凤凰网）

（四）论述语言

论述语言指对评论对象的评价、分析与议论，在视频评论中发挥点评、生发的作用。

论述是电视评论中贯穿整个意见表达的红线，将视频评论的画面、声音、字幕等按照内在的逻辑联系串联起来，使节目成为一个有机整体，一起有效地表达意见、论证观点。

在不同节目类型中，论述语言表现出不同的特点。在主持人/个人评论节目中，论述语言就是主持人的底稿，就像一篇篇口语化的新闻评论文章。如凤凰网《又来了》，每期节目的论述语言整理成文字，就类似于好几篇短小的新闻评论文章串在一起。而谈话类型的节目中，论述语言比较零碎，话语之间的逻辑联系也不紧密。

视频评论在运用上述四要素制作节目的时候，要注意两个运用的原则：一是为说理服务的原则；二是以论述语言为主导的原则。

四、网络与新媒体视频评论的类型

（一）主持人/个人评论

主持人/个人评论是由主持人直接发表意见并完成节目主要内容的评论模式。国内第一次在《东方时空・面对面》中出现主持人评论，在电视新闻评论发展历程中，出现不少优秀的主持人评论，如南方电视台《马后炮》，从2005年创办至今，一直由马志海个人主持，曾获2008年“金话筒奖”，马志海自述“是一个精心准备的15分钟的演讲”。凤凰卫视陆续创办的《解码陈文茜》《新闻骇客赵少康》，辽宁卫视的《老梁观世界》等均属主持人评论。

在网络与新媒体中，也陆续开办了不少主持人评论节目，如搜狐网的《大鹏嘚吧嘚》栏目、新华网《新华微视点》栏目、爱奇艺网的《晓松奇谈》、优酷网的《罗辑思维》等，均是由主持人直接面对受众发表个人意见和看法的评论类型。这类评论节目有如下特点。

1. 意见和观点主要由主持人直接发表

在有些评论节目中，主持人仅起到主持的作用，并不直接发表意见，或者很少发表意见。而在主持人/个人评论节目中，主要由主持人来面向受众发表意见和看法。如新华网视频频道的《新华微视评》栏目，2014年8月22日推出《明星何以变毒星?》的视频评论，节目评论的是房祖名和柯震东吸毒被抓事件,由此反思为什么频频有明星吸毒被抓。节目全程伴随着主持人的同期声进行评价议论,同时穿插新闻事件回放画面、新闻当事人的照片等各种画面,主持人在节目开头和结尾各出现几秒钟。

2. 节目成功与否与主持人个人因素密切相关

主持人/个人评论对主持者人格、个性等因素依赖性很大。受众往往会受主持人的人格魅力感染而点击观看节目,也很容易发展成忠诚受众。著名的微信自媒体"罗辑思维"主持人罗振宇就再三宣称,微信自媒体是人格魅力体,受众因其人格魅力而聚集成为铁杆粉丝。罗振宇在优酷网上每周五上新一段知识性较强的视频评论,2014 年第 14 期节目《阿根廷为什么哭泣》有 227.9 万多次播放,有 7000 多人点赞。"罗辑思维"之所以这么受欢迎,就得益于罗振宇本人的人格魅力。一般来说,受欢迎的主持人都有这样的人格魅力:真诚、有见地、直抒己见。

主持人的人格魅力又是个性化的,每个主持人都有自己的独特的魅力。不同的成长环境、人生经历、学识专长,不同的外在形象、内在气质、性格爱好,使主持人具有不同的个性化特征的客观条件。主持人以个人身份直接发表议论,则使其个性在节目中得以展现。

比如罗振宇,他的宗旨就是:罗胖读书,讲给您听。我们在知识中寻找独立的见识,您在把玩知识中寻找思维的乐趣。我们的口号是,死磕自己,愉悦大家。每期节目他一个人滔滔不绝说一个小时,画面也只有他本人的半身像,但是他却以另类的观点和思维、幽默生动的语言、亲切随意的表情,营造节目的独特魅力。

2014 年 7 月底才推出的微信公众号"内心戏",由知名自媒体人徐达内出品,以视频评论为主,在微信上点击视频,直接跳转到优酷网——原来,该视频存放在优酷网。这个节目也是主持人评论,全部由徐达内自己面对镜头,也就是受众发言。和"罗辑思维"相比,"内心戏"更关注热门时事,充分发挥了徐达内对于媒体圈非常熟悉的优势。如对于阿里巴巴指责《IT 时代周刊》及其网站长期舆论胁迫、恶意伤害其声誉,徐达内认为这种事情在媒体圈比较常见,他自己就经历过,也听闻过;更解读阿里巴巴为什么还同时指责了另一个人;他还认为对簿公堂是最好的解决方式。这些解读都显示出,他熟谙媒体圈内人和事,有自己独立客观的评价;也彰显了徐达内本人一直以来敢说、直率的风格。这样的性格将吸引越来越多的受众。

3. 主持人/个人评论节目具有交流感强的特点

主持人直接面对观众侃侃而谈的节目形态，使主持人评论具有拟态交流的特征。如《晓说》中，高晓松总是平和地直视镜头，将镜头当成朋友，也就是将观看节目的网友当成朋友，以朋友谈天式的口吻来表达意见和看法。因此，主持人评论一定要注意表达的口语化，要在潜意识当中将镜头当成一个人，当成受众本身，自己正在与观众直接交谈。通过模拟现实生活中的面对面交流，体现出这种节目的交流感。

（二）访谈式评论

访谈式评论是指由主持人对嘉宾进行访谈，就某一新闻事件或社会话题询问嘉宾意见，进行深度解读，以录播或直播方式播出的节目类型。在网络与新媒体中，这类评论节目也很受欢迎。如优酷网的原创谈话节目《老友记》、凤凰网的《风暴眼》等。

访谈式视频评论节目有如下特点。

1. 以访得意见性信息为主要目的

访谈节目是很常见的节目类型。访谈式评论的主要目的是获取嘉宾的意见性信息，呈现嘉宾的观点。如凤凰网原创视频评论栏目《纵议院》，每次邀请两位嘉宾，就某个热门社会话题展开访谈，通过嘉宾的评论和判断，对该话题进行深入分析。但要注意到有些访谈节目不属于评论节目，因为其主要目的是访得事实性信息，比如凤凰网《非常道》栏目，采取主持人与娱乐界明星一对一访谈的方式进行，访谈的目的是获取嘉宾的个人信息，展示名人的生活状态和精神面貌，这种访谈节目事实上属于新闻报道类型。《非常道》栏目给自己的定位是："深度人物访谈，回归采访本质"。从这句话可以看出，这个栏目的访谈是新闻采访报道，是对事实性信息的访问。

2. 主持人与嘉宾分工明确

访谈性评论的目的在于展开评论，但重心不在于主持人的评价和判断，而在于嘉宾如何看待某个新闻事件或社会话题，重点在于挖掘嘉宾对该事件或话题的意见和看法。所以访谈式评论中主持人和嘉宾有着明确的分工：主持人以访为主，以提问为主；嘉宾以回答问题、发表意见为主。

如凤凰网原创视频评论栏目《纵议院》，第48期（2014年7月3日播出）节目为《该不该跟理想死磕？——郑也夫、周濂谈中国人的精神危机》主持人对两位学者进行访谈，具体见案例7-1。

案例 7-1　凤凰网视频评论节目部分文字实录

凤凰博报：现在很多九○后大学生，上着学上着班突然觉得没意思了，就辍学或者辞职去旅行了，这里涉及到一个问题是，很多年轻人辞职并不是因为他想去做什么，而是因为他不想做什么，也不知道自己想要什么。这是怎么造成的？

周濂：知道自己不喜欢什么也是好的。哪怕到了我或者郑老师这个年纪，人都必然会有困惑迷茫的时候，会有突然不确定的时候。并不是说认准了一件事情，然后从此不再怀疑就是好的，就不是人生的真相。对于年轻人来说，他们时常感到摇摆，恰恰反映他们在寻找，在选择，在做判断。

郑也夫：寻路比盲从好多了。这个倒是跟苏格拉底的话靠上了，他们的人生都是未经选择的。以前上大学之前完全没考虑，别人怎么做就怎么做，现在上了路，就得加进一点自己的选择，自己的爱好进去。

周濂：每个人都应该在自己漫长的人生过程当中努力去发展一个能力，什么能力，就是对什么是美好的人生，什么是人生的意义和价值进行判断选择修改的这种能力。以前年轻人从小到大就是被钦定了你应该过怎么样的人生，对此你没有任何修改的可能性和选择的空间，而今天年轻人被赋予了这种能力和空间。

郑也夫：一个年轻人除了要有个人兴趣以外，还有一个事情就是要有鲜明的爱憎。爱憎肯定跟经历有关系。比如说我的年轻时代是中国历史上罕见的一个时段，在那个时候我牢固的形成了个人的爱憎。每个人在不同的时空下都会形成一个很坚定的爱憎，爱憎能够帮助你来建立你自己的理想的事业，爱憎兴趣都是驱动力，一种很有劲头的推动力。

凤凰博报：最后希望两位老师能告诉年轻人，在现阶段，对于快毕业的或者是已经毕业的年轻人，应该如何实现理想？

郑也夫：希望年轻人别在父辈的驱赶下，像没头苍蝇一样盲从着进了大学，进了事业单位，你得有点空思考。知人者智，自知者难，你得知道你自己，知道你自己就是知道你自己的兴趣以及爱憎。爱憎不是父辈授予的，“憎”不是恨某人某事，而是在生活中你绝对不会去做的事情。

周濂：在苏格拉底那个时代，古希腊有个德尔斐神庙，神庙上面有一句名言，“认识你自己。”认识你的潜能，认识你的不足，认识你的兴趣，认识你未来的可能的方向，然后成为你自己。

从上述部分文字实录可以看出，主持人主要以提问引出话头，两位学者则回答问题、发表自己的看法，对理想是什么，年轻人应怎样看待理想等问题谈了自己的见解。

3. 选题集中，有较大议论空间

访谈性评论节目的选题往往集中于某一个热门话题或某一个热门新闻事件，并且有足够的议论空间让嘉宾去发挥。比如，凤凰网原创视频评论栏目《风暴眼》，2013 年 4 月 24 日播出的节目是《民间慈善基金能否被扶正》，是关于四川雅安地震的特别节目。雅安地震发生后，慈善捐款又成为热门话题。通过什么方式捐款、怎样捐款，成为大家关心的问题。而自 2011 年郭美美事件后，中国红十字会遭遇前所未有的信任危机。在雅安地震中，面对红十字会的募捐箱，行人选择了绕道而行。与此同时，民间公募基金会“壹基金”，却在短短两天内收到了 2240 万元的善款。在这样的新闻背景下，慈善捐款的选题具有较大的生发空间，值得两位嘉宾深入探讨、进行议论。

（三）论坛式评论

论坛式评论是由主持人邀请多位嘉宾，围绕某一新闻事件或社会话题展开论辩、争鸣的节目类型，有的还会邀请演播室受众参与讨论。论坛式评论最大的特点和优势在于多种意见和观点的论辩。论坛式评论参与人数众多，意见和观点往往有分歧甚至对立，不追求最终答案，但求意见的自由表达和深度争鸣，这些都与访谈式评论有显著区别。

凤凰卫视是传统媒体中特别注重评论栏目建设的一个，创建有《时事辩论会》《一虎一席谈》等知名论坛式评论。凤凰卫视的这一优良传统在凤凰网也有体现，创办了论坛式评论栏目《全民相对论》，号称“国内首档网络原创时政辩论节目”。

论坛式评论的特点可以归纳为以下几点。

1. 参与议论的人员众多

论坛式评论强调多人意见的争鸣和交锋，参与人员多，才有论坛的氛围。一般论坛式评论节目都会邀请部分观众进入演播室，并且他们不是单纯的观众，还会被要求参加讨论。如凤凰网《全民相对论》2014 年 3 月 5 日播出两会特别节目《拆二代》，谈论因拆迁补偿成为“拆二代”的这个群体，及其引发的社会问题。节目由闾丘露薇主持，节目邀请了 6 位嘉宾：北京工业大学人文学院教授张荆；《新京报》首席评论员曹保印；资深媒体人石述思；首都经济贸易大学副教授刘业进;北京工商大学经济学院副教授徐振宇;时事评论员王传涛。录制现场还邀请了40位观众,分成三个方阵:红色代表认为"拆二代"已经面临危机,蓝色代表反对,白色代表中立。这期节目参与人员众多,意见多,争论多,能达到很好的意见交流的作用。

2. 重争鸣,轻结论

在论坛式视频评论中,最重视的是意见的交流、启发、论辩或补充,探讨往往较为全面和深入,并不在意争辩的输赢。意见争鸣本身就是论坛式评论的主要目的,争鸣的过程比结论更重要。正如《全民相对论》的主持人闾丘露薇所说:"全民相对论,不必有结论。"

3. 选题具有普遍性和争议性

论坛式评论的选题一般都是大众感兴趣的话题,能够让普通演播室受众也有话可说、有表达欲望的话题。论坛式评论的选题一般具有争议性,这样观点的争鸣和论辩才成为可能。如果是不具有争议性的选题,将不会引发争鸣和论辩,这样就达不到论坛式评论的效果。

如上文提到的《拆二代》节目,探讨随着城镇化进程的深入开展,"拆二代"群体将会越来越壮大。是否越来越多的"拆二代"将要迷失在金钱诱惑中?是否有越来越多"拆二代"将难以在社会中立足?"拆二代"危机,是否来临?因为大家或多或少对"拆二代"有所了解,对于金钱诱惑、一夜暴富,更是人人都有话可说,选题较好地兼顾了普遍性和争议性,如图7-4是《拆二代》节目界面。

图7-4 凤凰网《全民相对论》栏目截图

(来源:凤凰网)

五、网络与新媒体视频评论实务

(一)增加画面的吸引力

视频评论的优势就在于声画兼备,因此,应该充分调动画面因素,使之发挥最佳的论辩效果,达到良好的传播效应。如今在网络与新媒体视频评论中,画面被充分发掘和运用。主要表现在以下几方面。

1. 现场画面更强调趣味性和生动性

有些网络与新媒体视频评论中,如果不看画面,只听声音,效果会大打折扣。如《大鹏嘚吧嘚》中,主持人大鹏的搞怪表情正是节目的亮点之一,他经常运用面部表情或肢体语言来表达只可意会不可言传的内容。如在"新闻大脸播"版块,运用镜头特技,出现的是一个头大身子小、头部比例失调的人物形象,类似卡通人物。这样的搞怪画面是传统电视新闻评论所没有的。见图7-5。

图 7-5 搜狐网《大鹏嘚吧嘚》节目截图

(来源:搜狐视频)

2. 穿插运用动漫画面

网络与新媒体视频评论能充分运用各种生动画面来增加节目的魅力。以往电视新闻评论主要运用现场画面、历史资料画面,而网络与新媒体评论更倾向于运用动漫、速写等网民习惯的画面。如优酷网高晓松《晓说》,经常在节目中穿插类似键盘敲字的小动画、表达某小段内容的专门的漫画,让节目充满了不同于传统媒体的"网络味"。如 2014 年 4 月 18 日的节目《普京的克里米亚(上)》,其中对克里米亚战争创下的很多个第一,就是用动漫来表现的。如图7-6 所示。

图 7-6　优酷网《晓说》中《普京的克里米亚(上)》的画面

(来源:优酷网)

这些动漫画面的运用,一方面迎合了网民的视觉习惯,网民主力是中青年群体,这部分人从小爱看漫画;另一方面节省了节目制作的成本,因为没有传统电视媒体那么强大的制作队伍,制作简短动漫画面相对而言成本低多了。

3. 组合拼接新闻画面

网络与新媒体视频评论还可以通过组合拼接新闻画面来增强画面效果。在视频评论中,对评论对象的介绍原本可以通过主持人的叙述来完成,但为了增强画面冲击力,一般会采取拼接新闻画面的形式来介绍。既能将新闻事件或社会话题介绍得更清楚,又增加了节目的生动性。如图 7-7,凤凰网《又来了》栏目中对湖南某中学军训教官与师生发生冲突的事件进行评论,在介绍新闻事件时引入现场画面,更能吸引受众。

图 7-7　凤凰网《又来了》截图

(来源:凤凰网)

(二) 注重策划和节目设计

网络与新媒体视频评论节目特别需要事前的精心策划和设计。

首先,从选题来说,网络与新媒体视频评论需要考虑既贴近栏目定位,又满足受众需要。

案例 7-2　2021 年两会期间央视新闻《一禹道两会》

2021 年两会期间，央视新闻微信公众号推出短视频评论栏目《一禹道两会》，特约评论员杨禹主持，进行言简意赅的评论。节目情况如下：

3 月 5 日 21:23，未来什么行业更有前途？

3 月 7 日 8:17，未来五年，租房好还是买房好？

3 月 8 日 7:59，留在大城市，还是回老家发展？你怎么选？

3 月 9 日 12:05，传统燃油车和新能源车之间，该如何选择？

3 月 10 日 8:48，快递小哥、网约车司机……选择灵活就业，谁来提供保障？

3 月 10 日 21:08，作为年轻人，如何规划父母和自己的养老问题？有 3 个提醒

这 6 期节目，每期的阅读数都超过 100 万+，这离不开节目的精心策划与设计：首先是选题上的关乎民生，从住房问题、买车问题，到就业问题、养老问题、人生规划问题，都是网民热切关注的话题；其次是对于短视频评论的设计，包括主持人近景出镜、时长控制在 2 分钟左右，等等。

网络与新媒体视频评论还要选择能发挥主持人优势的选题。如高晓松的《晓说》，充分发挥他在国外居住多年的优势，有不少选题具有国际视野。同时，视频评论还要尽量选取适合用画面表现的题材，有的选题太抽象，或太遥远，找不到什么画面，这样的选题不利于发挥视频评论的优势。

其次，从具体节目策划来说，网络与新媒体视频评论要设计好图、音、文的配合，视频评论既在时间轴上流动，又在空间轴上展示，节目策划时需要考虑具体。在网络视频评论中，还可以在视频页面的旁边附加文字说明，将主要观点列出来，使受众边看视频边看文字说明增进理解。如人民电视《一说到底》，每次都在节目视频画面下方列出主要论点。《一说到底》2014 年 6 月 11 日开始推出关于“京津冀一体化”的系列评论，就充分考虑了视频、图表和文字的搭配。栏目组事先将京津冀人口、产业结构、公共服务水平等基本情况制作成图表，与编者按一起构成系列评论的前奏，如图 7-8。在每一期节目中，都将主要论点以文字方式在视频下方显示，如图 7-9。各要素互相配合，充分发挥了网络传播的多媒体特性。

图 7-8　人民电视《一说到底》节目截图

图 7-9　人民电视《一说到底》“京津冀一体化”系列评论之一截图

图 7-10 中的文字说明能让受众迅速抓住节目的主要观点，可以在时间匆忙的情况下只看文字就能掌握节目内容。

再次，主持人需要有面向网络与新媒体受众的现场调控和驾驭能力，要充分了解受众心理，有针对性地进行说理。在访谈式或论坛式视频评论中，主持人还要注意引导嘉宾围绕主题展开议论，以免跑题。主持人对视频评论的驾驭能力还表现在调节整期节目的节奏上，使之张弛有度、动静相宜。

图 7-10　人民电视《一说到底》节目截图

第二节　网络与新媒体音频评论

一、音频评论的发展与现状

所谓音频评论，是以声音为传播符号的新闻评论的简称。在网络问世以前，音频评论只出现在广播媒体中，被直接称呼为广播新闻评论，简称为广播评论。广播评论随着我国广播事业的发展而发展繁荣。

（一）我国音频评论的发展

我国广播事业始于 1923 年由外国人在上海创办的第一座广播电台。1940 年 12 月，由中国共产党创办的延安新华广播电台开播，1950 年，全国共有广播电台 65 座，此后广播媒体迅速发展，一度出现村村通广播的繁荣景象。到 1986 年底，全国有各级广播电台 278 座，各类发射台和转播台 830 多座。据国家广播电影电视总局统计信息，截至 2010 年 7 月，全国共有广播电台 234 座。在广播台从少到多、广播传播技术不断提高的同时，广播新闻节目制作经历了从无到有、从模仿报纸到“走自己的路”的发展历程。中华人民共和国成立以后 17 年的时间里，广播电台虽然播出过一些具有广播特色的新闻节目，偶尔也进行实况广播，但是总体上仍然没有摆脱“报纸有声版”的状态，主要以广播消息、新闻专题、广播评论这三种广播新闻节目为主。“文化大革命”十年,广播新闻传播停滞不前。改革开放以后,广播媒体才逐渐迈开步子,注重发挥广播的媒介特征,追求有广播特色的节目制作,广播新闻评论节目也因此迎来新的发展。

广播评论从报纸评论发展而来。1946 年 6 月,延安新华广播电台开设了《新闻评论》节目,开始播出广播新闻评论,以广播新华社、《解放日报》等的评论文章为主。1979 年 4 月 26 日,中央人民广播电台播出了改革开放之后第一篇署名"本台评论员"的文章《改善中越关系的根本办法》,意味着新时期广播评论开始走自己的路,探索具有广播媒体特色的评论形式。1980 年中央电台在《新闻与报纸摘要》和《全国各地人民广播电台联播》节目中播出包括本台评论、本台评论员文章、广播谈话、记者述评、短评编后话等广播评论多达 132 篇。广播评论开始从篇幅短小、语言精练、形式活泼等方面进行了有益的探索。①

此后,广播媒体中口播评论、音响评论、谈话体评论等各类节目类型纷纷出现,广播评论走向多样化。

(二) 广播媒体中音频评论的繁荣

2007 年前后,全国多个广播电台进行改版,增加评论版块的比重。中央人民广播电台中国之声频道增加了《今日论坛》评论栏目,连同原有的《新闻纵横》《新闻观潮》一起,形成了较强的新闻评论阵容。2007 年元旦起,湖北人民广播电台增加了《网左网右》《时事大家谈》等新闻评论栏目,评论版块从原来的十几分钟分钟增加到两个多小时。广播评论呈现出可喜的发展势头。但是很快这些栏目有的停办,有的转向,如中国之声的《今日论坛》仅仅存在了一年,1994 年就开播的《新闻纵横》,曾获得"中国新闻名专栏"称号,一度设定为新闻评论栏目,从 2008 年开始转成综合新闻栏目。虽然广播新闻评论专栏少了,但广播新闻评论的内容依然保存,只是"化整为零",散见于各个综合性的新闻栏目中,如中国之声在《央广新闻》栏目中设立子栏目《第一评论》,对重大新闻事件进行及时解读,《央广时评》贯穿中国之声全天多档新闻节目中。

2009 年在西安召开的"思辨的力量——全国广播新闻评论节目研讨会"上,众多电台新闻评论节目负责人和专家学者一起交流探讨广播新闻评论节目的创新发展之路。北京电台介绍了他们近年加强评论的做法:一是节目年

① 转引自申启武. 改革开放 30 年来广播新闻节目形态的演变与发展[J]. 现代传播,2008(2).

年调整，但在名牌栏目中始终为评论保留一席之地。这些栏目以自己撰写和摘编其他媒体评论相结合，精编精做，以求提高节目的品位和质量水平，发挥主流媒体的舆论引导功能；二是在大量的谈话节目中增加新闻评论的比重；三是从分配上鼓励节目制作人员撰写评论，要求部门分配要为评论留有空间，台里同时给予相应奖励；四是表现形式更加为听众喜闻乐见，如录音述评、个性鲜明的杂文体等多种形式。

宁夏人民广播电台《观点8分钟》2009年开创一档新的广播评论节目，经过半年的运行，已日趋成熟，受到了广大听众的肯定。《观点8分钟》主要采取了以下做法：一建立相对固定的特邀评论员队伍，提高嘉宾参与水平；二与网站、报纸合作，扩大节目推广渠道，增强节目影响力。①

近年来，各个地方广播电台也一直在探索如何做好广播新闻评论。

杭州新闻广播在坚持"新闻立台"的同时，明确提出"评论强台，观点强台"的办台理念，从2010年4月26日起，杭州电台新闻广播积聚杭州、北京、上海等地资深媒体人、大学教授、公务员、专业领域的专家学者等，建立了"新闻评论员专家智库"，从早8点到晚8点，在每个整点推出两分钟的原创评论栏目《连线快评》，电话连线特约评论员，对新闻事件发表观点和看法，《连线快评》紧跟在新闻资讯栏目后播出，实现了速递新闻资讯、紧跟精彩观点的目的，增加了新闻的厚重感与思想性。

深圳电台打造"高、精、尖"水准的评论节目，特约了曹景行、梁文道、唐师曾等一批各领域评论专家，深圳电台新闻频率《898早新闻》开设《时事论坛》专栏，邀请时事评论员对热点新闻进行即时点评，突出对新闻的评述和解读。广东电台南粤之声，依托凤凰卫视国际化、高端化、品牌化的影响力和知名记者、评论员队伍，把深圳、珠三角乃至中国政治、经济、社会、文化等各领域的热点焦点问题，及时深刻地反映在改版后的节目中，致力于打造中国媒体人的思想高地。

陕西电台新闻广播的评论节目《新闻新观察》，每天选择5到6条公众关注的热点新闻事件进行评说，节目采用直播形式，评论的时效性得到了充分体现。②

湖北经济广播从1997年创办早间新闻节目《经广早报》，连续十年收听率

---

① 郭家健，康乐群．思辨汇聚力量评论激发智慧——全国广播新闻评论节目"论剑"古城[J]．中国广播，2009(9)．

② 李志明．新媒体时代广播评论的发展特点[J]．中国广播，2012(5)．

名列前茅，其中新闻评论的魅力功不可没。比如，在每一期节目的“新闻头条”版块中，有报道，也有评论。有来自新闻现场的报道，也有对当天重点新闻事件的思考。每天3～5分钟，短小精悍，思想深刻。中间的“媒体连连看”时段是从2005年开始推出的全评论节目，集合各家媒体的精彩言论，包括各种新闻评论、专家学者和普通受众的观点。从2006年开始，《经广早报》节目加入了结合本地方言播报的“非说不可”小版块，但是播出两年之后，节目组渐渐感觉到，仅仅表现张家长李家短的生活细节，久而久之，老百姓也会感到琐碎和厌倦。新闻事件没有观点的提炼，只有激情没有深度，同样也不能长久吸引受众。于是从2008年开始，在这个环节中也适当地加入评论。提倡和谐邻里，关注文明新风。①

二、音频评论节目类型

（一）口播评论

口播评论是一个特定的称呼，虽然所有的音频视频评论都是经“口”发出，广义上都可以称之为口播评论。但这里主要指以全程由播音员或主持人面向受众、口述意见和看法的评论形式。也就是不含现场谈话、采访录音等其他音响的评论形式，相当于视频评论中的主持人评论。

早期的广播评论都是口播评论，而且播出内容为报刊或通讯社的评论文章。现在以音频为传播符号的口播评论，则主要用于播出本台评论、本台短评、编者按、编后等评论形式。

如蚌埠广播电视台新闻频率《热点关注》，2013年12月21日20时30分播出的《砖窑厂破坏耕地何时休?》，报道了怀远县唐集镇山后村砖窑厂非法侵占耕地，毁田取土，侵害了农民合法权益的情况。报道呈现出的事实令人不安，因而报道最后播出了一段编者按，如案例7-3。

案例7-3 《砖窑厂破坏耕地何时休?》编后

（编后）刚刚闭幕的中央农村工作会议强调，18亿亩耕地红线要严防死守。而怀远县唐集镇山后村砖窑厂至今仍在肆无忌惮地“蚕食”耕地，土地管理部门则形同虚设、放任自流，严重的不作为，这种现象让人心慌、令人心寒。希望国土部门切实负起责任，对破坏耕地的违法行为从严查处，该关停的关停，该取缔的取缔，保护我们赖以生存的土地资源。

---

① 李蓉．广播评论——广播的新蓝海[J]．中国广播，2009(12).

这段编后全部由播音员播出，直接面向受众发表意见，对前面报道的事实进行了评价，点出砖窑厂非法行为之可怕，管理部门之可气，义正词严地批评了这种违法违纪的不良现象。节目获得第 24 届中国新闻奖。

（二）录音评论

录音评论也常被称之为“音响评论”，指在节目中以主持人（播音员）的论述性语言为主线，同时穿插有其他音响录音的评论形式。录音评论出现于 1980 年左右，最初只引入新闻事件的现场实况录音，来增强现场感和生动性，后来逐渐加入专家学者介绍新闻背景的录音、对事件进行评价的录音，等等。

录音评论中最常见的类型是录音述评。因为有些录音评论中出现了记者现场采访，属于新闻采访和新闻评论的一种融合形式，属于广播中的新闻述评，被称之为录音述评。如获得中国新闻奖的《呜呜祖拉吹响“中国制造”警音》《和平的赛场需要更宽广的民族胸怀》《扫清雾霾，亟需创建绿色考评体系》等节目，都属于录音述评。

录音述评往往运用现场实况录音引出所要讨论的话题，并穿插嘉宾评论录音、新闻当事人或相关证人证言录音等，在论述过程中，巧妙运用各种录音来表达意见、增强论证，最后经后期剪辑制作而成。

在北京人民广播电台 2013 年 12 月 29 日 7 时 19 分播出的录音述评《扫清雾霾，亟需创建绿色考评体系》这期节目中，出现了 8 段录音，分别是三位市民、中科院大气物理研究所研究员王跃思、国家环保部原总工程师杨朝飞、中国能源网首席信息官韩晓平、北京智能经济研究院院长季铸、国家行政学院教授竹立家这 8 位的发言录音。主持人运用论述语言，巧妙将这 8 段录音组合其中，从几个方面论述了雾霾的成因和解决办法，充分发挥了录音评论的优势。如节目中的这一段见案例 7-4。

案例 7-4　《扫清雾霾，亟需创建绿色考评体系》部分内容

（主持人：）雾霾污染最终成为影响中国社会民生的大问题，与各地官员“重发展，轻治理”的施政观念有很大关系。早在 1989 年出台的《环境保护法》就明确规定：“地方各级人民政府，应当对本辖区的环境质量负责，采取措施改善环境质量”，但是，为什么二十多年过去，雾霾遮住了大半个中国的天空，却没有几个政府官员被问责呢？背后的深层原因是，各地政府决策者在污染和治理两项活动中都可以得到政绩，而这不合常理的政绩就源于 GDP 的计算方法，北京智能经济研究院院长季铸说。

（出录音，季铸：）在中国，任何生产活动，不管真的假的，都要计入 GDP。在工业企业制造污染的时候，他生产的东西包括过剩的产品，已经计入 GDP 了，进行环境治理的时候，这个治理活动也要计入 GDP 的。所以我们看到，越污染的地区的 GDP 可能越大，经济增长越快，污染地区的官员调到中央部门当领导，这都是历史上的一个荒谬。

（主持人：）今年 5 月，习近平总书记在中共中央政治局就大力推进生态文明建设进行集体学习时明确提出，“决不以牺牲环境为代价去换取一时的经济增长”，他也多次强调“再也不能以 GDP 增长率来论英雄”。12 月初，中组部印发《通知》，规定今后对地方领导干部的各类考核，不能仅仅把 GDP 作为主要指标，要加大资源消耗、环境保护、消化过剩产能等指标的权重。国家行政学院教授竹立家建议，环境治理和改善情况要尽快量化成指标。

（出录音，竹立家：）你比如 PM 2.5 的值，一个地区每年环境优良的多少天，不优良的多少天，都是可以量化的。比如说环保投入、排污情况、包括群众对环境的满意度，80％左右的指标都是可以量化的。

（主持人：）倘若真能花大力气建立这样一整套绿色的考评体系，其治理效果可能将远远超过那些匆忙开出的“头疼医头，脚疼医脚”的急诊药方，其长远效益将不仅是有效促进当前“经济增长方式”的转变，还将给子孙后代留下一套促进生态社会和谐发展的制度保障。

这一段中，主持人的意见和评价是主线，是核心；专家的录音音响为补充，为论据。两者有机交织，有力地论证了主持人的观点。

（三）谈话式音频评论

谈话式音频评论在广播电台被称之为“广播谈话”，20 世纪 90 年代初开始流行，是广播评论“节目化”的一种体现。这类评论节目以主持人和嘉宾的谈话为主，间或穿插新闻采访录音或其他音响。谈话式音频评论更需要临场发挥，不像口播评论那样有底稿，也不像录音评论那样有精密的组织和完整结构，嘉宾的谈话内容是主持人无法预测和掌控的。

广播谈话经常被运用于广播电台的政策解读类节目中。如获第 24 届中国新闻奖的广播访谈《立法保障“生命接力”——我国首部人体器官捐献地方法规解读》，获第23届中国新闻奖的广播访谈《启航，中国梦——中央党史研究室副主任解读十八大报告》，都是对新政策、新形势的深度解读。

案例 7-5 《立法保障“生命接力”——我国首部人体器官捐献地方法规解读》

由天津广播电视台2013年3月4日8时30分播出，针对我国首部单独规范公民身故后人体器官捐献的地方性法规——《天津市人体器官捐献条例》3月1日正式实施的新闻事件，栏目组邀请到天津市人大常委会法制工作委员会、天津市红十字会器官捐献管理中心、天津市卫生局医疗服务监管处等相关部门的负责人走进直播间，就“条例”内容进行了详细解读。节目层层深入，解读了条例中器官捐献的科学程序、协调监管工作体系、对于各方权利的保障，尤其对捐赠者去世后的帮扶政策等方面的内容进行了介绍；同时，节目对如何公开、公正进行器官分配、缓解公众焦虑等问题进行了关注和思考。节目进行过程中，还及时与听众进行互动，接通了器官移植医生、器官捐献志愿者和听众的热线电话，回答了很多听众在节目中提出的问题。

三、音频评论的构成要素及其作用

音频评论是一种诉诸音响的评论，完全由各种音响作为传播载体，在各类音响的组合与交织中，完成对新闻事件或社会话题的评价与议论。因此，音频评论的构成要素就是各类音响，主要有以下几种。

（一）环境音响

环境音响是在现场采录的、用以表现环境特色、交待环境背景的音响，包括自然界和人类社会的各种音响。

案例 7-6 广播评论《呜呜祖拉吹响“中国制造”警音》

如福建广播影视集团都市生活频率2010年7月5日播出的《呜呜祖拉吹响“中国制造”警音》，节目一开始就播出一段南非世界杯的赛场上，数万观众吹响“呜呜祖拉”时发出的震耳欲聋的响声，将世界杯上“呜呜祖拉”大受欢迎的情景生动展现出来，引出了中国生产制造“呜呜祖拉”却利润极低的话题。这个栏目在2007年9月23日播出的《和平的赛场需要更宽广的民族胸怀》，开头同样播出一段日、德女足争夺四强的赛场上，中国观众送给日本队的嘘声，用这种现场环境音响将新闻事件生动呈现出来。

音频评论中的环境音响能给人以身临其境的感觉，生动呈现新闻事件，瞬间将受众拉到事件现场。环境音响还能丰富节目的音响种类，增添节目吸引力。

（二）现场谈话

现场谈话指主持人在演播室中和嘉宾的现场对话，或记者在采访现场与采访对象的问答等音响。

1. 呈现新闻事实的现场谈话音响

有些现场谈话是为了更清楚地呈现所议论的事实。如北京人民广播电台2013年12月29日7时19分播出的录音述评《扫清雾霾，亟需创建绿色考评体系》，在北京交通广播FM 103.9《今日交通》栏目播出。节目中有一段现场谈话，见案例7-7。

案例7-7

市民1：雾气昭昭的，那肯定很不好。

市民2：必须带口罩，不带口罩的话就有一层灰尘进到鼻孔里。

市民3：想出来的次数越来越少，干干净净出来，回去就脏着回去。

这是为了呈现新闻事件而录制的现场谈话录音，通过三位市民的话展现了雾霾的严重性。

2. 佐证观点的现场采访音响

有些现场谈话音响是为了佐证观点，提供论据，尤其是主持人或记者与专家学者的现场谈话，往往被用来进行论证。如上海人民广播电台《990早新闻》栏目2011年12月26号播出的《严禁酒驾带给社会的启示》，节目针对严禁酒驾的禁令一出、酒驾大幅下降的现象出发，探讨为何其他行业其他问题不能这样从令如流。节目中引入多段现场采访录音，其中有两段音响点明了严禁酒驾执法效果良好的根源，见案例7-8。

案例7-8

（录音，社会学家、上海大学教授顾骏）它的严格执法程度从未有过，所有的人都不能幸免，拒绝通融，拒绝具体情况具体分析。法律要发挥作用，必须对一切人有效。如果管不住一部分人，法律就管不住所有的人。再有力度的法律规定都没有了意义。

（录音，上海交警总队勤务处王世杰科长）“警务通”一抓到了，这个警务通就上传到所有公安系统里了，你连求情的时间都没有，就现场了，我们从各个环节堵住漏洞。酒后驾车是严重违法行为，一律顶格处理，一视同仁的，不管你有什么职务、处于什么岗位，只要你酒后驾车了，必须清理出公安队伍。

这两段录音为记者的议论提供了有力的论据：既然严禁酒驾执法有效，那么治理食品卫生等其他社会问题，能不能也像查处酒驾这样严格执法、一视同仁呢？

这种佐证观点、提供论据的现场谈话录音，在录音述评中成了常见的论证方式，起到很好的论证效果，同时还能打破主持人或记者从头说到尾的单调。

3. 进行观点表达和意见交锋的现场谈话

在广播谈话型评论节目中，现场谈话是最主要的节目构成成分，通过现场谈话来表达参与各方的观点和意见。

现场谈话能真实还原谈话现场，营造谈话氛围，让线性时间轴上流动的声音变得立体丰富起来。

（三）后期解说

后期解说指记者或主持人在后期制作时录制的解说和论述性语言。如福建广播电台的录音述评《呜呜祖拉吹响“中国制造”警音》中，在开头出两段录音，然后主持人进行后期解说，见案例 7-9。

案例 7-9

主持人：听众朋友，录音刚开始时的声音您一定不会陌生，那就是南非世界杯的赛场上，数万观众吹响“呜呜祖拉”时发出的震耳欲聋的响声。

据统计，南非赛场上的“呜呜祖拉”90％是由中国出口的，产值在 2000 万美元左右，但中国加工厂的利润不足 5％。而刚刚在录音中抱怨利润太低的人，叫邬奕君。他是浙江一家塑料文具厂的老板，他在 2001 年根据非洲土著用于驱赶狒狒的乐器仿制出了这种塑料喇叭。对于有着 100 万个“呜呜祖拉”订单的邬老板来说，利润仅仅不到 10 万元！

对于诉诸听觉的广播节目来说，后期解说是必要的。有些声音不能一听就明白，需要主持人进行后期解说。

（四）资料音响

资料音响指节目中为了引出话题、交待背景、烘托气氛而选用的以前录制好的声音资料，包括昔日的讲话、音乐、歌曲及其他唤起人们记忆和佐证评论观点的音响。如毛泽东在天安门城楼上的那句宣言“中华人民共和国成立了！”作为一段资料音响，被广泛运用在广播节目中。

四、网络与新媒体音频评论实务

（一）网络与新媒体音频节目的类型

网络与新媒体音频节目是指以声音为主要传播符号、以网络与新媒体为载体的节目形式的总称。以声音为主要传播符号的节目类型以往都是通过广播媒体传播的，但随着网络与新媒体的兴起，广播媒体不断与之融合，发展出广播网络版、网络电台、电台博客、电台微博、电台微信等多种多样的形式，逐渐衍生出各种网络与新媒体音频节目。主要有以下几种。

1. 广播电台的官方网络/新媒体广播

1997年3月18日上海东方广播电台《梦晓时间》节目新开设的《东广信息网》与“瀛海威时空”合作，开我国网络广播之先河。1998年2月28日，北京经济电台《动心9时》开始网上直播。中央人民广播电台、中国国际广播电台等也相继推出了网上广播。[①] 目前，绝大部分的广播电台都开通了官方网络广播，可以在网络上直播收听，也可以对往期节目进行点播下载，还将部分内容转成文字放在网页上。

如中央广播电台中国之声的网站，在醒目的位置显示正在直播|节目时间表|点播下载|新闻热线”等栏目，网页按栏目分成了新闻和报纸摘要、新闻纵横、央广新闻、新闻晚高峰等版块，点开标题就可以看到相应的往期节目的文字内容。各个广播电台网站的内容不仅仅是原封不动转播广播台播出的内容，还会设置其他栏目和内容。如央广网的《央广评论》频道，全部都是网站独立编辑传播的评论栏目，但遗憾的是全部都是文字评论，而非音频评论，没有借力发挥中央级广播电台的优势。

① 金玲．门户网站网络电台路在何方——以腾讯网QQ电台为例[EB]．人民网-传媒频道，2009-12-16. http://media.people.com.cn/GB/22114/150608/150617/10592484.html.

也有很多广播电台开通的官方微博微信号，拓展新媒体传播通道。新浪微博还专门开发了一款在线电台产品《微电台》，在微电台中可收听全国百余家地方电台。微电台突破了以往收听广播的地域及终端限制，可以瞬间随意选择电台收听，可以在上网的同时收听，方便自由。

传统广播电台无论是开设网站还是开通新媒体传播通道，其中的音频节目几乎都来自转载，而非另起炉灶、开拓专门针对网络与新媒体的音频节目，评论性节目也不例外。

2. 商业网络广播

商业网络广播指商业网站开设的音频/电台频道或独立创办的网络电台。如QQ之声、猫扑电台、网易虚拟社区电台、萤火虫网络电台等。其主要以年轻网民为对象，内容主要集中在音乐、广播剧、游戏等娱乐节目。

如青檬网络电台作为国内第一家以大学生群体为受众的网络电台，针对的主要人群是京城100多所大中院校，80多万大学生。以“娱乐青年、引领青年”为目标，以“张扬绚丽的青春梦想，创建和谐的网络家园”为理念，“给你听、听你的”是其办台宗旨。青檬网络电台原有青檬音乐台和青檬体育台，但现在只能搜索到青檬音乐台。

广播剧也在商业网络广播电台中比较受欢迎，如《装在手机里的爱情》在腾讯公司的QQ语音剧场陆续连载，上线不到3个月点击率已经超过了100万次。①

3. 个人网络/新媒体广播

这类网络广播多为民间小团体或个人创办，以播客、微博、微信等形式出现，节目形式以主持人脱口秀为主，节目设置偏重“娱乐”和“音乐”，也涉及情感、心理和社会问题等，个性化特征较为明显。

2004年下半年，播客开始在互联网上流行以用于发布音频文件。2005年，一个名为“胖大海”的播客出名了，胖大海推出系列播客作品《有一说二》，开场白是：“最鲜明的风格，最独特的视角，最辛辣的评论，最真实的声音，请不要选择沉默，大家和我一起有一说二。我是主持人胖大海！”《有一说二》被胖大海定义为“评论短片集”，社会热点是胖大海评说的主要对象，他的语言诙谐而辛辣，嬉笑怒骂中又有着积极的思想内涵，由此受到网友的喜欢和支持。胖

① 广播剧《装在手机里的爱情》引爆全国书迷[EB]. 腾讯网，2005-2-21. http://ent.qq.com/a/20050221/000083.htm.

大海的《有一说二》在网络上被四处转载，在“播客天下”的排行榜上位居第一，是播客圈中最有名气的节目之一。在他的主页里，《有一说二》每期的点击率超过了3万次。若是笼统地再加上转载他作品的其他网站的下载收听率，胖大海拥有着近30万人的听众。[①]

此外，“反波”“喜糖音乐”等知名度较高的个人播客，也在新媒体广播中脱颖而出。其中“反波”播客是由网民平客和飞猪两人以民间的方式制作广播节目。平客本人是电台的主持人，因此节目制作质量较高。在2005年11月揭晓的德国之声2005国际博客大赛上，“反波”播客夺得评委奖、公众奖双料最佳播客。

在微博微信等新媒体兴起后，也出现了以音频为传播方式的评论节目，如有名的微信公众号“罗辑思维”，就属于个人新媒体广播，每天早上6:30，“罗辑思维”的订户都会收到一条60秒长度的语音。

（二）网络与新媒体音频评论实务

网络与新媒体音频评论是指以声音为主要传播符号、以网络与新媒体为载体的评论节目。目前，网络与新媒体中专门的、独立原创的音频评论栏目太少了，现有的网络与新媒体音频栏目中，以音乐栏目、广播剧栏目等为主，音频评论几乎全部转载自传统广播评论节目。现有的网络与新媒体各个广播台官方网站上，几乎都没有原创的音频评论节目，各个广播台的官方微博号、微信号中，也鲜有原创音频评论的身影。商业网络广播电台又集中建设娱乐节目，无意开发评论节目。传统广播媒体拥有丰富的音频评论节目制作经验，熟悉读者心理和广播媒体传播规律，但是如果只是将电台的评论节目放到网络和新媒体中，那只不过多了一个播出平台，没有创意和新意，没有真正融合网络与新媒体。

音频评论又是不可或缺的重要版块，事实性信息和意见性信息向来是媒体的两条腿，少了一条都走不好。北京人民广播电台李革认为：在当今信息时代，一个重大新闻事件发生，来自各方面的信息铺天盖地，自相矛盾，真假难辨，听众不知所从。越是在这种时候，作为旗帜和灵魂的新闻评论就越能显示它的作用，它比其他新闻文体，更加直截了当，鞭辟入里，像手术刀一样，层层剖析，对新闻事实做出政治判断、道德判断或价值判断。因为具有以上作用，

① 程勇．听播客胖大海有一说二[N]．华商报，2005-11-18．

评论更能代表办报、办台水平，更能体现出媒体的公信力和影响力。① 因此，我们还是要探索如何根据音频评论的特性，来做好网络与新媒体的音频评论。

音频评论与其他音频节目一样，具有“短、浅、软”的特点。这个概括来自革命前辈恽逸群，他 1947 年这样概括：广播应该有自己的风格，这个风格的主要特点是“短、浅、软”。浅就是通俗，使人一听就懂；软就是轻松、风趣，使听众在文化娱乐中不知不觉地接受了你的观点。

尽管网络与新媒体评论目前仍然在起步阶段，但仍可以依据音频评论的特性，结合网络与新媒体的特点，总结出如下规律。

1. 定位准确，勤于策划

从目前广播媒体发展态势来看，面向小众的窄播是未来发展趋势。我国广播电台早已结束多个综合频道并列的局面，分成各个领域或各个小区域的专门频道，如中央人民广播电台分成中国之声、经济之声、音乐之声、都市之声、中华之声、民族之声、华夏之声、香港之声、文艺之声、老年之声、中国乡村等 18 个频道，其中：中国之声是专门的新闻频道；华夏之声是为港澳和珠江三角洲地区听众服务的区域性广播频道；老年之声是面向老年人开设的频道，窄播特征明显。

对于网络与新媒体来说，开设原创音频评论栏目应进行精心策划，实现准确定位。网络与新媒体的音频评论栏目可以灵活开设在网站的各个频道、或独立开设微博微信号、或成为传统广播微博微信中的小版块，等等。无论在何种平台上开设，都应事先调查设计好目标受众，针对目标受众决定评论领域和风格倾向等具体细节。

2. 短小精悍，说理集中

音频传播具有传播快速的优点，但同时也具有稍纵即逝的缺点。音频评论属于说理性的声音传播，更需要短小而精辟。如果音频评论时间过长，听众听到最后时，只记得后面几句，早就忘记了前面所说的内容。因此，早在传统广播中，人们就已总结出广播评论首先要简练和小型的规律。1981 年 2 月，中央电台制订了《关于广播评论工作的一些要求和暂行规定》，指出“评论的文字要简练，多数评论应在一千字以内。”1979 年 4 月，上海电台确立了广播评

① 郭家健，康乐群．思辨汇聚力量评论激发智慧——全国广播新闻评论节目“论剑”古城[J]．中国广播，2009(9)．

论的“小型、分散、多样、广开言路”的原则。① 在中国新闻奖获奖作品中，录音述评长不过七八分钟，短则三四分钟；评论性的广播访谈节目则一般不超过20分钟。

现代生活节奏紧张的现状，要求网络与新媒体音频评论更要短小精悍，使受众能在紧张的工作间隙迅速捕捉到节目的核心内容，为收听创造方便。

要做到短小精悍，就必须集中论述主要观点，不枝不蔓。如微信公众号“罗辑思维”，每天推送的语音仅仅只有60秒钟，要在这60秒钟内抓住听众的心，就需要精心组织语言，围绕主要观点展开。2014年9月5日早上，罗辑思维推送的语音就言简意赅地论述了人与组织之间的关系，见案例7-10。

案例 7-10

现在越来越多的所谓行业规律正在被打破，很多原来的成功者都感到很困惑呀，怎么居然不是我们这个行当里原来几个老大的决一雌雄呢，而是被一些外行的竞争者抢了风头呢？什么餐馆行业、什么手机行业，现在都是如此。这个现象背后的原因很复杂，其中一条就是：组织和经验在市场竞争中的重要性变得越来越低，而具体的单个的人的重要性则变得越来越高。看到了这一点，其实传统行业转型的基本思路也就有啦，过去是讲市场份额，而未来，公司决胜的关键是在于抢人；过去是组织之间的力量之争，而未来是人成长的环境之争。过去，人的目标是成就组织；未来，组织的目标是成就人，顺便组织自己也捞上一票。说白了，一切组织都必须成为成就人的生态，才有未来。今天您回复“生态”两个字，给您看一篇这方面思考的经典文章。

短短几句话，简要而清楚地表达了现代社会应高度重视人的能动性、关怀个体的观点。这可能正是“罗辑思维”成功的因素之一。

3. 紧跟热点，个性鲜明

网络与新媒体最大的优势就是时效性强，网络与新媒体评论也因此具有新闻性强的最大优势，这就需要评论工作者紧跟时代潮流，迅速捕捉热点问题和热门新闻事件，充分发挥新闻性强的优势。

① 转引自申启武．改革开放30年来广播新闻节目形态的演变与发展[J]．现代传播，2008(2)．

如知名播客《有一说二》的播主胖大海就认为，他要做的选题必须是热点的、身边的或有趣的，“我要畅所欲言，选取老百姓最关心的热点话题，用最幽默的语言表达出来。”

同样是热门选题，胖大海的节目还追求个性。“冠冕堂皇的话不讲，要说纯大白话。既让听众明白我在讲什么，又觉得形象，还要有嚼头。”一个胖大海的忠实“听客”向记者报料说：“关于木子美现象的各种评论很多，我现在能记得起的就是胖大海说的，‘不写内心，专写内分泌’。”“自作多情是别人的障碍物，不解风情活得像棵植物，百依百顺又是别人的宠物，看破红尘那是顿悟……”这类源于生活、幽默诙谐的语句，在胖大海的播客作品中很容易听到。[①]

在微博微信等新媒体中，发言者的个性化将成为标签，将之从海量信息中区分出来。新媒体音频评论往往以主持人直接面向受众叙说意见、类似于脱口秀的形态出现，这种节目形态又最依赖于主持人的个性魅力。因此，“罗辑思维”的主持人罗振宇提出打造“魅力人格体”的说法。《财经天下》周刊因此在 2014 年第 14 期作为题为《“魅力人格体”的狂欢》的封面报道，以罗振宇和高晓松作为封面，意指这两位为网络时代音视频评论“魅力人格体”的代表。

本章小结

网络与新媒体视频评论，指的是所有通过网络与新媒体平台传播的、以视频形式出现的新闻评论类型（以下简称视频评论）。不一定是完整的节目，只要具备新闻评论的新闻性、说理性、公众性的视频资讯，都可以视为视频评论，包括以视频形式发布的网友留言或点评。视频评论有原创和转载两大类，我们需要了解和掌握的是原创性的视频评论。搜狐网、优酷网、凤凰网等网络媒体陆续创办原创性视频评论栏目，搜狐网《大鹏嘚吧嘚》、优酷网《老友记》、优酷网《晓说》等，都是深受网友欢迎的网络视频评论节目。

网络与新媒体视频评论的最大特点在于传播形态的不同，它是综合运用画面、音响、字幕和论述语言的一种新闻评论。主要有主持人/个人评论、访谈式评论、论坛式评论这几种类型。网络与新媒体视频应通过增加画面的吸引力、注重策划和节目设计来做好节目。

---

① 程勇．听播客胖大海有一说二[N]．华商报，2005-11-18.

网络与新媒体音频评论是指以声音为主要传播符号、以网络与新媒体为载体的评论节目。在网络问世以前，音频评论只出现在广播媒体中，被直接称呼为广播新闻评论，简称为广播评论。音频评论主要有口播评论、录音评论、谈话式音频评论等节目类型。音频评论的构成要素就是各类音响，主要环境音响、现场谈话、后期解说、资料音响几种。尽管网络与新媒体评论目前仍然在起步阶段，但仍可以依据音频评论的特性，结合网络与新媒体的特点，从三个方面入手做好网络与新媒体音频评论：定位准确，勤于策划；短小精悍，说理集中；紧跟热点，个性鲜明。

思考与练习

1. 网络与新媒体视频评论具有哪些优势？
2. 哪一类视频评论节目类型最适合在网络与新媒体中播出？
3. 音频评论应如何在网络与新媒体中谋求发展？

第八章　网络与新媒体评论的编辑策划

学习目的

1. 了解网络与新媒体评论编辑的日常工作内容。
2. 掌握网络与新媒体评论基础编辑技能。
3. 掌握网络与新媒体评论编辑策划与资源整合。

随着我国互联网技术的发展,网络编辑应运而生,2005年3月24日劳动和社会保障部发布了第三批10个新职业的名单,"网络编辑员"被列入其中。网络编辑的队伍不断壮大,据中国编辑学会2010年估算,从事网站内容工作的人数超过600万人,其中主要是网络编辑,随着手机等移动媒体的快速发展,对网络编辑的需求还在快速增长,预计未来5年网络编辑总增长量将超过30%,远远高于其他各类职位的平均增长量。[①] 新媒体兴起之后,又出现了专门的新媒体编辑人员。编辑在网络与新媒体评论传播中扮演着重要角色,因此,我们有必要对网络与新媒体评论的编辑及其策划工作进行深入了解。

第一节　网络与新媒体评论编辑概况

一、编辑与新闻编辑

在日常生活中,"编辑"一词有两种含义:一指工作或活动,一指职业。编辑,是一种工作及职业,指为各种媒体(以出版物为主)在出版前进行的后期制作,包括文字、图像、录音、录像、多媒体生成处理,以及制作审核、校对的一项工序。从事此项工作的人士,中文被称为编辑。[②] 新闻编辑是在近代新闻事

① 首届全国网络编辑与网络文化建设高峰论坛即将召开[EB]. 人民网-传媒频道,2010-3-30. http://media.people.com.cn/GB/40606/11260619.html.

② 维基百科. http://zh.wikipedia.org/wiki/编辑.

业产生之后，随着职业分工的精细化而逐渐演变出来的一项专门的工作内容和职务。新闻编辑的具体工作内容随着媒体的演变而发生变化，从报纸编辑，到电台编辑，到电视编辑，再到网络和新媒体编辑，新闻编辑的职务范围不断变化，以符合各种媒介自身的特性。

报纸新闻编辑按照职能划分，有版面主编、版式编辑、新闻编辑和校对。其中版面主编是负责选择、组合整个版面内容的编辑，包括审阅、选择和修改稿件，修改标题、配置版面内容、校对大样等。版式编辑也称"美术编辑"，负责图片编辑与版面设计与编排。新闻编辑担任具体稿件编辑任务，主要是审阅、初选和修改稿件，制作标题。校对是专职根据文字原稿或定本核对校样，订正差错。在这些承担具体职能任务的编辑之外，还有总编辑、主任编辑等管理、把关的编辑人员。

广播电视新闻编辑比报纸编辑工作更复杂，除了进行文字稿件的选择、修改、整合之外，还要运用电子编辑设备对前期摄录的音响、影像等素材进行选择、剪辑、组合，配以解说词、字幕、音响效果、音乐等。电视新闻编辑其实是一个庞大的幕后工作队伍，一般包括新闻总监、制片人、责任编辑、策划、素材剪辑、统稿、编务、录音、美工、字幕、导播、放像员等多个岗位的工作人员。

二、网络编辑的职能

网络编辑是随着网络发展而新兴的职业。在国家职业标准中，网络编辑是利用相关专业知识及计算机和网络等现代信息技术，从事互联网内容建设的人员。在实际工作中，网络编辑有广义和狭义之分。广义的网络编辑包括网站的频道内容编辑、技术编辑、美术或页面编辑、产品策划编辑、社区互动编辑等各类编辑，涵盖多个部门。狭义的网络编辑仅仅指文字编辑。不同的网站对网络编辑的职能界定不一样。网络编辑的主要职责有：内容选择、内容编辑修改加工、图文音视频搭配、专题策划与制作、页面设计与编辑、论坛管理与运用、网友互动设计与调查、各类专栏设计与运作等。

在网络媒体中，编辑是最重要的工作环节，因为网站主要是对新闻信息进行转载加工。国家对互联网时政新闻采访权有明确限定：根据国务院新闻办公室、信息产业部 2005 年 9 月 25 日联合发布的《互联网新闻信息服务管理规定》，新闻网站可以依托传统媒体进行新闻采编工作；商业网站不能采访和首发时政类新闻，经批准的也只有转发新闻的职能，没有自采新闻职能。网络新闻编辑因而重任在身，几乎完全承担了网站的所有内容处理。

国家劳动和社会保障部将网络编辑分为网络编辑员、助理网络编辑师、网络编辑师、高级网络编辑师四个等级，对网络编辑每个等级的职业功能进行了具体规定。

(1) 网络编辑员。其职业功能主要有素材采集、内容编辑、内容传输三项。

(2) 助理网络编辑师。其职业功能主要有：一是内容编辑，包括信息筛选、内容加工、内容原创；二是组织互动，包括受众调查和论坛管理；三是网页实现，包括内容发布和网页制作。

(3) 网络编辑师。其职业功能主要有：一是栏目策划，包括内容策划、形式策划；二是专题制作，包括专题策划、专题实施；三是内容编辑与管理，包括稿件撰写、内容审核、内容监控、培训与指导。

(4) 高级网络编辑师。其职业功能主要有：一是频道策划，包括频道内容与形式规划、频道内容与形式调整；二是内容管理，包括内容与形式总审、内容协调、内容统计分析；三是运营管理，包括人员协调和人员培训。

以上四个层级的职业功能，囊括了网络编辑所需要进行的所有工作，也是所有学习网络编辑的人士需要掌握的基本技能。①

新媒体中情况有所不同，其中自媒体人集内容生产与编辑于一身；新闻客户端、媒体官方微博微信等则由少量编辑进行维护，主要负责内容的选择、策划、修改、加工、上传、推广等。

三、网络与新媒体评论编辑的职能

网络与新媒体评论编辑主要对各类评论性信息源进行处理，其工作职能与网络编辑相同，只是将内容处理的对象范围缩小到评论性信息。在实际工作中，网络与新媒体评论编辑的工作内容主要有两大类：一大类是转载传统媒体评论，尤其是报纸评论，从中精选部分进行编辑修改；另一大类是生产原创评论，内容形式不限，风格多样。因此与前面几章强调原创性评论不同，就网络与新媒体评论编辑的总体工作而言，除了参与原创性评论的生产，还有一部分工作内容是编辑来自各类信息源的评论作品，包括文字评论和音视频评论。

---

① 国家职业标准网络编辑员．中华人民共和国劳动和社会保障部[S]，2005年6月1日(第1版).

主要有如下几种评论信息源。

1. 来自传统媒体的评论作品，包括报纸新闻评论和广播电视新闻评论

一般而言，网络与新媒体转载的评论作品主要是报纸评论。目前报纸新闻评论兴盛，很多报纸都设有评论专版，他们为网络与新媒体提供了丰富的稿件来源。

2. 网络与新媒体原创新闻评论

包括网络与新媒体工作人员自己编写的评论稿件、自制的音视频评论作品、所依托传统媒体专门供稿、特邀专家学者评论、策划各类栏目如专题评论等。

3. 用户原创的评论作品

包括网友投稿、网友留言跟帖评论、网友论坛发帖评论、网友上传评论节目等类型。

4. 来自党政机关、社会组织、企事业单位的评论性信息

目前大部分党政部门、单位都开设了自己的网页、开通了官方微博和官方微信，其中有部分评论性信息，也可能成为网络与新媒体的稿件来源。

网络与新媒体评论编辑主要对上述评论资源进行处理，包括策划、选择、修改、搭配、整合等工作。

第二节　网络与新媒体评论基础编辑

一、评论性信息的把关与选择

网络编辑是网络媒体中最主要的把关人之一。网络与新媒体评论编辑首要的工作内容就是对信息源进行把关与选择。

“把关”是传播学中的重要术语。最早提出把关这一概念的是传播学者勒温(Kurt Lemin，1890－1947，也有人译作卢因)。他认为在信息传播的过程中，到处都有把关人，记者会在众多事实中选择确定部分事实进行报道，编辑会在众多稿件中选择确定部分刊登……只要有信息传播活动，就会有信息的筛选和过滤。勒温将信息传播中的这种筛选与过滤的行为称之为把关(gatekeeping)，就像守门员(gatekeeper)一样，守住信息传播的关卡。

勒温提出“把关”的概念之后，引发很多研究者的深入探究。其中怀特(D. M. White)的把关研究被奉为经典。怀特邀请一位美国地方报纸的编辑协助

研究，统计一周内报社收到的所有电讯稿和全部刊登见报的电讯稿。结果发现，一周内共收到 11 910 条电讯稿，但他从中选用的不过 1297 条，有近 90%的电讯稿都被编辑所淘汰。而美国传播学者沃伦・布里德（Warren Breed）的把关研究则发现了编辑部中的“潜网”。他调查了美国的几十家报社，访问了 100 多位记者，发现报社内部存在一张潜在的控制网络，会让新来者逐渐融入其中，让编辑部稳定运转，这就是编辑部中的社会控制，是社会意识形态的折射。

多种多样的把关研究表明，编辑确实在信息传播过程中起到举足轻重的关键作用。网络媒体中，信息传播的数量虽然是海量的、自由流通的，但是仍然需要编辑进行把关，更需要从海量信息源中进行选择。

（一）评论性信息的把关

评论性信息的把关是指对各类信息源进行过滤，滤掉不适宜传播的信息。编辑需要从以下几个方面把关。

1. 法律方面的把关

在网络与新媒体评论中，首先要就言论是否违反法律基本规定进行把关。我国宪法规定，人人都有言论出版自由，但是宪法同样规定，我国公民在行使自由和权利的时候，不得损害国家的、社会的、集体的利益和其他公民的合法的自由和权利。具体来说，网络与新媒体中不得散布分裂国家、民族的言论，所传播的言论不得侵害其他公民的名誉权、隐私权等人格权益，也不得抄袭、剽窃、违法复制他人的评论作品，更不得发布诲淫诲盗的言论，等等。一旦编辑没有把好法律关，将上述违法言论传播出去，不论是网友发出的言论还是编辑发出的言论，网站或新媒体运营商都将为此承担法律责任。

对于新闻评论来说，发表不同意见和看法，对人或事持批评态度、反对态度是完全正当的，但是要注意就事论理，把握“公正评论”的度，不能出现侮辱、诽谤等贬损性的语言，诸如“畜生”“禽兽不如”等字眼，都属于贬损性语言，有损对方名誉权。

2. 道德方面的把关

网络与新媒体评论还应该合乎道德。道德是一种非权力规范，是对社会的秩序和发展具有影响的社会习俗的结晶。我国正处于社会转型期，价值观混乱，因而出现了不少合法但是不道德的事件，比如网络虐猫事件、炫富事件等，严重挑战传统价值观。对这类事件的评论文章或跟帖，就需要编辑在道德方面进行把关，过滤掉不道德的言论。对于趣味低下、用语粗俗等不良言论，也要注意把关过滤。

（二）评论性信息的选择

对评论性信息的选择，实际上也是一种把关。在过滤掉违法言论或不道德言论之后，编辑可从大量来稿中进行选择。不同于对信息的过滤，选择是一个主动的行为，编辑本着某些原则，对过滤后的信息源进行挑选，择取一部分进入传播环节。网络与新媒体评论编辑需要从如下方面进行考虑选择。

1. 频道或栏目的需要

频道或栏目的需要是进行评论作品选择首先要考虑的问题，不同的频道或栏目定位分别有不同的需求，对评论作品的要求不一样。如时评栏目最需要的是网络时评文章；专题评论最需要的是围绕特定选题展开的评论，能够提供不同视角，或提供论证依据；而在论坛中，编辑最看重的是帖子能否引起很大的反响和互动。

2. 观点的独到性

对于新闻报道等事实性信息来说，真实性是首要的追求，真实是新闻的生命。对于评论性信息来说，本身就是主观信息，传播的是意见和观点，最看重的是观点的独到、说理的精妙。在网络与新媒体评论编辑过程中，如果遇到一篇网友投稿中并没有表达观点和态度，就没有采用的价值。如果所表达的观点和态度毫无新意，那也没有采用的必要。如果多篇投稿表达同一种观点和意见，那么只取一篇就够了。因此，对评论性信息进行选择的时候，在所有符合频道或栏目需要的前提下，编辑需要选取观点独到、说理精妙的作品。

3. 评论作品的时效性

所有的新闻作品都追求时效性，新闻评论也不例外，评论性信息也需要有很强的时效性。网络与新媒体评论编辑必须时时关注热点新闻、热门话题，选取时效性最强的稿件。报纸评论最快能做到隔天评，而网站追求的是当天评，新媒体追求的是即刻评。每个网站或新媒体，都追求首发声音，应选用时效性最强的稿件，迅速发声。相反，时效性很差的稿件，其评论价值大幅下降，如非其他特殊情况，不宜再采用。

二、网络与新媒体评论的标题制作

网络与新媒体都是眼球经济，更具体地来说是标题经济。网络与新媒体的广告等收入主要按点击率来计算，由于网络信息资讯首先以标题形式列出，标题能否抓住人的眼睛，能否吸引人点击、停留在该页面，就显得至关重要了。网络催生了“标题党”，评论的标题也不例外，标题是否能引起人们注意，成为至关重要的问题。因此对于所有的网络与新媒体编辑来说，标题制作都是基础编辑技能。

目前网络与新媒体评论的标题仍存在一些问题。有研究表明，我国网络评论有滥用疑问式时评标题的倾向：有人对国内几家主要网站包括人民网的《网友说话》、红网的《红辣椒评论》下设的《辣言辣语》、四川新闻网的《太阳鸟时评》下设的《原创时评》等时评栏目进行抽样调查。统计得出，2007 年 4 月 1 日至 30 日，三个原创性质的时评栏目共发稿 421 条。其中，疑问式标题 186 条，占 44.1%；陈述句 111 条，各类结构的短语 67 条，祈使句 57 条，分别占 26.3%、15.9%和 13.5%。疑问式标题占据了近半壁江山，并且有文题不符、角度选择不当、缺乏提炼、套路化倾向、制作粗糙有明显语病五大弊病。[①]

网络时评标题的这些问题，在网络专题评论标题、微信评论标题中也有不同程度的存在。因此，我们很有必要好好琢磨一下，网络与新媒体评论的标题应该遵循怎样的一些基本规律，又有哪些方式可以让标题“活”起来。

（一）新闻评论标题与新闻报道标题的区别

案例 8-1

2014 年 5 月 11 日，一场暴雨袭击了深圳，造成当地 150 处道路积水，20 处片区发生内涝，5000 多辆公交车无法正常运营，约 2000 辆汽车被淹。5 月 12 日，《新快报》的新闻报道标题是两行标题：《遭遇六年来最大暴雨 深圳两千辆汽车被淹（主题）——全市发生 5 起山体滑坡，约 10 宗河流水满泛洪（副题）》。《南方都市报》新闻报道的标题是《深圳遭遇 2008 年以来最强降雨（引题）水淹道床 广深 40 对动车停运（主题）》。而同日人民网有两篇时评的标题分别是《问责"内涝"也当有暴风雨的力度》《“暴雨突袭”直戳城市规划“短板”》。

比较对于同一个事件的新闻报道标题和新闻评论标题，可以看出两者之间的区别：

新闻报道标题一般为实标，即标出新闻内容，在标题中陈述主要事实，一

① 林荧章．网络时评滥用“疑问式标题”的五大类型[J]．中国编辑，2007 年第 5 期．

般有两行或以上组成复式标题，表达上常为完整句子。也就是说，新闻报道的标题一般传递事实性信息。

新闻评论标题一般为虚标，即揭示思想意义、意蕴内涵或发展趋势等，一般只有一行标题。评论标题传递的是主观的意见性信息。

此外，新闻评论的标题更加灵活，表达上不仅可以是句子，也可以是单个词组或词组组合。

（二）网络与新媒体评论标题的要求

1. 题文一致

网络与新媒体评论的标题首先应该题文一致，标题能够准确概括文章内容，标题用词贴切，不夸大、不偏离文章内容，题义确切。

如某时评频道2014年8月12日登载的时评《“产假三年”或显理想别当梦想》，原文内容针对引起热议的女性产假延长至3年的提议，认为这个设想不是痴人说梦，也不是不切实际的夸夸其谈，不要嘲笑这个提议只是梦想。对于提出建议的人大代表来说，理该对政府执政目标提出更高目标和要求，表达一种理想追求。但是这个标题容易让人理解成“‘产假三年’或许显示出‘理想别当梦想(别拿理想当梦想)’”，对原文内容概括不够准确，如果改成《“产假三年”彰显公众理想》或《“产假三年”不仅是梦想》，能够更准确概括原文的含义。

“准确”还要求标题本身表达准确，合乎语法；不模糊，不让人产生歧义；避免题义含混、令人费解。如2014年7月29日有一篇网络时评，评论黑龙江省某中学一个班级12人因思想品德方面有突出事迹获高考“加分”一事，质疑学校加分程序的合理性和公正性。标题为《“品德加分”就怕干没品德的事》，猛然一读之下让人如坠云雾，动词“怕”指向的对象是谁？动词“干”的主语又是谁？怕学校干？还是怕考生干？如果改成《“品德加分”，就怕有人干没品德的事》，读来就要通顺多了。又如另一则网络时评标题《“清水衙门”出窝案为何拍案惊奇》，明显有语病，汉语中不同的断句会造成不同的结果，这个标题可以有两种断句方式：一种是《“清水衙门”出窝案，为何拍案惊奇?》，另一种是《“清水衙门”出窝案为何？拍案惊奇!》。但这两种断句方式，读来都不通顺。如果改成《“清水衙门”出窝案令人拍案惊奇》或《“清水衙门”为何出窝案》，都要通顺一点。

2. 简练明了

网络与新媒体评论的标题应该避免句式冗长、文字罗嗦，词不达意。

如2014年4月，福州一中高三学生收到了美国名校发来的录取通知书，上面写着其中一个录取原因竟是爱吃泡面，一时间惊呆众人，引来众多议论。有学生拟写网络时评题为《泡面男被名校录取仅是因为爱吃泡面吗?》，标题冗长，去掉“泡面男”三字，缩写改成《被名校录取仅是因为爱吃泡面吗?》，原意不变，但简练多了。

3. 有趣味性

网络与新媒体评论的标题要求能够引发阅读兴趣，这样才有可能引发点击阅读正文的行为。一般会在标题中提到所评论的热门事件或热门话题，以吸引读者阅读兴趣。如郭美美事件连续多天成为人们的热门话题、口头谈资，关于郭美美的网络时评标题中很多都用上“郭美美”三字，以引人注意。如《郭美美露丑，一个该摈弃的符号》。

（三）网络与新媒体评论拟定标题的技巧

网络与新媒体评论的标题制作可以从以下几个方面入手。

一是标题中采取直接引用、易字或谐音等方法，活用成语、谚语、俗语，提高标题趣味性。

如2014年8月19日的网络时评《“死了和尚”也不应“死了庙”》，评论的是贪官畏罪自杀事件，认为不能因当事人自杀了就自动终止调查，还是应该查个水落石出。标题活用“跑得了和尚跑不了庙”这句俗语，使标题更吸引人。

二是巧用修辞手法。巧用比喻、比拟法、借代、回环等修辞手法，使网络与新媒体评论的标题不同凡响。如评价北大招收官员就读“天价培训班”的《警惕学界“净土”趟上政界“浑水”》，利用学界和政界相对，净土和浑水相对的特点，巧妙拟成对称的标题。

三是采用引语式标题。引用当事人的话作为标题。如2014年8月14日红网的一篇时评标题《令人惶惑的一句“对不起政府”》，评论的是河南新郑市张红伟夫妇半夜被掳到墓地，房屋被强拆事件。事后，政府回应称该房属于违建房，当事人张红伟则表示，“自己的行为犯了错误，对不起政府。”事件发展出人意料，这篇时评因而辨析其中蹊跷不合理之处。标题就用的当事人所说的话“对不起政府”。

三、设计添加超链接

超链接是网络与新媒体信息传播中的特殊手段，只要点击设置了超链接的文字，就可以从一个页面跳到另一个页面，从一个文献跳到另一个文献，打破了原来的阅读顺序。超链接的出现，使得不同网页上的信息能够有机联系起来，使得一个小小的窗口就可以点击查阅非常丰富的内容。超链接是网络新闻报道中常用的传播技巧，网络与新媒体评论也应该充分运用这一技巧。

（一）网络与新媒体评论中超链接的作用

1. 运用超链接对关键词进行解释、解读

在网络与新媒体评论中，可以通过对关键词设置超链接，来解读这个词的含义、提供相关背景材料，来扩展受众对这个关键词的理解，使之更容易理解或接受。

如 2014 年 5 月 13 日年，和讯网评论频道转载一篇来自长江网的时评《别给教育制度乱贴"标签"》，针对大学生校园内恶性伤人事件发表的意见，原文中没有一个超链接，但《和讯评论》转载时，加上了三个超链接，分别对应的是"朱令""黄维""大众"三个词语，当鼠标移到"朱令"一词时，出现了对朱令的简介，这个超链接能够让对朱令事件不了解的受众很快知道事情原委。如图 8-1 所示。

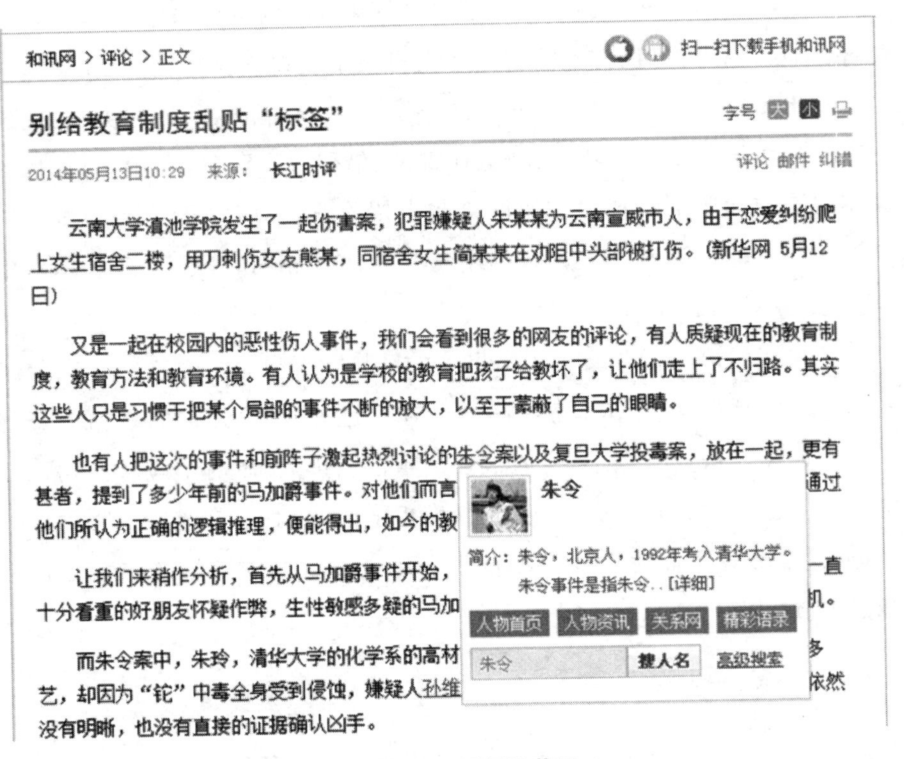
和讯网 > 评论 > 正文　　扫一扫下载手机和讯网

别给教育制度乱贴"标签"　　字号 大 小

2014年05月13日10:29　来源：长江时评　　评论 邮件 纠错

云南大学滇池学院发生了一起伤害案，犯罪嫌疑人朱某某为云南宣威市人，由于恋爱纠纷爬上女生宿舍二楼，用刀刺伤女友熊某，同宿舍女生简某某在劝阻中头部被打伤。（新华网 5月12日）

又是一起在校园内的恶性伤人事件，我们会看到很多的网友的评论，有人质疑现在的教育制度，教育方法和教育环境。有人认为是学校的教育把孩子给教坏了，让他们走上了不归路。其实这些人只是习惯于把某个局部的事件不断的放大，以至于蒙蔽了自己的眼睛。

也有人把这次的事件和前阵子激起热烈讨论的朱令案以及复旦大学投毒案，放在一起，更有甚者，提到了多少年前的马加爵事件。对他们而言……通过他们所认为正确的逻辑推理，便能得出，如今的教……

朱令

简介：朱令，北京人，1992年考入清华大学。朱令事件是指朱令..[详细]

人物首页　人物资讯　关系网　精彩语录

朱令　搜人名　高级搜索

让我们来稍作分析，首先从马加爵事件开始，……一直十分看重的好朋友怀疑作弊，生性敏感多疑的马加……机。

而朱令案中，朱玲，清华大学的化学系的高材……多艺，却因为"铊"中毒全身受到侵蚀，嫌疑人孙维……依然没有明晰，也没有直接的证据确认凶手。

图 8-1　和讯网评论截图

2. 运用超链接拓展新闻背景、扩展信息量

网络评论中,可以通过对关键词设置的超链接来拓展新闻背景,让受众更充分了解事情的前因后果,进行信息扩展。

如人民网 10 月 20 日推出《人民网评:四中全会的"法治语境"——四中全会系列评论之一》,评论对象严肃重大,一般人不了解我国的法治发展历程。因此评论中对"中共中央关于全面推进依法治国若干重大问题的决定""科学立法""全面深化改革""中国特色社会主义法律体系"这四个关键语句设置了超链接。点开之后,出现的是 360 对这四个关键语句的搜索页面,前几条都是对这四个方面的详情介绍,有效延伸了新闻背景,扩大了信息量。如图 8-2 所示。

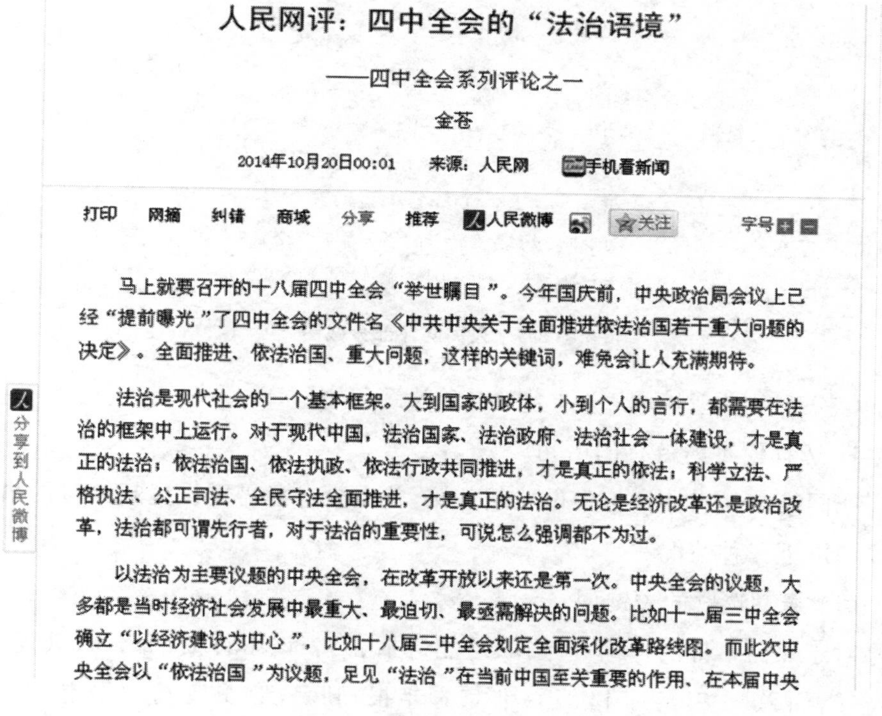

人民网评：四中全会的“法治语境”

——四中全会系列评论之一

金苍

2014年10月20日00:01　来源：人民网　手机看新闻

打印　网摘　纠错　商城　分享　推荐　人民微博　关注　字号

马上就要召开的十八届四中全会“举世瞩目”。今年国庆前，中央政治局会议上已经“提前曝光”了四中全会的文件名《中共中央关于全面推进依法治国若干重大问题的决定》。全面推进、依法治国、重大问题，这样的关键词，难免会让人充满期待。

分享到人民微博

法治是现代社会的一个基本框架。大到国家的政体，小到个人的言行，都需要在法治的框架中上运行。对于现代中国，法治国家、法治政府、法治社会一体建设，才是真正的法治；依法治国、依法执政、依法行政共同推进，才是真正的依法；科学立法、严格执法、公正司法、全民守法全面推进，才是真正的法治。无论是经济改革还是政治改革，法治都可谓先行者，对于法治的重要性，可说怎么强调都不为过。

以法治为主要议题的中央全会，在改革开放以来还是第一次。中央全会的议题，大多都是当时经济社会发展中最重大、最迫切、最亟需解决的问题。比如十一届三中全会确立“以经济建设为中心”，比如十八届三中全会划定全面深化改革路线图。而此次中央全会以“依法治国”为议题，足见“法治”在当前中国至关重要的作用、在本届中央

图 8-2　人民网评论截图

以推送评论信息为主的微信公众号,考虑到手机屏幕的尺寸问题,一般只发送标题和提要,完整内容则需要点击"查看原文"的超链接,此时超链接充分发挥了信息扩展的作用。

3. 运用超链接整合多件评论作品

一篇文章或一个页面的篇幅总是有限度的,运用超链接,则可以将内容扩

大多倍，将多篇稿件或多个网页整合在一起。网络评论频道的页面大量运用超链接方式，主要呈现新闻评论的标题或图片，网络专题评论中也会大量运用超链接来集纳相关意见或背景材料。

如人民网观点频道《人民网评》栏目，在每一篇评论文章下面，都会列出同一选题的其他评论。2014 年 9 月 19 日 07:43，《人民网评》登载了李泓冰所写的《景点扎堆涨价，是抽刀断水之举》，在评论文章末尾，出现了 5 篇对景点涨价进行评论的标题超链接（如图 8-3），这些标题超链接有效整合了多件评论作品，方便受众了解多种意见和态度。

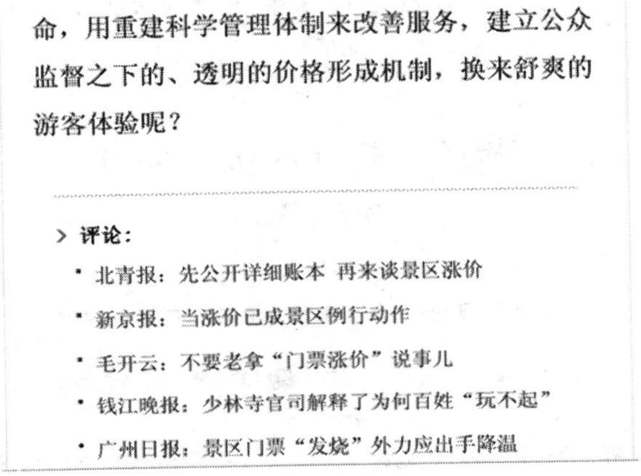

命，用重建科学管理体制来改善服务，建立公众监督之下的、透明的价格形成机制，换来舒爽的游客体验呢？

> 评论：

- 北青报：先公开详细账本 再来谈景区涨价
- 新京报：当涨价已成景区例行动作
- 毛开云：不要老拿“门票涨价”说事儿
- 钱江晚报：少林寺官司解释了为何百姓“玩不起”
- 广州日报：景区门票“发烧”外力应出手降温

图 8-3　人民网评部分截图

（二）网络与新媒体评论中超链接的设置

1. 选择设置超链接的语句

在网络与新媒体评论中设置超链接，首先要选择需要设置超链接的语句，主要有以下三种情况。

（1）概括选题的关键词

对于热门事件的评论，应选取最能概括、代表该事件的词语，将其设置成超链接，如 2014 年 8 月 14 日，《北京青年报》刊登《官员落马，“墨宝”即被清除》，报道了王立军、陈安众、陈绍基、胡长清等贪官落马之后，他们的题词纷纷被清除，甚至刻在石头上也要被铲平。对这一事件的评论，就可以选取文中“贪官墨宝”“贪官题词”等字眼来设置超链接。

（2）对晦涩难懂、受众不熟悉的词语设置超链接

如上文提到的“朱令案”，因为该事件发生在 20 世纪 90 年代，时过境迁，网民已经对这个事件很陌生了，有必要设置超链接解释一下。

（3）对标题或摘要设置超链接

有时候为了推介某篇评论，将标题放在首页或客户端信息滚动栏，对其设置细读全文的超链接。有时候为了吸引读者，将论点摘要放在醒目的位置，设置阅读全文的超链接。

2. 设置超链接的内容

设置超链接主要有两种内容：一种是新闻背景介绍；二是相关评论链接。如千龙网 2014 年 9 月 9 日登载的评论《重奖清华北大考生不如"重讲"》，编辑设置了几个超链接，其中"考上清华北大"这个词语被设置了超链接，鼠标移到此处，就出现了小弹窗，弹窗中有 5 行标题链接，第一条是本篇评论的标题，第二、第三条标题是相关他人评论，第四、第五条标题是相关新闻。这个超链接小弹窗既推荐了其他观点的相关评论，又包含更多相关新闻，大大拓展了单篇评论文章的信息量。见图 8-4。

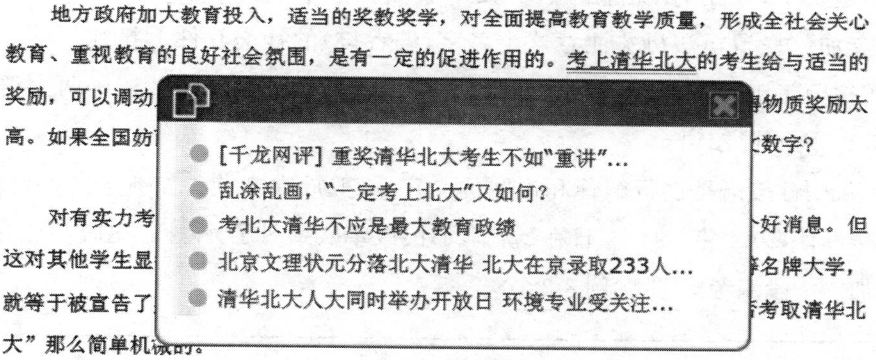

地方政府加大教育投入，适当的奖教奖学，对全面提高教育教学质量，形成全社会关心教育、重视教育的良好社会氛围，是有一定的促进作用的。考上清华北大的考生给与适当的奖励，可以调动……得物质奖励太高。如果全国妨……大数字？

对有实力考……个好消息。但这对其他学生显……等名牌大学，就等于被宣告了……否考取清华北大"那么简单机械的。

- [千龙网评] 重奖清华北大考生不如"重讲"...
- 乱涂乱画，"一定考上北大"又如何？
- 考北大清华不应是最大教育政绩
- 北京文理状元分落北大清华 北大在京录取233人...
- 清华北大人大同时举办开放日 环境专业受关注...

图 8-4　千龙网评超链接截图

目前存在超链接与原文无关的现象。如某网站某篇时评评论的是 2014 年 10 月 19 日 9 岁男孩喂熊被咬掉胳膊的事情，文中设置了"平顶山滨河公园""11 时""河南商报""安全教育""消化不良"五个超链接，可是点开链接，全部都是 360 搜索对于这五个关键词的搜索页面，其中"11 时""消化不良"出现的页面内容与此事毫不相干。"安全教育"链接的也不是关于动物园安全常识或小学生安全常识。

由此可见，设置超链接应根据内容需要来确定，应该有助于增强评论的说服力、或有助于拓展评论的深度广度、或有助于增加对评论的理解。网络与新媒体评论编辑应运用好这个独特的工具，充分发挥网络与新媒体这方面的优势。

四、撰写编者按

(一) 网络与新媒体评论中的编者按

编者按又称编者按语或按语,是一种依附于新闻报道或其他作品的,由编者专用的评价、批注、建议或说明性的文字。编者按起源于我国古代的史学点评和文学点评,司马迁《史记》中的"太史公曰"可以说是编者按的鼻祖,有名的脂砚斋版《红楼梦》,其中的点评也可以说是一种编者按语。19世纪中叶,编者按语被应用于报刊,至今已成为编辑专用、常用的一种体裁。

按照编者按在文中的位置,可以将其分为文前按语、文中按语、文后按语。文前按语有时用"编前""编者的话"相称,文后按语有时用"编后""后记"相称。文中按语比较少见,一般用来解释或提请注意,如腾讯网《今日话题》第2956期是揭发一则假新闻的,其中有一段文中按语:"在扯七扯八一通后,真正的主题还是来了,'ME小清新重口味'发了下面截图中的一段话,邀请网友去一款叫'友加'(提请司法机关注意这个名字,编者按)的社交软件上找她。"

按照编者按的作用和性质,可以分为说明性按语和评论性按语两大类。

1. 说明性按语

说明性按语是进行解释和说明的文字,一般放在文前。如新华网评论频道《新华网评》2014年9月29日在《新华网评:改革吹劲风了 百姓心里暖了》的标题下,加了一段编者按,见案例8-2。

案例 8-2

【编者按】今年是全面深化改革元年,中国方方面面发生着巨变,13亿中国人分享着改革巨变带来的成果。值此中华人民共和国成立65周年纪念日,新华网推出系列评论"全面深化改革元年从百姓最直观的感受说起",敬请关注。

这一段文字,就是说明性的按语。短短几行字,说明了三件事情:一是说明该网将推出系列评论;二是交代这系列评论是因为建国65周年而推出的;三是交代这系列评论的主题是"全面深化改革元年从百姓最直观的感受说起"。

图8-5中2014国庆节特别策划栏目《我为祖国点个赞》设置在人民网2014年国庆专题的最下方,这段文字也是说明性的按语,介绍策划这个小版

块的原因和主旨，号召大家一起为祖国点赞。

图 8-5　人民网 2014 年国庆专题截图

2. 评论性按语

有些编辑添加按语是为了发表意见，表明态度，这就是评论性按语。中国经济网评论频道有个专栏《“经”点热评》，这个专栏一般由新闻背景、三四条不同观点、微言大义、中国经济网编后语这四个方面的内容组成。如 2014 年 8 月 6 日推出的《大学生诈骗资助者千万元——现代版的“农夫与蛇”?》，其编后语就是一则评论性的按语，见案例 8-3。

案例 8-3　中国经济网编后语

本来，资助者与被资助者是一种短暂和陌生的关系，一旦这种资助结束，他们基本是“桥归桥，路归路”。但是，从古至今，中国人又世世代代推崇一种“滴水之恩当涌泉相报”的观念，要经常去感谢那些当初资助你的人，导致他们渐渐发展成为长远的合作关系，然而这种合作关系一旦遭遇恶的环境就很容易变质成“农夫与蛇”的故事。

这条按语直接对大学生诈骗资助者事件作出了自己的评价，属于评论性按语。

一般来说，编前按语往往用来进行提示、说明，编后按语常用来进行评价表态或提醒建议、补充信息。

在网络与新媒体中，评论性的编后按语用得较少，说明性的编前按语用得较多，尤其在网络专题评论中，常用编前按语来介绍事情缘起、主旨和目的。

（二）网络与新媒体评论中编者按的撰写技巧

1. 把握好配发编者按的时机

编者按是一种依附性的文体，要写好编者按，首先要掌握配发编者按的时机，也就是要能够判断什么时候需要附加编者按，什么时候不需要。一般来说，以下情况需要配发编者按。

（1）在系列评论的前面附加编者按

系列评论往往出自较大规模的策划，有一定的主旨和目的，因此需要配发编者按加以说明、解释。如上文提到的新华网的系列评论“全面深化改革元年从百姓最直观的感受说起”，就运用编者按解释了推出这一系列评论的缘由和主旨等。系列评论配发的编者按一般放在作品之首，可以只出现在第一篇评论的首端，也可以在每一篇最前面出现。

（2）在某些专栏评论或专题评论的页面首端配发编者按，进行介绍和说明

如千龙网评的编外编栏目，在栏目最上方配发编者按对栏目进行介绍，见案例 8-4。

案例 8-4

【编者按】为增强编辑部与评论员，以及评论员之间的互动和交流，千龙评论特设《编外编》栏目，每周聘请（或评论员自荐）数名时评作者担任“编外”编辑，向读者推荐优秀评论，并就当日新闻点题约稿。

应聘《编外编》编辑，请推荐一篇优秀稿件，并附上简短的点评。附上百字自荐词和照片尤佳。对于优秀的编外编辑，本网将有适当奖励，“编外”编辑的约稿，千龙评论亦将优先采用（请在来稿中注明“编外编约稿”字样）。

这一段编者按详细介绍了栏目的设置、内容、运作方式详细介绍。由于这个栏目开办时间不长，栏目设置新颖，所以很有必要运用编者按对栏目进行基本介绍，而且这个栏目是基于互动产生的，就更有必要运用编者按向受众交待清楚、进行约稿了。

（3）对于有争议性的话题讨论，适合配发编者按澄清认识

如中国经济网《经点热评》栏目 2014 年 8 月 20 日推出的《韩寒之争“立场比观点更重要”的中国式辩论》专题评论，编辑针对众说纷纭、争论激烈的“挺

韩”和“倒韩”口水战，配发编者按进行点评，如案例8-5所示。

案例8-5 中国经济网编后语

批判光有勇气不够，不能丢掉批判的精神，也就是法治与道德，说理与事实。不是所有的批判都有理。但是，有理的批判才有力量。

一部商业化的电影，有赞有黑本是常态，但是由此折射出我们的社会在公共对话中“对人不对事”的老传统，却让人担忧。这种“立场比观点更重要”的中国式辩论，什么时候能够结束呢？

在观点对立分歧严重的情况下，这则编者按很有必要配发，避免受众陷入是与非的纠缠。

2. 撰写编者按的要点

一是要掌握编者按的依附性。编者按是依附于评论主体存在的，这个主体可能是一篇评论文章，也可能是一段视频音频评论，或者是一个专题评论页面等，编者按本质是依附性的。因此，编者按既不可喧宾夺主，也不可言之无物、可有可无。

二是要有所超脱。编者按虽然是依附性的，但不能拘泥于评论文章或评论页面本身，而应带有附加的、或者补充的信息，要对评论主体有所超脱。

三是简明扼要、点到为止。编者按一般都很简短，篇幅不长，又要将意思表达清楚，就必须简明扼要、点到为止，不需要展开详细论述。

五、互动管理

网络与新媒体在互动方面有着传统媒体难以企及的优势，网络与新媒体评论也应充分发挥这一优势。而对于新闻评论来说，与受众的互动尤为重要，能够更大程度地扩大意见交流的范围，使讨论和证明进行得更充分、更彻底。因此，进行互动设计与管理是网络与新媒体评论编辑必不可少的工作职能。

网络与新媒体评论中的互动版块主要有：网络BBS论坛、网友留言版块、网友态度调查、网友评价反馈等。评论编辑需要就这些版块进行设计安排和合理搭配。

（一）网络论坛管理

网络论坛多以网站BBS的形式出现。各大网站几乎都开设了网络论坛，如人民网的强国论坛、天涯论坛等。论坛中的话题以网民发帖为主，也有少数为网站编辑所发。网民跟帖是随意的、自由的，有的网站会要求注册后才可发表留言，有的网站没有限制。

网络论坛的编辑常被称为“版主”(斑竹)或“管理员”。编辑对网络论坛的管理主要有：成员管理，包括设置发言条件、封杀严重违反论坛条例的成员等；内容管理，包括对发帖内容和网友跟帖内容的管理，具体做法有置顶、扣帖、删帖、对帖子进行分级等。置顶就是将有价值的帖子或留言放到论坛的显著位置，激励其他网友发表有价值的或受欢迎的帖子。扣帖、删帖是编辑对不合适、不恰当或违反法律法规社会道德的帖子常用的管理手段。对帖子分级是对不同长度或质量的帖子的区别对待，如“深水区”“浅水区”之分。

网络论坛管理的结果取决于编辑的个人判断，编辑的管理水平直接影响到论坛的活跃程度和帖子的质量。对论坛的管理不能太严格、限制太多，否则会抑制了民意的表达，网民会逃离、论坛人气下降。但也不能太松，否则论坛会陷入混乱、帖子质量难以保证。因此，编辑需要灵活把握、有效管理。

网络论坛的活跃程度是一个常用的评价指标，编辑需要积极发现好贴、策划发表好贴，并组织推动讨论热烈进行，让论坛活起来，火起来。

(二) 网友跟帖与网友调查

网络与新媒体有顺畅地与网民互动的渠道，那就是多种途径的网民留言。除了出现在每一则新闻作品后面的网友跟帖设置，还有直接给编辑留言、在线交流、微博微信交流等方式，网友意见调查、对网站或新媒体的反馈调查，也是互动交流的重要渠道。

网站一般有专门的管理员对网友跟帖进行管理。

发言条件设置。可以设置成无限制条件发言，或有限制条件发言，如有的网站将限制条件设置成需要注册，注册时必须填写有效邮箱，等等。

网友跟帖审核。一般网站都设有对网友跟帖的审核程序。原则上应该对所有跟帖过目、把关，但有时候跟帖太密集太多，如腾讯《今日话题》第 2810 期《招远麦当劳命案：只能看着行凶?》，跟帖达到 5.9 万多条，不可能一一审核，一般用软件加人工的方式进行过滤。审核跟帖也不能太苛刻，除了屏蔽违法违纪的发言之外，应尽量让网民自由发表态度和意见，以真正达到互动交流的目的。

除了跟帖之外，很多页面还会设置受众调查，了解网友整体上对事件或问题的态度如何，有时候也会设置调查对该评论作品的认可程度。如腾讯网《今日话题》第2258期《五个孩子如野草 贫贱家庭百事哀》后面，设置了两个小调查：一个调查是“你认为应该提供条件让农民工在城市安家吗?”结果显示94%的人认为应该，这表明绝大多数的人认为农民工应该带着孩子在城市安家，这个数据也表明了民众的舆论倾向；第二个调查是对专题本身的评价，96%的人点“赞”，表明绝大多数人认可了编辑的劳动成果。如图8-6所示。

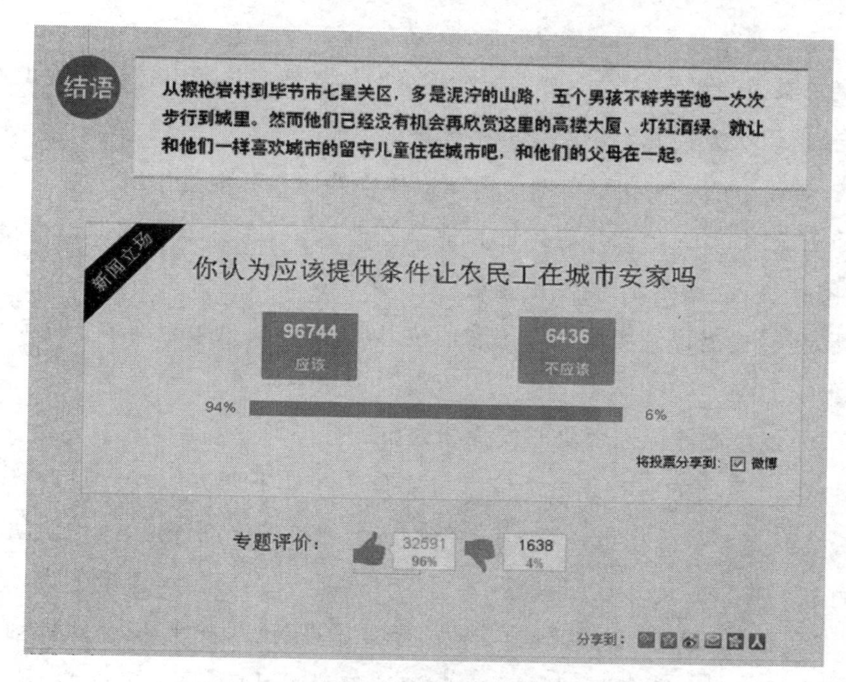

图8-6 腾讯网《今日话题》网友调查截图

上述五大编辑职能是基础性的、常用的；此外，还有具体的文字修改、网页设计等内容，因为前者涉及现代汉语学习，后者有专门的课程来学习，这里就不一一赘述了。

第三节 网络与新媒体评论编辑策划与资源整合

一、网络与新媒体评论编辑策划

策，有计谋、办法的意思。策划，就是筹划、谋划。[①] 因而有预先进行谋略布局、事先制订计划的意思。新闻传播活动中的策划由来已久，新闻报道策划

① 现代汉语词典(第6版)[M]. 北京：商务印书馆，2013：132.

更是早已成为一门专门的课程。在竞争激烈、信息来源同质化日益严重的今天，新闻策划显得尤为重要。

在网络与新媒体评论工作中，编辑也需要进行策划来推出最佳的作品，以达到最佳传播效果。

网络与新媒体评论的编辑策划可以分为三个层次。

（一）宏观策划

宏观层面的编辑策划主要是指对整个网站或新媒体所有评论版块的布局设置、长期出版方针和定位所作的整体规划。

1. 对评论性版块在整个网站或新媒体中的比重和地位作出谋划

如千龙网2013年8月将评论频道全新改版，旨在打造原创评论栏目，以达到“网评热点、先声夺人、发正能量”的作用。这次改版就是对评论版块进行了重新定位，提高评论版块的作用和地位，以评论性信息来带动整个网站的知名度和点击率。

2. 还包括对评论性版块的设置和分布进行谋划

比如，人民网的所有评论性信息主要分布在如下四大版块：《观点》《强国社区》《人民微博》《人民电视》。其中《观点》是纯粹的评论频道，其他版块中夹杂部分评论性信息。在这四大版块中，各有不同分工：《观点》汇聚各类评论文章，主要包括人民日报系的评论、其他报纸评论撷英、网友评论选登、特约专家专栏评论等；而《人民电视》中包含视频评论；《强国社区》是人民网的BBS区，是网友自主发言和交流讨论的主要场所，融合了博客、微博、播客等新媒体形态，其中的《强国论坛》和《强国E政广场》已经成为品牌栏目，主要发表评论性信息；《人民微博》中的《微争鸣》《微话题》均为编辑策划、吸引网友参与评论的栏目。

人民网对所有评论性信息的宏观规划有一定的代表性，很多网站都采用“评论频道＋BBS论坛”为主体，加上视频频道中的评论栏目，再辅之以博客、微博、客户端评论的架构。从这个宏观策划来看，目前的网络与新媒体评论仍然按传播形式划分版块，沿袭了传统媒体划分的思路，没有实现文字、音视频、图片图表等融合性的评论版块，这将是未来网络与新媒体评论宏观策划的方向。

（二）中观策划

中观策划是指对具体评论频道或评论栏目的定位、主要内容、形式、页面、风格等进行的设计和谋划。中观策划在宏观策划的基础上进行细分、细化，秉承网站或新媒体的定位和风格，进行更具体的设计。

如湖南红网的《红辣椒评论》，这个评论频道的理念是“用一面看不见的网络旗帜集聚思想大军”，长期以来形成了尖锐感言的“红辣椒风格”，旗下的栏目设置也带有“辣味”，如时评栏目《辣言辣语》《时论锋会》，专题评论栏目《辣点》，连栏目名称都带有辣味，栏目内容选取也以直抒胸臆、一针见血的评论文章为主。

（三）微观策划

微观策划是指对评论栏目具体每一期内容进行的策划。具体而言，主要有专题策划、论坛策划、互动策划等类型。而每一次策划又包括选题策划、内容组织策划、传播运行策划、推广反馈策划等内容。

选题策划是微观策划的重中之重。以论坛策划为例，每一期的论坛选题至关重要，能不能引发网友关注和参与，首先要看选题是否牵动网民的心，是否能吸引他们的目光、激发他们发言的欲望。如人民网《人民微博》中有个《微争鸣》栏目，其中 2014 年 9 月 15 日推出的话题“专家称公务员月薪到 1 万，你咋看”，截至 10 月 11 日已有 20454 人参与，排在“争鸣总排行”第一位，这就是因为工资问题牵动人心，人人都关注，人人有话说。如图 8-7 所示。

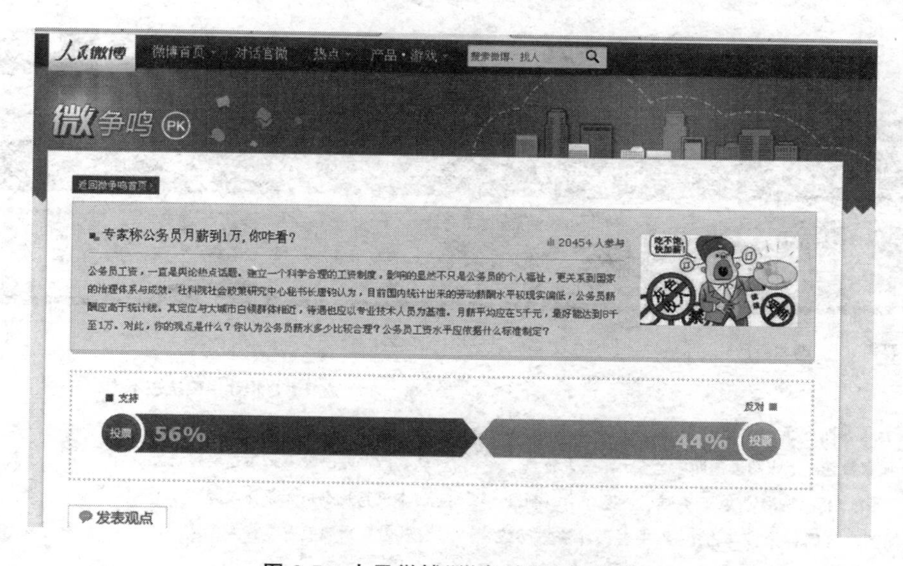

图 8-7　人民微博“微争鸣”页面截图

内容的组织策划是落实选题、完成策划的关键环节。在选题确定之后，应该策划组织哪些稿件、以何种形式来进行。如红辣椒评论频道《辣点》栏目

2014 年 9 月推出的《我们为何只看得见睡着的学生》专题评论，评论的是吴良镛院士在人民大会堂做报告时，后排有学生成片睡觉的事情。编辑选取了 4 篇红网的网友时评，提炼成 4 个小标题：是谁让 92 岁老院士演讲时蒙羞、不必对"院士演讲学生睡倒"过分阐释、人生成色的考验不只是一场瞌睡、既已"志存高远"，那先打个盹吧，从 4 个不同的角度对该事件进行评论。编辑必须事先通过查阅大量资料和评论，拟定该专题的主旨和方向，有计划地开展选择时评、编写摘要、提炼小标题、撰写新闻背景和结语这一系列活动，这就是该期专题评论具体的内容组织策划。

传播运行策划要对节目推出的时机、方式等进行策划。时评专栏一般每日更新，有既定的传播运行规律。专题评论和论坛评论等则需要考虑传播的时宜性和时效性，在两者协调一致的情况下策划具体的传播运行事宜。

推广反馈策划就是策划如何推广每一期栏目或节目的内容。可以采用的推广方式有标题置顶、首页标题链接、弹窗标题链接、微信推送、热门词语链接、网站间互相推广等多种方式。如腾讯网非常重视评论版块的推广，在首页首屏列出评论栏目和标题作为重点推介（如图 8-8）。人民网以评论见长，在首页首屏左边列出评论版块的推广，分为报系言论和网评来论两个小版块（如图 8-9）。但是目前不重视网络评论推广的现象也很普遍，值得引起注意。

图 8-8 腾讯网首页截图

图 8-9　人民网首页部分截图

二、网络与新媒体评论资源整合

网络与新媒体评论编辑是一项创造性的工作。编辑需要将凌乱无序、碎片化、海量的各类信息资源进行整合，通过选择、提炼、重组、优化，充分挖掘其内在含义，赋予其不一样的风貌。编辑可以创造性地进行网络专题评论的策划与组织，即便面对相同的选题，也可以通过对内容的不同取舍，进行不同的评论资源整合，呈现出独特的视角。

（一）评论资源的组织

最常见的稿件组织有两种：

(1) 按照选题来整合稿件，将同一个选题的评论整合在一起，这一类整合方式最终往往形成系列评论或专题评论。或者将同一类选题的评论整合在一起，如有的网站将时评按选题分为时政类、社会民生类、文化娱乐类。

按选题整合稿件时，不同的编排方式会产生不同的效果。比如，采用对比的编排方式，将观点对立的评论作品编排在一起，能够达到争鸣、论辩的效果，体现出栏目兼容并包的自由风格。如果连续几天编排同一选题的评论作品，会加深受众印象，引起注意，能够达到深入探讨的效果，甚至引发的关注和讨论异常热烈，最终形成网络舆论风暴。

(2) 方式是按照栏目或分类来整合稿件，不同的栏目中整合不同类型的稿件，如时评专栏和小言论专栏、杂文专栏在文体上有区别。这种评论资源整合方式易于形成较为稳定的风格，形成品牌效应。如搜狐网的视频脱口秀《大鹏嘚吧嘚》，主要选取娱乐类事件作为评论对象，加上简短的点评，进而编排剪辑形成节目。

(二) 评论资源的搭配

网络与新媒体评论编辑必须考虑各类评论资源的搭配，以达到有效整合资源的作用。

首先是内容上的搭配。有的评论作品所论事件或问题比较复杂，需要搭配更深入的新闻背景介绍。有的评论作品有可挖掘的深度，需要以超链接的方式延伸阅读。还有的评论作品比较偏激，应该搭配观点不一样的评论标题链接，以达到舆论上的平衡，避免对受众产生不良的影响。

其次是形式上的搭配。如果页面上除了评论文字，只有广告，那么相当于自动放弃了网络与新媒体传播的丰富性和多媒体性，放弃了自身的传播优势。因此，网络与新媒体评论应该考虑图文搭配，并有意搭配视频音频，丰富页面的表现符号。这同时也对评论编辑提出了更高要求，要能胜任不同类型的信息处理工作，包括文字、图片、图表、声音、视频、动画等。

本章小结

网络与新媒体评论编辑主要对各类评论性信息源进行处理。其工作内容主要有两大类，一大类是转载传统媒体评论，尤其是报纸评论，从中精选部分进行编辑修改；另一大类是原创评论，内容形式不限，风格多样。

网络与新媒体评论编辑首先是对评论性信息的把关与选择。编辑需要进行法律、道德方面的把关；应从频道或栏目的需要出发，选取观点独到、说理精妙的作品。其次，评论编辑应善于提炼标题。新闻评论标题一般为虚标，即揭示思想意义、意蕴内涵或发展趋势等，一般只有一行标题。评论标题传递的是主观的意见性信息。此外，新闻评论的标题更加灵活，表达上不仅可以是句子，也可以是单个词组或词组组合。网络与新媒体评论标题要求准确、简练、有趣。第三，编辑需要设计添加超链接。网络与新媒体评论中超链接可以发挥两方面的作用：一是运用超链接对关键词进行解读和信息扩展；二是运用超链接整合多篇稿件。网络与新媒体评论中设置超链接要选择好关键语句，设计好超链接连接的内容。第四，网络与新媒体评论编辑需要掌握撰写编者按。第五，编辑应参与互动管理。

网络与新媒体评论编辑策划主要有三个层面：宏观层面的编辑策划主要是指对整个网站或新媒体所有评论版块的布局设置、长期出版方针和定位所作的整体规划；中观策划是指对具体评论频道或评论栏目的定位、主要内容、形式、页面、风格等进行的设计和谋划；微观策划是指对评论栏目具体每一期内容进行的策划。编辑在策划的同时，需要做好对各类评论及其相关信息的资源整合，做好评论性资源的组织和搭配。

思考与练习

1. 网络与新媒体评论编辑是否可以只做转载的二传手？为什么？
2. 网络与新媒体评论中出现超链接的原则和要求是什么？
3. 网络与新媒体评论编辑策划有什么重要作用？

特殊儿童的游戏治疗 周念丽
特殊儿童的美术治疗 孙 霞
特殊儿童的音乐治疗 胡世红
特殊儿童的心理治疗（第二版） 杨广学
特殊教育的辅具与康复 蒋建荣
特殊儿童的感觉统合训练（第二版） 王和平
孤独症儿童课程与教学设计 王 梅

21世纪特殊教育创新教材·融合教育系列

融合教育本土化实践与发展 邓 猛等
融合教育理论反思与本土化探索 邓 猛
融合教育实践指南 邓 猛
融合教育理论指南 邓 猛
融合教育导论（第二版） 雷江华
学前融合教育 雷江华 刘慧丽

21世纪特殊教育创新教材（第二辑）

特殊儿童心理与教育（第二版） 杨广学 张巧明 王 芳
教育康复学导论 杜晓新 黄昭明
特殊儿童病理学 王和平 杨长江
特殊学校教师教育技能 昝 飞 马红英

自闭谱系障碍儿童早期干预丛书

如何发展自闭谱系障碍儿童的沟通能力 朱晓晨 苏雪云
如何理解自闭谱系障碍和早期干预 苏雪云
如何发展自闭谱系障碍儿童的社会交往能力 吕 梦 杨广学
如何发展自闭谱系障碍儿童的自我照料能力 倪萍萍 周 波
如何在游戏中干预自闭谱系障碍儿童 朱 瑞 周念丽
如何发展自闭谱系障碍儿童的感知和运动能力 韩文娟 徐 芳 王和平
如何发展自闭谱系障碍儿童的认知能力 潘前前 杨福义
自闭症谱系障碍儿童的发展与教育 周念丽
如何通过音乐干预自闭谱系障碍儿童 张正琴
如何通过画画干预自闭谱系障碍儿童 张正琴
如何运用ACC促进自闭谱系障碍儿童的发展 苏雪云
孤独症儿童的关键性技能训练法 李 丹
自闭症儿童家长辅导手册 雷江华
孤独症儿童课程与教学设计 王 梅
融合教育理论反思与本土化探索 邓 猛
自闭症谱系障碍儿童家庭支持系统 孙玉梅
自闭症谱系障碍儿童团体社交游戏干预 李 芳
孤独症儿童的教育与发展 王 梅 梁松梅

特殊学校教育·康复·职业训练丛书 （黄建行 雷江华 主编）

信息技术在特殊教育中的应用
智障学生职业教育模式
特殊教育学校学生康复与训练
特殊教育学校校本课程开发
特殊教育学校特奥运动项目建设

21世纪学前教育专业规划教材

学前教育概论 李生兰
学前教育管理学（第二版） 王 雯
幼儿园课程新论 李生兰
幼儿园歌曲钢琴伴奏教程 果旭伟
幼儿园舞蹈教学活动设计与指导 董 丽
实用乐理与视唱 代 苗
学前儿童美术教育 冯婉贞
学前儿童科学教育 洪秀敏
学前儿童游戏 范明丽
学前教育研究方法 郑福明
学前教育史 郭法奇
学前教育政策与法规 魏 真
学前心理学 涂艳国 蔡 艳
学前教育理论与实践教程 王 维 王维娅 孙 岩
学前儿童数学教育 赵振国
学前融合教育 雷江华 刘慧丽

大学之道丛书精装版

美国高等教育通史 ［美］亚瑟·科恩
知识社会中的大学 ［英］杰勒德·德兰迪
大学之用（第五版） ［美］克拉克·克尔
营利性大学的崛起 ［美］理查德·鲁克
学术部落与学术领地：知识探索与学科文化 ［英］托尼·比彻 保罗·特罗勒尔
美国现代大学的崛起 ［美］劳伦斯·维赛
教育的终结——大学何以放弃了对人生意义的追求 ［美］安东尼·T.克龙曼
世界一流大学的管理之道——大学管理研究导论 程 星
后现代大学来临？ ［英］安东尼·史密斯 弗兰克·韦伯斯特

大学之道丛书

市场化的底限 ［美］大卫·科伯
大学的理念 ［英］亨利·纽曼
哈佛：谁说了算 ［美］理查德·布瑞德利
麻省理工学院如何追求卓越 ［美］查尔斯·维斯特
大学与市场的悖论 ［美］罗杰·盖格

高等教育公司：营利性大学的崛起 [美] 理查德·鲁克
公司文化中的大学：大学如何应对市场化压力 [美] 埃里克·古尔德
美国高等教育质量认证与评估 [美] 美国中部州高等教育委员会
现代大学及其图新 [美] 谢尔顿·罗斯布莱特
美国文理学院的兴衰——凯尼恩学院纪实 [美] P. F.克鲁格
教育的终结：大学何以放弃了对人生意义的追求 [美] 安东尼·T.克龙曼
大学的逻辑（第三版） 张维迎
我的科大十年（续集） 孔宪铎
高等教育理念 [英] 罗纳德·巴尼特
美国现代大学的崛起 [美] 劳伦斯·维赛
美国大学时代的学术自由 [美] 沃特·梅兹格
美国高等教育通史 [美] 亚瑟·科恩
美国高等教育史 [美] 约翰·塞林
哈佛通识教育红皮书 哈佛委员会
高等教育何以为“高”——牛津导师制教学反思 [英] 大卫·帕尔菲曼
印度理工学院的精英们 [印度] 桑迪潘·德布
知识社会中的大学 [英] 杰勒德·德兰迪
高等教育的未来：浮言、现实与市场风险 [美] 弗兰克·纽曼等
后现代大学来临？ [英] 安东尼·史密斯等
美国大学之魂 [美] 乔治·M.马斯登
大学理念重审：与纽曼对话 [美] 雅罗斯拉夫·帕利坎
学术部落及其领地——当代学术界生态揭秘（第二版） [英] 托尼·比彻 保罗·特罗勒尔
德国古典大学观及其对中国大学的影响（第二版） 陈洪捷
转变中的大学：传统、议题与前景 郭为藩
学术资本主义：政治、政策和创业型大学 [美] 希拉·斯劳特 拉里·莱斯利
21世纪的大学 [美] 詹姆斯·杜德斯达
美国公立大学的未来 [美] 詹姆斯·杜德斯达 弗瑞斯·沃马克
东西象牙塔 孔宪铎
理性捍卫大学 眭依凡

学术规范与研究方法系列

社会科学研究方法100问 [美] 萨尔金德
如何利用互联网做研究 [爱尔兰] 杜恰泰
如何撰写与发表社会科学论文：国际刊物指南 蔡今忠
如何为学术刊物撰稿（第三版） [英] 罗薇娜·莫瑞
如何查找文献（第二版） [英] 萨莉·拉姆齐
给研究生的学术建议（第二版） [英] 玛丽安·彼得等
社会科学研究的基本规则（第四版） [英] 朱迪斯·贝尔
做好社会研究的10个关键 [英] 马丁·丹斯考姆
如何写好科研项目申请书 [美] 安德鲁·弗里德兰德等
教育研究方法（第六版） [美] 梅瑞迪斯·高尔等
高等教育研究：进展与方法 [英] 马尔科姆·泰特
如何成为学术论文写作高手 [美] 华乐丝
参加国际学术会议必须要做的那些事 [美] 华乐丝
如何成为优秀的研究生 [美] 布卢姆
结构方程模型及其应用 易丹辉 李静萍
学位论文写作与学术规范（第二版） 李 武 毛远逸 肖东发

21世纪高校教师职业发展读本

如何成为卓越的大学教师 [美] 肯·贝恩
给大学新教员的建议 [美] 罗伯特·博伊斯
如何提高学生学习质量 [英] 迈克尔·普洛瑟等
学术界的生存智慧 [美] 约翰·达利等
给研究生导师的建议（第2版） [英] 萨拉·德拉蒙特等

21世纪教师教育系列教材·物理教育系列

中学物理教学设计 王 霞
中学物理微格教学教程（第三版） 张军朋 詹伟琴 王 恬
中学物理科学探究学习评价与案例 张军朋 许桂清
物理教学论 邢红军
中学物理教学法 邢红军
中学物理教学评价与案例分析 王建中 孟红娟
中学物理课程与教学论 张军朋 许桂清

21世纪教育科学系列教材·学科学习心理学系列

数学学习心理学（第三版） 孔凡哲
语文学习心理学 董蓓菲

21世纪教师教育系列教材

教育心理学（第二版） 李晓东
教育学基础 庞守兴
教育学 余文森 王 晞
教育研究方法 刘淑杰
教育心理学 王晓明
心理学导论 杨凤云
教育心理学概论 连 榕 罗丽芳
课程与教学论 李 允
教师专业发展导论 于胜刚
学校教育概论 李清雁
现代教育评价教程（第二版） 吴 钢
教师礼仪实务 刘 霄
家庭教育新论 闫旭蕾 杨 萍
中学班级管理 张宝书
教育职业道德 刘亭亭

教师心理健康 张怀春
现代教育技术 冯玲玉
青少年发展与教育心理学 张 清
课程与教学论 李 允
课堂与教学艺术（第二版） 孙菊如 陈春荣
教育学原理 靳淑梅 许红花

21世纪教师教育系列教材·初等教育系列

小学教育学 田友谊
小学教育学基础 张永明 曾 碧
小学班级管理 张永明 宋彩琴
初等教育课程与教学论 罗祖兵
小学教育研究方法 王红艳
新理念小学数学教学论 刘京莉
新理念小学音乐教学论（第二版） 吴跃跃

教师资格认定及师范类毕业生上岗考试辅导教材

教育学 余文森 王 晞
教育心理学概论 连 榕 罗丽芳

21世纪教师教育系列教材·学科教育心理学系列

语文教育心理学 董蓓菲
生物教育心理学 胡继飞

21世纪教师教育系列教材·学科教学论系列

新理念化学教学论（第二版） 王后雄
新理念科学教学论（第二版） 崔 鸿 张海珠
新理念生物教学论（第二版） 崔 鸿 郑晓慧
新理念地理教学论（第二版） 李家清
新理念历史教学论（第二版） 杜 芳
新理念思想政治（品德）教学论（第三版） 胡田庚
新理念信息技术教学论（第二版） 吴军其
新理念数学教学论 冯 虹

21世纪教师教育系列教材·语文教育系列

语文文本解读实用教程 荣维东
语文课程教师专业技能训练 张学凯 刘丽丽
语文课程与教学发展简史 武玉鹏 王从华 黄修志
语文课程学与教的心理学基础 韩雪屏 王朝霞
语文课程名师名课案例分析 武玉鹏 郭治锋等
语用性质的语文课程与教学论 王元华
语文课堂教学技能训练教程（第二版） 周小蓬
中外母语教学策略 周小蓬
中学各类作文评价指引 周小蓬

21世纪教师教育系列教材·学科教学技能训练系列

新理念生物教学技能训练（第二版） 崔 鸿
新理念思想政治（品德）教学技能训练（第三版） 胡田庚 赵海山
新理念地理教学技能训练 李家清
新理念化学教学技能训练（第二版） 王后雄
新理念数学教学技能训练 王光明

王后雄教师教育系列教材

教育考试的理论与方法 王后雄
化学教育测量与评价 王后雄
中学化学实验教学研究 王后雄
新理念化学教学诊断学 王后雄

西方心理学名著译丛

儿童的人格形成及其培养 ［奥地利］阿德勒
活出生命的意义 ［奥地利］阿德勒
生活的科学 ［奥地利］阿德勒
理解人生 ［奥地利］阿德勒
荣格心理学七讲 ［美］卡尔文·霍尔
系统心理学：绪论 ［美］爱德华·铁钦纳
社会心理学导论 ［美］威廉·麦独孤
思维与语言 ［俄］列夫·维果茨基
人类的学习 ［美］爱德华·桑代克
基础与应用心理学 ［德］雨果·闵斯特伯格
记忆 ［德］赫尔曼·艾宾浩斯
实验心理学（上下册） ［美］伍德沃斯 施洛斯贝格
格式塔心理学原理 ［美］库尔特·考夫卡

21世纪教师教育系列教材·专业养成系列（赵国栋主编）

微课与慕课设计初级教程
微课与慕课设计高级教程
微课、翻转课堂和慕课设计实操教程
网络调查研究方法概论（第二版）
PPT云课堂教学法